高等学校理工类专业应用型本科"十四五"规划教材

# 大学物理实验

主　编　杨　爽　郭　爽
副主编　许　琰　王晓芳
　　　　裴松皓　郑　伟
　　　　柏婧娜

武汉理工大学出版社
·武　汉·

## 内 容 简 介

本书是根据教育部高等学校物理学类专业教学指导委员会编制的《理工科类大学物理实验课程教学基本要求》(2023年版),结合沈阳城市建设学院应用型本科人才的培养特点,以及实验室仪器设备的情况,在不断探索教学改革实践和总结多年经验的基础上编写而成的。本书主要包含绪论,测量、误差及数据处理基本理论,常用物理实验仪器,基础性实验,综合设计性实验,附录等部分,涵盖了力学、热学、电磁学、光学等实验项目,并配有适当的思考题。

本书可作为普通高等学校理工科各专业的大学物理实验课程的教材使用,也可供教师备课或学生学习参考。

**图书在版编目(CIP)数据**

大学物理实验 / 杨爽,郭爽主编. -- 武汉 : 武汉理工大学出版社,2024. 7.

ISBN 978-7-5629-7137-5

Ⅰ. 04-33

中国国家版本馆 CIP 数据核字第 2024TA1425 号

**项目负责人**:王利永(027-87290908)

**责 任 编 辑**:王利永 廖 婧

**责 任 校 对**:张 晨

**版 式 设 计**:正风图文

**出 版 发 行**:武汉理工大学出版社

**地　　址**:武汉市洪山区珞狮路122号

**邮　　编**:430070

**网　　址**:http://www.wutp.com.cn

**经　　销**:各地新华书店

**印　　刷**:湖北金港彩印有限公司

**开　　本**:787×1092 1/16

**印　　张**:13.25

**字　　数**:339千字

**版　　次**:2024年7月第1版

**印　　次**:2024年7月第1次印刷

**定　　价**:36.00元

# 前　　言

物理实验是学生进入大学后接触到的第一门系统实验方法和实验技能训练的课程，它对学生后续理工科课程的学习乃至学生毕业后从事技术工作都将起到重要的作用。本课程在传授科学实验的基本知识、方法、技巧的同时，还肩负着培养学生严谨的科学态度，提高学生理论联系实际和分析问题、解决问题能力的重任。

本书是编者在沈阳城市建设学院使用多年的大学物理实验讲义的基础上，参考教育部高等学校物理学类专业教学指导委员会发布的《理工科类大学物理实验课程教学基本要求》(2023年版)，根据国内大学物理实验教学改革的最新发展趋势和成果，并结合我校应用型本科人才培养的特点，以及现有实验室的具体情况编写而成的，适用于各类应用型本科院校的大学物理实验课程。

大学物理作为人才培养的核心课程，不仅是自然科学的基础理论，也是形成从事自然科学研究或工程技术研发所必需的世界观与方法论的基础。同时，物理实验教学是学好和掌握物理学知识的重要环节，物理实验课程是大多数理科非物理学类及工、农、医科专业的必修课。大学物理实验教材的建设必须紧跟国家的发展需求，不断更新升级，以便更好地服务于国家人才的培养。

全书由绪论，测量、误差及数据处理基本理论，常用物理实验仪器，基础性实验，综合设计性实验和附录六部分组成，其中包括19个基础性实验和8个综合设计性实验。基础性实验内容涵盖力、热、光、电等内容，重点在于对学生进行基本原理、基本实验技能和数据处理方法的训练；综合性实验在于对学生进行综合性实验训练，设计性实验则简化了实验内容部分讲解，给学生充分空间去设计完成实验，从而能够很好地培养学生的独立思考能力，以求达到培养具有创新精神和实践能力的应用型人才的教学目标。

本书由沈阳城市建设学院物理教研室全体实验教师联合编写，是集体劳动的成果。全书由杨爽、郭爽担任主编，许琰、王晓芳、裴松皓、郑伟、柏婧娜担任副主编。具体编写分工如下：杨爽负责绪论、第1章、第2章、实验3.7、实验3.16、实验3.18、实验4.1、实验4.5的编写；郭爽负责实验3.10、实验3.13、实验3.15、实验4.6和附录的编写；许琰负责实验3.2、实验3.14、实验3.19、实验4.3的编写；王晓芳负责实验3.3、实验3.4、实验4.7的编写；裴松皓负责实验3.5、实验3.6、实验3.9的编写；郑伟负责实验3.17、实验4.8的编写；柏婧娜负责实验3.8、实验3.12的编写；张秀梅负责实验3.11的编写；陈彪负责实验4.2的编写；高丽宇负责实验3.1的编写；王冬岩负责实验4.4的编写。杨爽、曹月负责最终的统稿工作。

本书在编写过程中得到了沈阳城市建设学院教务处、仪器供应商技术人员的帮助，在此一并表示感谢。

由于编者水平有限，书中难免存在疏漏不妥之处，敬请广大师生提出建议并指正。

编　者

2024 年 3 月

# 目　录

# 0 绪　　论

## 0.1 大学物理实验的地位与作用

理工科高等教育将使同学们获取和掌握必要的自然科学知识，并为培养在攀登科学技术高峰时所需的各种能力打下必要的基础，以便今后更有效地参加改造自然的实践活动。

人类改造自然的实践活动不外乎生产实践和科学实验两种。所谓科学实验，是人们按照一定的研究目的，借助一定的仪器设备，人为地控制或模拟自然现象，突出主要因素，对自然事物和现象进行精密而反复的观察与测试，探索其内部规律性的实践过程。这种对自然的有目的、有控制、有组织的探索活动是现代科学技术发展的源泉。例如，原子能、半导体和激光等科技成果仅靠总结生产实践经验是不能取得的，只有在科学家的实验室里才能得到。由此可见，科学实验在改造自然的实践中起着举足轻重的作用，因此，在大学教育中必须对学生进行充分的科学实验能力的训练。

物理学是一门实验科学。无论是物理规律的发现，还是物理理论的验证，都离不开物理实验。例如，赫兹的电磁波实验使麦克斯韦电磁场理论获得普遍承认，杨氏干涉实验使光的波动说得以确立，卢瑟福的粒子散射实验揭开了原子的秘密，近代高能粒子对撞实验使人们深入到物质的最深层——原子核和基本粒子的内部来探索其规律，等等。可以说，没有物理实验，就没有物理学本身。

大学物理实验课是理工科本科生入学后进行系统实验训练的开端，是理工科一门独立的、必修的基础课程。物理实验的知识、方法、习惯和技能既是学生进行后续实践训练的基础，也是毕业后从事各项科学实验的基础。我们要重视实验，细心地做实验，只有具备较为深广的理论知识和较强的科学实验能力的大学生，才能在当代社会成为受欢迎的科技人才。

## 0.2 大学物理实验的教学目的

大学物理实验的教学目的是使学生掌握研究各种不同自然现象的基本实验方法、各种基本测量仪器的使用方法、实验结果的科学处理方法、归纳总结实验结果以及撰写报告的基本要领，培养学生的自学能力、思维判断能力、综合运用教材和资料的能力、理论联系实际的能力、科学实验能力、书写表达能力、创新和实验设计能力，并提高学生的科学素质。具体来讲：

(1) 在教学中,通过适当地介绍一些物理实验发展史料和物理实验在工程技术中的应用知识,使学生了解科学实验的重要性;同时,对学生进行辩证唯物主义世界观和方法论的教育,使学生逐步养成运用唯物辩证法来指导自己的科学实验活动的习惯。

(2) 培养学生掌握物理实验基本知识和基本实验技术,其中包括:

① 独立完成预习、实验操作和撰写实验报告等基本实验程序;

② 基本的操作技术;

③ 基本的实验方法;

④ 基本仪器的结构原理、性能和使用方法;

⑤ 常用物理量的基本测试手段,这些物理量有长度(及其微小变化)、角度、质量、时间、力、压强、温度、热量、电流、电压、电动势、电阻、磁感应强度、频率或周期、波长、折射率等;

⑥ 数据处理基本知识,包括测量的种类,误差的概念及误差种类,有效数字的读取和运算,不确定度的概念和种类,不确定度估算方法,结果表示,精密度(或精度)、正确度和准确度,处理实验数据的列表法、作图法、逐差法和最小二乘法。

(3) 培养与提高学生的科学实验能力,其中包括:

① 自行阅读实验教材或实验资料,正确理解其原理,培养阅读能力;

② 逐步实现独立进行测试,独立排除一般故障,培养实际动手能力;

③ 注意对实验现象的观察和分析,加深对物理学基本概念和规律的理解,培养运用物理理论对实验现象进行分析判断、理论联系实际的分析问题与解决问题的能力;

④ 不断提高实验报告的撰写质量,培养归纳能力和写作能力;

⑤ 注意实验方案的确定、实验仪器和方法的选配,直至能够完成较为简单的设计实验,提高设计能力和独立创新能力以及初步的科学研究能力。

(4) 培养与提高科学实验素养,其中包括:

① 理论联系实际和实事求是的科学作风;

② 严肃认真、一丝不苟的工作态度;

③ 积极思维、主动研究问题的探索精神;

④ 遵守纪律、爱护公共财物的优良品质。

# 1　测量、误差及数据处理基本理论

## 1.1　测量、误差、不确定度及有效数字

### 1.1.1　测量、误差的基本知识

在人类生产、生活和科学研究的过程中，经常需要对各种物理量进行测量，更需要找出各种物理量之间的定量关系。人们要获取量值大小的相关信息，就需要借助某些工具或仪器，于是就存在所获得测量值的可信度问题，因此便引入了测量和误差的概念。

#### 1.1.1.1　测量及其分类

测量是物理实验的基本操作，其实质是将待测物理量与某种作为标准的同类量作比较，得出它们之间的倍数关系。测量的结果应包括数值（即度量的倍数）和单位（即选定作为标准的同类物理量）。

按照获得测量值的方法不同，测量可分为以下两种：

（1）直接测量

用测量器具直接测出物理量值的测量称为直接测量，相应的物理量称为直接测量量。

（2）间接测量

先直接测出与某物理量有关的直接测量量，再根据该物理量与该直接测量量之间的数学关系，算出该物理量量值，该物理量的测量过程称为间接测量，该物理量称为间接测量量。

有时受条件限制，对某物理量不可能进行多次重复测量，有时也没有必要进行多次重复测量，这种情况下便可采取单次测量。除此之外，一般应采取多次测量。

在相同条件下，对某物理量所进行的多次重复测量称为等精度测量；若测量条件在测量过程中有变化，则称为非等精度测量。等精度测量的数据处理比较简单，作为基本训练，本书所涉及的测量如无特殊说明都是等精度测量。

#### 1.1.1.2　误差及其分类

任何测量仪器、测量方法、测量环境、测量者的观察力等都不可能确保测量绝对精确，这就使得测量不可避免地会有误差伴随产生。分析测量可能产生的各种误差，尽可能地消除其影响，并对测量结果中未能消除的误差作出估计，这是物理实验和许多其他科学实验中都

必然会涉及的问题，于是就有了误差理论。

(1) 真值与误差

① 真值

在一定条件下，任何一个物理量所存在的不以人的意志为转移的客观量值，称为真值。真值一般是不可确知的，通常它只有理论上的意义。而用实验手段测量所得的物理量，称为测量值。在一定测量条件下，最接近真值的测量值称为最佳值。

需要特别注意，任何量值必须标有单位，单纯的数值一般不具有任何物理意义。

② 误差

测量值 $x$ 与其真值 $x_0$ 之差即为测量的绝对误差，用符号 $\Delta x$ 表示，有：

$$\Delta x = x - x_0 \tag{1.1.1}$$

由于理论或方法、测量器具、环境影响以及人的分辨能力的限制，误差不会绝对降为零，也就是说，真值一般是不可确知的，所以，绝对误差的概念只有理论上的意义。实验结果都存在误差，误差自始至终地存在于一切科学实验的整个过程中，这一结论称为误差公理。

(2) 误差的分类

设对物理量 $x$ 等精度地测量了 $n$ 次，得到的测量列为

$$x_1, x_2, \cdots, x_i, \cdots, x_n$$

对应的测量误差分别为

$$\Delta x_1, \Delta x_2, \cdots, \Delta x_i, \cdots, \Delta x_n$$

按照上述误差列所具有的性质和特点，把测量误差分为系统误差、随机误差和粗大误差三类。

① 系统误差

定义：如果 $\Delta x_i (i=1,\cdots,n)$ 大小和符号不变，或者按照某种确定的规律变化，那么称测量列存在着系统误差。系统误差具有确定的性质。

产生原因：仪器或设备不完善（仪器误差或设备误差）、所依据的理论公式具有近似性或实验方法不完善（理论方法误差）、测量环境的影响（环境误差）、观测者的生理和心理特点（个人误差）。

② 随机误差

定义：如果 $\Delta x_i (i=1,\cdots,n)$ 的符号和大小以不可预知的方式变化，那么称测量列存在着随机误差。随机误差具有随机变化的性质。

产生原因：某些偶然的、不确定因素的影响。例如，环境的温度、气压、电场、磁场的微小扰动，操作者视觉和仪器灵敏阈的限制致使指零仪器平衡点确定不准，被测对象本身的微小起伏变化，读数时估读数的不一致，等等。

因随机误差是不可预知的，故不能予以排除或修正其影响。但由于随机误差时正时负、时大时小，所以通过采取多次测量取平均值的方法，可以抵消部分影响。有时，通过改进测量方式，也可以减少随机误差的影响。

随机误差虽然在符号和大小上不确定，但当测量次数较多时，会发现其总体分布服从某

种统计规律，后文中将简要介绍随机误差。

一个具体测量中所出现的误差往往既含有系统误差，又含有随机误差。实验中，当实验条件稳定且可以掌握系统误差时，应尽量保持在相同条件下做实验，以便修正系统误差；当不能掌握系统误差时，可想出一些办法，使系统误差随机化，以便在多次测量时取平均值中的一小部分影响。例如，一把直的米尺刻度不均匀，本来属于系统误差，如利用米尺的不同刻度部位对某物体长度进行多次测量，系统误差便随机化了，所求的平均值将更加准确。

应该指出，系统误差与随机误差具有一定的相对意义。例如，已作过温度修正的标准电池的电动势，如果短时间使用，那么环境温度测得不准对电动势的影响属于系统误差因素；如果使用时间较长，由于环境温度在其均值附近作不规则变化，那么环境温度的影响便属于随机误差因素。另外，随着人们对误差来源及其变化规律认识的加深，有可能把过去认识不到而归于随机误差的某些误差确定为系统误差。因此，将某种误差因素严格地归类为系统误差或者随机误差，有时是难以办到的，现实意义也不大。

③ 粗大误差

定义：如果 $\Delta x_i(i=1,\cdots,n)$ 中有个别的误差明显超出规定条件下的预期值，这样的误差称为粗大误差或过失误差。过失误差具有反常的性质。

产生原因：常由于各种过失造成，比如读错、记错、测量条件或操作不合乎要求、仪器有问题等。

粗大误差对应的测量值为坏值，一旦发现，应将其从测量列中剔除。

对于某个数值较大的误差是否属于粗大误差，应根据统计学的要求，按照一定的原则进行评判，不能将所对应的测量值随意地从测量列中剔除。

(3) 测量的精密度、正确度和准确度

① 测量的精密度(简称精度)

测量的精密度是指在规定条件下对被测量进行多次测量时，所得结果之间符合的程度。它表示结果中随机误差大小的程度，随机误差越小，测量精密度越高。

② 测量的正确度

测量的正确度表示在规定条件下，测量结果中所有系统误差综合大小的程度。系统误差越小，测量正确度越高。

③ 测量的准确度(又称精确度)

测量的准确度表示测量结果与被测量真值之间的一致程度，它反映了测量结果中系统误差与随机误差的综合大小程度。综合误差越小，测量准确度越高。

由定义可知，精密度高，正确度不一定高；反之，正确度高，精密度不一定高。但准确度高意味着精密度与正确度都高。

现以打靶为例说明上述概念。在图 1.1.1(a)中，弹着点较集中，但都偏离靶心较远，类比于精密度高而正确度低的情形；在图 1.1.1(b)中，弹着点很分散，但没有固定的偏向，其平均位置在靶心附近，类比于正确度高而精密度低的情形；在图 1.1.1(c)中，弹着点在靶心附近且很集中，类比于准确度高的情形；在图 1.1.1(d)中，弹着点既分散，又有较大的固定偏向，类比于精密度与正确度都不高的情形。

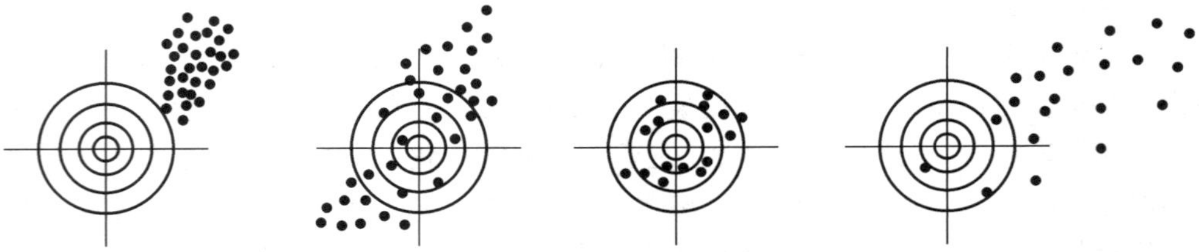

**图 1.1.1　测量的精密度、正确度、精确度与射击打靶的类比**

(a)精密度高而正确度低;(b)正确度高而精密度低;(c)准确度高;(d)精密度与正确度都不高

## 1.1.2　随机误差简介

首先将无限次测量列所对应的误差列作为研究对象,称为总体或母体,并且假设测量列中只存在随机性误差。

### 1.1.2.1　概率密度函数

关于总体误差列的分布情况,可用概率密度函数描写,它定义为:

$$f(\Delta x)=\lim_{\Delta x\to 0}\frac{\Delta p}{\Delta(\Delta x)}=\frac{\mathrm{d}p}{\mathrm{d}(\Delta x)} \tag{1.1.2}$$

式中,$\mathrm{d}(\Delta x)$表示在误差 $\Delta x$ 附近的一个微小误差间隔,$\mathrm{d}p$ 表示误差落在 $\mathrm{d}(\Delta x)$内的概率,所以,$f(\Delta x)$表示在 $\mathrm{d}(\Delta x)$附近单位误差间隔内出现误差的概率大小。

所谓随机误差的分布情形,是指 $f(\Delta x)$随 $\Delta x$ 变化的情形。按照 $f(\Delta x)$随 $\Delta x$ 变化的不同,随机误差对于个体来说,是重复测量中的任何一次测量所产生的误差,是没有规律、不能控制的,是用实验的方法也是无法消除的。但对于总体,即经过多次测量得到的测量值而言,随机误差服从一定的统计规律(正态分布或高斯分布)。

### 1.1.2.2　正态分布

正态分布的概率密度函数可写成:

$$f(\Delta x)=\frac{1}{\sigma\sqrt{2\pi}}\mathrm{e}^{\frac{-(\Delta x)^2}{2\sigma^2}} \tag{1.1.3}$$

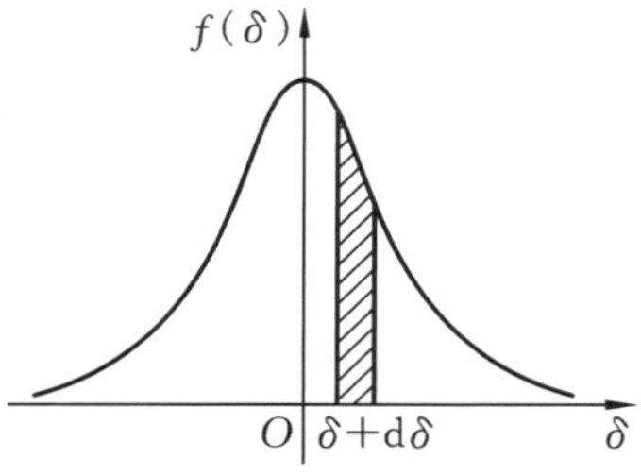


**图 1.1.2　正态分布曲线**

式中,$\sigma$ 称为任一次测量值的标准误差,其值为:

$$\sigma=\sqrt{\frac{1}{n}\sum_{i=1}^{n}(x_i-x)^2}\quad(n\to\infty) \tag{1.1.4}$$

图 1.1.2 所示即为正态分布曲线,标准误差 $\sigma$ 是曲线的拐点。$\sigma$ 是评定随机误差的基本指标,它的数值取决于测量工具、仪器仪表、测量环境、测量人员和被测对象等因素。

按照概率统计理论,对式(1.1.2)进行积分,可得:

$$p(-\infty,+\infty)=\int_{-\infty}^{\infty}f(\Delta x)\mathrm{d}(\Delta x)=\int_{-\infty}^{\infty}\frac{1}{\sigma\sqrt{2\pi}}\mathrm{e}^{-\frac{(\Delta x)^2}{2\sigma^2}}\mathrm{d}(\Delta x)=1 \qquad (1.1.5)$$

任一次测量值的误差肯定处于$(-\infty,\infty)$之间，如图 1.1.3 所示，这表示曲线下总面积必等于 1。所以，$\sigma$ 越小，分布曲线越陡，说明测量数据越集中；反之，数据越分散。由此可见，$\sigma$ 的大小代表了测量数据的精密程度，如图 1.1.4 所示。

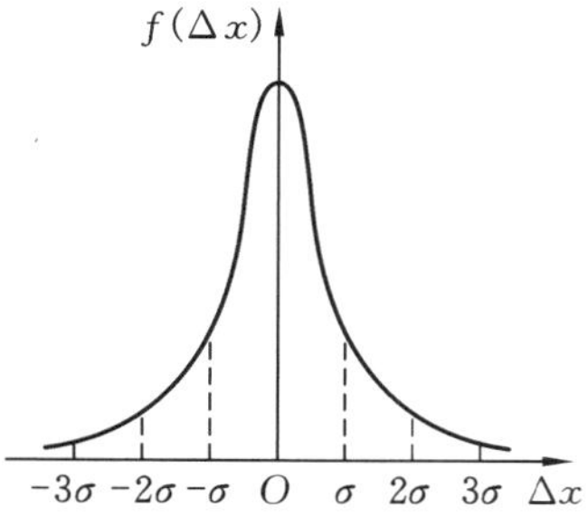


图 1.1.3　$\sigma$ 的位置

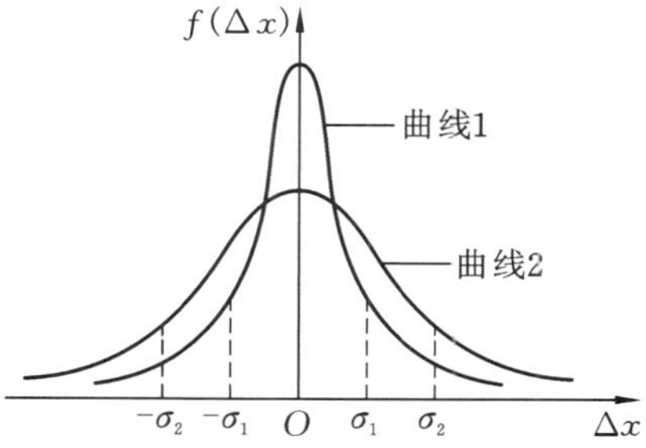


图 1.1.4　$\sigma_2>\sigma_1$ 的情形

### 1.1.2.3　置信概率、置信区间、置信系数

对于正态分布，研究任意一次测量的误差落在以 $\Delta x=0$ 为对称点的某个误差区间$[-c\sigma,c\sigma]$的概率大小，由式(1.1.1)和式(1.1.2)得：

$$p[-c\sigma,c\sigma]=\int_{-c\sigma}^{c\sigma}f(\Delta x)\mathrm{d}(\Delta x)=\int_{-c\sigma}^{c\sigma}\frac{1}{\sigma\sqrt{2\pi}}\mathrm{e}^{-\frac{(\Delta x)^2}{2\sigma^2}}\mathrm{d}(\Delta x) \qquad (1.1.6)$$

式中 $p$ 称为置信概率，它表示误差落在区间$[-c\sigma,c\sigma]$的概率，换一种说法，它也表示真值落在$[x_i-\sigma,x_i+\sigma]$的概率，其中 $x_i$ 为任意一次测量值，$[-c\sigma,c\sigma]$称为置信区间，$c$ 称为置信系数。

从正态分布函数积分表得到：

$$p[-\sigma,\sigma]=\int_{-\sigma}^{\sigma}f(\Delta x)\mathrm{d}(\Delta x)=0.683$$

$$p[-2\sigma,2\sigma]=\int_{-2\sigma}^{2\sigma}f(\Delta x)\mathrm{d}(\Delta x)=0.954$$

$$p[-3\sigma,3\sigma]=\int_{-3\sigma}^{3\sigma}f(\Delta x)\mathrm{d}(\Delta x)=0.997$$

以上三式表明，真值处于$[x_i-\sigma,x_i+\sigma]$、$[x_i-2\sigma,x_i+2\sigma]$和$[x_i-3\sigma,x_i+3\sigma]$区间内的可能性分别为 68.3%、95.4%和 99.7%，因为随机误差出现在$[-3\sigma,3\sigma]$外的概率仅占 0.003，按照概率论中的小概率原理，可认为随机误差绝对值比 $3\sigma$ 大的事件为不可能事件，因此有：

$$\Delta m=3\sigma \qquad (1.1.7)$$

称为极限误差，简称误差限，即随机误差出现的最外端界是$\pm 3\sigma$。

#### 1.1.2.4 正态分布型随机误差的性质

由图 1.1.2 中曲线形状可以看出，遵守正态分布的随机误差具有下述性质：

(1) 单峰性，即绝对值小的误差出现的概率比绝对值大的误差出现的概率大；

(2) 对称性，即绝对值相等的正、负误差出现的概率相同；

(3) 有界性，即在一定条件下，误差的绝对值不超过一定限定度，称为误差限；

(4) 抵偿性，即随着测量次数的增加，随机误差的算术平均值趋于零，即：

$$\lim_{n \to \infty} \frac{1}{n} \sum_{i=1}^{n} \Delta x_i = 0 \tag{1.1.8}$$

由式(1.1.8) 可得：

$$x_0 = \lim_{n \to \infty} \frac{1}{n} \sum_{i=1}^{n} x_i = \bar{x} \tag{1.1.9}$$

即在可以忽略系统误差的情况下，随着测量次数的增加，测量值的平均值趋于真值。

### 1.1.3 测量的不确定度

在不确定度的概念确定之前，人们用“测量误差”来评定测量结果的准确程度。但是由于测量误差是一个理想化的概念，实际中难以准确定量。考虑测量误差在实际评定中存在难以克服的缺陷，1993 年，国际标准化组织(ISO)、国际计量局(BIPM)等 7 个国际组织联合发布了具有国际指导性的《测量不确定度表示指南》。1999 年，我国制定了《测量不确定度评定与表示》(JJF 1059—1999，现已被 JJF 1059.1—2012 代替)，作为我国统一的准则对测量结果进行评定、表示和比较。

#### 1.1.3.1 算术平均值是真值的最佳估计值

一般误差理论认为：对于多次测量，其算术平均值是真值的最佳估计值。多次测量的算术平均值定义为：在排除了系统误差的情况下，设对某一个真值为 $x_0$ 的物理量进行了 $n$ 次测量，得到的测量值分别为 $x_1, x_2, x_3, \cdots, x_n$，其中任意一次测量值的误差可表示为：

$$\Delta x_i = x_i - x_0, \quad i = 1, 2, 3, \cdots, n \tag{1.1.10}$$

对上式求和可得：

$$\sum_{i=1}^{n} \Delta x_i = (x_1 + x_2 + x_3 + \cdots + x_n) - n x_0 \tag{1.1.11}$$

两边同时除以 $n$，可得：

$$\frac{1}{n} \sum_{i=1}^{n} \Delta x_i = \frac{1}{n} \sum_{i=1}^{n} x_i - x_0 \tag{1.1.12}$$

根据随机误差统计规律的对称性，当 $n \to \infty$ 时，数值大小相等、符号相反的误差出现的概率相同，于是有：

$$\lim_{n\to\infty}\sum_{i=1}^{n}\Delta x_i=0 \tag{1.1.13}$$

$$x_0\approx\frac{\sum_{i=1}^{n}x_i}{n}=\bar{x}\ (n\ 为有限次的时候) \tag{1.1.14}$$

这表明当测量次数足够多时，算术平均值趋近于真值。实际上，当测量次数为有限次的时候，算术平均值也是真值的最佳估计值。因此，在实际测量中，通常用测量值的算术平均值表示多次直接测量的结果。

### 1.1.3.2 测量值的标准偏差

根据统计学理论，对于有限次数的测量，可以用测量的算术平均值代替真值，用标准偏差代替测量值的随机误差，并定义测量值的标准偏差为：

$$S_x=\sqrt{\frac{\sum_{i=1}^{n}(x_i-\bar{x})^2}{n-1}} \tag{1.1.15}$$

标准偏差 $S_x$ 表示任意一次有限次测量的标准误差 $\sigma$ 的估计值。其物理意义为：如果多次测量的随机误差服从正态分布，则任意一次有限次测量的测量值误差落在 $(-S_x,+S_x)$ 区间内的概率为 68.3%。

### 1.1.3.3 算术平均值的标准偏差

算术平均值实际上也是随机变量。对某一个物理量进行不同组的有限次测量，各组的算术平均值一般是不相同的，彼此也会有差异，因此也就存在算术平均值的标准误差，用符号 $S_{\bar{x}}$ 表示。$S_{\bar{x}}$ 与 $S_x$ 的关系为：

$$S_{\bar{x}}=\frac{S_x}{\sqrt{n}}=\sqrt{\frac{\sum_{i=1}^{n}(x_i-\bar{x})^2}{n(n-1)}} \tag{1.1.16}$$

由此可知，在 $n$ 次测量的等精度测量组中，算术平均值的标准偏差要小于单组测量标准偏差。当测量次数 $n$ 越大时，算术平均值越接近被测量的真值，测量精度也越高。其概率意义仍然是：待测量的真值落在 $(\bar{x}-S_{\bar{x}},\bar{x}+3S_{\bar{x}})$ 区间的概率为 68.3%，真值落在 $(\bar{x}-2S_{\bar{x}},\bar{x}+2S_{\bar{x}})$ 区间的概率为 95.4%，真值落在 $(\bar{x}-3S_{\bar{x}},\bar{x}+3S_{\bar{x}})$ 区间的概率为 99.7%。

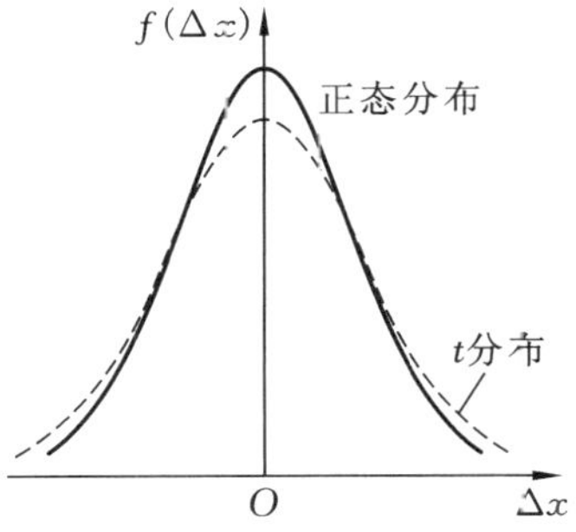

图 1.1.5 $t$ 分布

在实际的测量过程中，测量次数通常都是有限的。因此，测量数据和测量误差的分布与理论上的正态分布是有偏离的，如图 1.1.5 所示，即所谓的 $t$ 分布，图中表示理论上的正态分布。显然，$t$ 分布曲线偏离了理论曲线，因此对于次数较少的测量，还需要将求得的 $S_{\bar{x}}$ 乘以因子 $t_n(p)$，即：

$$u_x(p)=t_n(p)\cdot S_{\bar{x}} \tag{1.1.17}$$

则 $u_x(p)$ 可以保证相应的置信概率 $p$，也就是置信概率为 $p$ 的置信区间为 $[-u_x(p), +u_x(p)]$。$t_n(p)$ 称为 $t$ 因子，与测量次数 $n$ 和置信概率 $p$ 有关。本书所要求的置信概率一律取为 0.683，因此以 $t_n$ 表示置信概率为 0.683 的 $t$ 因子。表 1.1.1 列出了不同测量次数 $n$ 所对应的 $t_n$ 值。

**表 1.1.1　$t_n(0.683)$ 值**

| $n$ | 2 | 3 | 4 | 5 | 6 | 7 | 8 | 9 | 10 |
|---|---|---|---|---|---|---|---|---|---|
| $t_n$ | 1.84 | 1.32 | 1.20 | 1.14 | 1.11 | 1.09 | 1.08 | 1.07 | 1.06 |
| $n$ | 11 | 12 | 13 | 14 | 15 | 16 | 30 | 40 | 200 以上 |
| $t_n$ | 1.05 | 1.05 | 1.04 | 1.04 | 1.04 | 1.03 | 1.02 | 1.01 | 1.00 |

#### 1.1.3.4　测量不确定度的定义

测量不确定度表征的是测量值的分散性，是与测量值相关的参数，用以表征测量值可信赖的程度，或者说它是被测量值在某一范围内的一个评定。一个完整的测量结果应当包含被测量值的最佳估计值和测量不确定度两部分。例如，在对被测量 $x_0$ 的测量过程中，最终需要给出：

$$x-x_0\leqslant u_x \quad (\text{置信概率为 } p) \tag{1.1.18}$$

也可以表示为

$$x-u_x\leqslant x_0\leqslant x+u_x \tag{1.1.19}$$

上式表示测量值 $x$ 与真值 $x_0$ 之差的绝对值以一定的置信概率 $p$ 不大于某一微小值 $u_x$，$u_x$ 即为测量的不确定度。测量不确定度表征的是被测量的真值以某置信概率所处量值范围，是衡量测量结果不确定性的尺度。

此外，衡量测量结果的准确程度也会用到相对不确定度 $u_r$，将其定义为：

$$u_r=\frac{u_x}{x}\times 100\% \tag{1.1.20}$$

相对不确定度 $u_r$ 可以衡量测量结果精确度高低的程度。

#### 1.1.3.5　不确定度的分类

测量不确定度分为 A 类不确定度和 B 类不确定度。前者由测量列统计分析评定，也称为统计不确定度；后者不按统计分析评定，也称为非统计不确定度。

(1) A 类不确定度

A 类不确定度是指在等精度多次重复测量中可以利用统计方法估算出的不确定度分

量，可以用标准偏差计算：

$$u_A(x)=t_nS_{\bar{x}}=t_n\frac{S_x}{\sqrt{n}}=t_n\sqrt{\frac{\sum_{i=1}^{n}(x_i-\bar{x})^2}{n(n-1)}} \tag{1.1.21}$$

(2) B类不确定度

B类不确定度是指用其他的非统计方法估算出的分量，一些不能消除的系统误差就是典型的B类不确定度分量。若对某物理量$x$进行单次测量，那么B类不确定度由测量不确定度$u_{B_1}(x)$和仪器不确定度$u_{B_2}(x)$两部分组成。

测量不确定度$u_{B_1}(x)$是由估读引起的，通常取仪器分度值$d$的$\frac{1}{10}$或$\frac{1}{5}$，有时也取$\frac{1}{2}$，视具体情况而定，特殊情况下，甚至可取$u_{B_1}(x)=d$。例如，用分度值为1 mm的米尺测量长度时，在较好地消除视差的情况下，测量不确定度可取仪器分度值的$\frac{1}{10}$，即0.1 mm；但在模拟示波器上读电压值时，若荧光线条较宽且有抖动，则测量不确定度可取仪器分度值的$\frac{1}{2}$。

仪器不确定度$u_{B_2}(x)$是由仪器本身的特性决定的，它的定义为：

$$u_{B_2}(x)=\frac{\Delta_{仪}}{K} \tag{1.1.22}$$

式中，$\Delta_{仪}$是仪器说明书上所标明的“最大误差”或“不确定度限值”，$K$取决于测量误差分布的类型，可为3(正态分布)、$\sqrt{3}$(均态分布)、2(反正态分布)、6(三角分布)和1(两点分布)。当不知是何种分布时，取$\sqrt{3}$比较合适，本书$K$值取$\sqrt{3}$。有些仪器说明书没有直接给出其不确定度限值$\Delta_{仪}$，但给出了仪器的准确度等级，则其不确定度限值$\Delta_{仪}$需要经过计算得到。下面列出几种器具的仪器不确定度：

毫米刻度尺(板尺)：

$$u_{B_2}(x)=0.5\ \text{mm}/\sqrt{3}$$

50分游标卡尺：

$$u_{B_2}(x)=0.02\ \text{mm}/\sqrt{3}$$

弯游标(分光计上的)：

$$u_{B_2}(x)=1'/\sqrt{3}$$

一级千分尺：

$$u_{B_2}(x)=0.004\ \text{mm}/\sqrt{3}$$

螺旋测微器(读数显微镜上的)：

$$u_{B_2}(x)=0.015\ \text{mm}/\sqrt{3}\quad \text{(指测距不确定度)}$$

WL500 g 物理天平的最大允许误差如表 1.1.2 所示。

**表 1.1.2　WL500 g 物理天平的最大允许误差**

| 载荷 $m$ | $0<m\leqslant 100$ g | 100 g$<m\leqslant 400$ g | $m>400$ g |
| --- | --- | --- | --- |
| 最大允许误差/g | 0.02 | 0.04 | 0.06 |

标准电阻、标准电池：

$$u_{B_2}(x)=a\%\times 标称值/\sqrt{3}（a\ 为仪器的精确度等级）$$

ZX21 型精密电阻箱：

$$u_{B_2}(x)=\Delta_{仪}/\sqrt{3}$$

其中：

$$\Delta_{仪}=a\%\times 使用值+mb$$

上式中 $a$ 为仪器精确度等级，$b$ 为系数（对 ZX21 型，$b=0.002\ \Omega$），$m$ 为电流通过的转盘个数。

指针式仪表：

$$u_{B_2}(x)=\Delta_{仪}/\sqrt{3}$$

其中：

$$\Delta_{仪}=a\%\times 量程$$

$a$ 为仪器精确度等级。

数字显示仪表：构成数字显示仪表的误差主要由量化误差、已定和未定系统误差构成。对数字显示仪表来说，前两项误差大小主要由仪表等级 $a$ 确定，而未定系统误差由仪表的系数 $b$ 确定，$a$ 和 $b$ 均由厂家给出。

**注意**：对于某些仪器，如果通过说明书或仪器铭牌可查出 $\Delta_{仪}$ 的具体形式，则以所查到的值为准。

(3) 不确定度的合成

在各种不确定度分量相互独立的情况下，将两类不确定度分量按照“方根和”的方法合成，构成合成不确定度。

① 在对物理量进行多次等精度测量时，待测量 $x$ 的不确定度 $u(x)$ 由 A 类不确定度 $u_A(x)$ 和仪器不确定度 $u_{B_2}(x)$ 合成而得，即：

$$u_x=\sqrt{u_A^2(x)+u_{B_2}^2(x)}=\sqrt{t_n^2S_{\bar{x}}^2+\frac{\Delta_{仪}^2}{3}} \tag{1.1.23}$$

② 在对物理量进行单次测量时，待测量 $x$ 的不确定度 $u(x)$ 由测量不确定度 $u_{B_1}(x)$ 和仪器不确定度 $u_{B_2}(x)$ 合成而得，即：

$$u_x=\sqrt{u_{B_1}^2(x)+u_{B_2}^2(x)} \tag{1.1.24}$$

### 1.1.3.6 直接测量量不确定度的评定

(1) 列出影响测量结果准确性的一切因素,要求不扩大、不遗漏、不重复。

(2) 分清诸多因素中哪些属于 A 类分量,哪些属于 B 类分量。对于各 A 类分量,首先计算测量量 $x$ 的算术平均值,作为测量结果的最佳值;其次计算出平均值的标准误差 $S_{\bar{x}}$;最后,由

$$u_A=t_n S_{\bar{x}} \quad (p=0.683) \tag{1.1.25}$$

求出 $u_A$。式中 $t_n$ 从表 1.1.1 中查找。对于各 B 类分量,有:

$$u_{B_2}(x)=\frac{\Delta_{仪}}{K} \tag{1.1.26}$$

(3) 由各 A 类、B 类不确定度分量求合成不确定度。

### 1.1.3.7 测量结果的表示

测量结果的最终表达式为:

$$x=(x\ 值\pm u\ 值)单位(p=\cdots) \tag{1.1.27}$$

式中,$p=0.683$ 时 $u=u_x$。需要说明的是:

(1) 这个结果表达式代表着真值以某置信概率落在两端界限之间。一般将测量值、不确定度值和单位称为结果表达的三要素。

(2) 在本书中,规定结果表达式的位数保留规则:当 $u$ 的首位非零数字为 1 或 2 时,$u$ 保留两位有效数字;当 $u$ 的首位非零数字不小于 3 时,$u$ 只保留一位有效数字。相对不确定度 $u_r$ 的位数保留与上述原则相同。

在中间运算时,为了使计算准确,可以多保留 1~2 位。

(3) 结果表示式中,测量结果所保留的末位必须与 $u$ 值末位所在的数位一致。例如:

$$m=(9.875\pm0.006)\ \text{g} \quad (p=0.683)$$
$$l=(7.638\pm0.012)\ \text{cm} \quad (p=0.683)$$

**【例 1.1.1】** 用螺旋测微器测某一钢丝的直径,6 次测量值 $x_i$ 分别为 0.299、0.300、0.297、0.301、0.303、0.300,单位为 mm;同时读得螺旋测微器的零位 $x'$ 为 0.006 mm。请给出完整的测量结果。

**【解】** 测量值的最佳估计值为:

$$\begin{aligned}x&=\bar{x}-x'\\&=\frac{0.299+0.300+0.297+0.301+0.303+0.300}{6}\ \text{mm}-0.006\ \text{mm}\\&=0.294\ \text{mm}\end{aligned}$$

计算 A 类不确定度为:

$$u_A = t_n S_{\bar{x}} = t_n \cdot \sqrt{\frac{\sum_{i=1}^{n}(x_i - \bar{x})^2}{n(n-1)}} = 0.002\ \text{mm}$$

对于 B 类不确定度，这里仅考虑仪器不确定度分量，即：

$$u_B = 0.004\ \text{mm}/\sqrt{3}$$

于是，合成不确定度为：

$$u_x = \sqrt{u_A^2 + u_B^2} = \sqrt{0.002^2 + \frac{0.004^2}{3}}\ \text{mm} = 0.003\ \text{mm}$$

测量结果最终表示为：

$$x = (0.294 \pm 0.003)\ \text{mm} \quad (p = 0.683)$$

$$u_r = \frac{u_x}{x} \times 100\% = \frac{0.003}{0.294} \times 100\% = 1.0\%$$

#### 1.1.3.8 间接测量量不确定度的评定

(1) 间接测量量的计算

设直接测量量 $x, y, \cdots$ 彼此独立无关，间接测量量 $W$ 与它们的关系是：

$$W = f(x, y, \cdots) \tag{1.1.28}$$

对 $x, y, \cdots$ 测量了 $n$ 组，为 $(x_i, y_i, \cdots)(i = 1, 2, \cdots, n)$，则有两种计算间接测量量的方法。第一种方法（称为先平均法）是先求出各直接测量量的平均值 $\bar{x}, \bar{y}, \cdots$，然后将它们代入式(1.1.28)，求 $W$；第二种方法（称为后平均法）是先分别把每一组 $(x_i, y_i, \cdots)$ 值代入式(1.1.28)，求出 $n$ 个 $W_i$，然后把 $n$ 个 $W_i$ 平均，以获得的平均值作为最后结果。

研究表明，第一种方法适合于在多次测量中各直接测量量都具有确定真值的情形，该方法还适用于各直接测量量的测量次数不尽相同（有的可能只测一次）的情形，甚至直接测量量之间互相不独立，该法也成立。第一种方法也比第二种方法简便，所以除非某些特殊情况，本书通常采取第一种方法。

(2) 不确定度的传递与合成

各直接测量量具有不确定度，导致间接测量量也具有不确定度，这种现象称为不确定度的传递。表 1.1.3 给出了常用函数的不确定度传递公式。

**表 1.1.3 常用函数的不确定度传递公式**

| 函数表达式 | 传递公式 |
|---|---|
| $W = x \pm y$ | $u_W = \sqrt{u_x^2 + u_y^2}$ |
| $W = x \cdot y$ | $\frac{u_W}{W} = \sqrt{\left(\frac{u_x}{x}\right)^2 + \left(\frac{u_y}{y}\right)^2}$ |
| $W = \frac{x}{y}$ | $\frac{u_W}{W} = \sqrt{\left(\frac{u_x}{x}\right)^2 + \left(\frac{u_y}{y}\right)^2}$ |
| $W = \frac{x^k y^n}{z^m}$ | $\frac{u_W}{W} = \sqrt{k^2\left(\frac{u_x}{x}\right)^2 + n^2\left(\frac{u_y}{y}\right)^2 + m^2\left(\frac{u_z}{z}\right)^2}$ |

续表1.1.3

| 函数表达式 | 传递公式 |
| --- | --- |
| $W=\sqrt[n]{x}$ | $\frac{u_W}{W}=\frac{1}{n}\cdot\frac{u_x}{x}$ |
| $W=\sin x$ | $u_W=\lvert\cos x\rvert\cdot u_x$ |

求间接测量结果的不确定度传递公式的步骤如下：如果运算形式以乘、除、乘方和开方为主，则

① 对式(1.1.28)两边取自然对数：

$$\ln W=\ln f(x,y,\cdots) \tag{1.1.29}$$

② 两边取全微分，并整理每一项，有：

$$d(\ln W)=\frac{dW}{W}=\frac{\partial \ln f}{\partial x}dx+\frac{\partial \ln f}{\partial y}dy+\cdots \tag{1.1.30}$$

③ 将微分号变为不确定度符号，每一项平方、求和后再开方，即得关于间接测量量的相对不确定度传递公式，有：

$$\frac{u_W}{W}=3\sqrt{\left[\frac{\partial(\ln f)}{\partial x}\right]^2 u_x^2+\left[\frac{\partial(\ln f)}{\partial y}\right]^2 u_y^2+\left[\frac{\partial(\ln f)}{\partial z}\right]^2 u_z^2+\cdots}\times 100\% \tag{1.1.31}$$

④ 由相对不确定度求绝对不确定度，有：

$$u_W=W\cdot\left(\frac{u_W}{W}\right) \tag{1.1.32}$$

如前所述，规定如果首位非零数字是 1 或 2 时，$u_W$ 保留两位有效数字；首位非零数字是 3 或 3 以上时，$u_W$ 保留一位有效数字。

如果运算形式以加减为主，在推导间接测量量不确定度传递公式时，不需要上述第①步，从而会得到：

$$u_W=\sqrt{\left(\frac{\partial f}{\partial x}\right)^2 u_x^2+\left(\frac{\partial f}{\partial y}\right)^2 u_y^2+\left(\frac{\partial f}{\partial z}\right)^2 u_z^2+\cdots} \tag{1.1.33}$$

求出 $u_W$ 后，还应进一步求出相对不确定度

$$u_r=\frac{u_W}{W} \tag{1.1.34}$$

在式(1.1.31)、式(1.1.33)中，根号下被平方的各项称为不确定度项，各直接测量量不确定度前的系数$\left(如\frac{\partial f}{\partial x},\frac{\partial f}{\partial y},\cdots\right)$称为不确定度传递系数。

值得注意的是，各直接测量量的不确定度都应保持 0.683 的置信概率，由此得到的间接测量量的不确定度也具有 0.683 的置信概率。

**【例 1.1.2】** 用流体静力称衡法测量矿石的密度，矿石浸入的水的温度为 $t=13.0$ ℃，用分度值为 0.02 g 的 9 级物理天平测矿石在空气中的质量 $m$ 以及浸入水中后矿石的等效质量 $m'$，测得的数据如表 1.1.4 所示，试求出矿石密度的结果表达式。

**表 1.1.4　矿石密度测量实验质量测量数据记录表**

| 测量次数 | 1 | 2 | 3 | 4 | 5 |
|---|---|---|---|---|---|
| $m$/g | 25.622 | 25.616 | 25.634 | 25.608 | 25.620 |
| $m'$/g | 17.204 | 17.192 | 17.208 | 17.184 | 17.188 |

**【解】** 为了便于后面的运算，重新设计表格，如表 1.1.5 所示。

**表 1.1.5　矿石密度测量实验数据处理计算表**

| 测量次数 | 1 | 2 | 3 | 4 | 5 | 数据处理 |
|---|---|---|---|---|---|---|
| $m$/g | 25.622 | 25.616 | 25.634 | 25.608 | 25.620 | $\bar{m}=25.620$ g |
| $\delta_i(=m_i-\bar{m})$/g | 0.002 | −0.004 | 0.014 | −0.012 | 0 | — |
| $\delta_i^2/(10^{-6}$ g) | 4 | 16 | 196 | 144 | 0 | $\sum\delta_i^2=3.6\times10^{-4}$ g$^2$ |
| $m'$/g | 17.204 | 17.192 | 17.208 | 17.184 | 17.188 | $\bar{m}'=17.195$ g |
| $\delta_i'(=m_i'-\bar{m}')$/g | 0.009 | −0.003 | 0.013 | −0.011 | −0.007 | — |
| $\delta_i'^2/(10^{-6}$ g$^2$) | 81 | 9 | 169 | 121 | 49 | $\sum\delta_i'^2=4.29\times10^{-4}$ g$^2$ |

首先，计算矿石的密度，可以导出矿石密度的表达式，将数值代入，得：

$$\rho=\frac{\bar{m}}{\bar{m}-\bar{m}'}\rho_{水}=\frac{25.620}{25.620-17.195}\times0.999404\ \text{g/cm}^3=3.0391\ \text{g/cm}^3$$

其次，导出矿石密度 $\rho$ 的不确定度传递公式，将计算式取自然对数，得：

$$\ln\rho=\ln m-\ln(m-m')+\ln\rho_{水}$$

取全微分，因 $\rho_{水}$ 比 $(\bar{m}-m')$ 高两位数字，可不必考虑不确定度，所以有：

$$\frac{\mathrm{d}\rho}{\rho}=\left(\frac{1}{m}-\frac{1}{m-m'}\right)\mathrm{d}m-\frac{-1}{m-m'}\mathrm{d}m'=\frac{-m'}{m(m-m')}\mathrm{d}m+\frac{1}{m-m'}\mathrm{d}m'$$

将微分号变为不确定度符号，并进行方和根合成，得矿石密度的不确定度传递公式为：

$$\frac{u_\rho}{\rho}=\sqrt{\frac{m'^2}{m^2(m-m')^2}u_{\mathrm{m}}^2+\frac{1}{(m-m')^2}u_{\mathrm{m'}}^2}$$

下面求各直接测量量的不确定度，有：

$$u_{\mathrm{m}}^2=t_5^2S_{\bar{\mathrm{m}}}^2+\frac{\Delta_{仪}^2}{3}$$

式中 $t_5=1.14$（查表 1.1.1 知），则：

$$S_{\bar{\mathrm{m}}}^2=\frac{\sum(m_i-\bar{m})^2}{n(n-1)}=\frac{3.6\times10^{-4}}{5\times(5-1)}\ \text{g}^2=1.8\times10^{-5}\ \text{g}^2$$

$\Delta_{仪}=0.02$ g，从而有：

$$u_{\mathrm{m}}^2=1.14^2\times1.8\times10^{-5}\ \mathrm{g}^2+\frac{0.02^2}{3}\ \mathrm{g}^2=1.567\times10^{-4}\mathrm{g}^2$$

同理，因为

$$S_{\mathrm{m}'}^2=\frac{\sum(m'_i-\bar{m}')^2}{n(n-1)}=\frac{4.29\times10^{-4}}{5\times(5-1)}\ \mathrm{g}^2=0.214\times10^{-4}\ \mathrm{g}^2$$

得：

$$u_{\mathrm{m}'}^2=1.14^2\times0.214\times10^{-4}\ \mathrm{g}^2+\frac{0.02^2}{3}\ \mathrm{g}^2=1.611\times10^{-4}\mathrm{g}^2$$

将以上数据代入不确定度传递公式，有：

$$\frac{u_\rho}{\rho}=\sqrt{\frac{17.195^2\times1.567\times10^{-4}}{25.620^2\times(25.620-17.195)^2}+\frac{1.611\times10^{-4}}{(25.620-17.195)^2}}=0.18\%$$

进一步求出绝对不确定度：

$$u_\rho=\rho\cdot\left(\frac{u_\rho}{\rho}\right)=3.039\ \mathrm{g/cm^3}\times0.18\%=0.005\ \mathrm{g/cm^3}$$

得结果表达式为：

$$\rho=(3.039\pm0.005)\ \mathrm{g/cm^3}\quad(p=0.683)$$

#### 1.1.3.9 测量值与公认值(或理论值)的百分差

设 $x_s$ 代表测量量的公认值或理论计算值，则 $x$ 与 $x_s$ 之间的百分差为：

$$E_s=\frac{|x-x_s|}{x_s}\times100\%\tag{1.1.35}$$

一般说来，$x_s$ 更接近真值，因为 $x_s$ 是最佳值，所以计算 $E_s$ 的第一个作用是衡量测量结果 $x$ 的准确程度，即判断测量结果质量的高低；计算 $E_s$ 的第二个作用是可以大致判定不确定度的估算是否合理，如发现 $E_s$ 比相对不确定度还大，则应仔细审查不确定度的估算是否存在问题，是否存在较大的系统误差没有被消除等。遇此情形，应该重新对该实验进行研究，并重新进行测试。

### 1.1.4 有效数字

#### 1.1.4.1 有效数字的概念

为了理解有效数字的概念，来看用米尺测量一个物体长度的例子。如图 1.1.6 所示，对于不同的测量者，可能读出的结果有 13.4 cm、13.5 cm、13.6 cm 等。可以看出，前两位数字都相同，这是没有疑问的，这称为可靠数字或准确数字；后一位个人估计的结果可能略有不同，这称为可疑数字或欠准数字，该位数字后面的数字没有保留的必要。因此定义：把测量结果中的全部可靠数字加上欠准的一位数字，统称为测量结果的有效数字，即：

有效数字=全部可靠数字+一位欠准数字

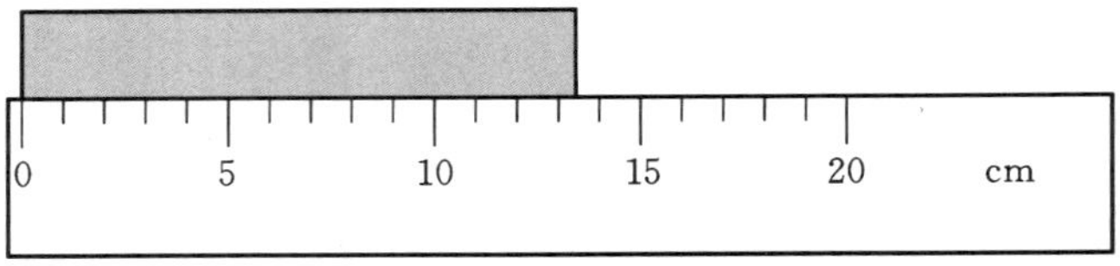


**图 1.1.6 米尺测量长度**

欠准数字虽然不准,但它是有意义的,所以要特别指出,一个物理量的测量值和数学上的一个数字有着本质上的区别。例如,在数学上,12.5 cm 和 12.50 cm 没有区别,但从物理测量的意义上看,12.5 cm 表示十分位上是欠准的,而 12.50 cm 则表示百分位上是欠准的。物理实验中之所以特别强调有效数字,是因为有效数字能够粗略地反映测量结果的准确程度。

由上述关于有效数字的定义可知:

(1) 欠准数字只应保留一位,不保留或保留多位都是不对的。

(2) 数字前面的零不算作有效数字,它与使用单位的大小有关;数字后面的零是有效数字的组成部分,不能随便增减,例如,41.00 mA 是 4 位有效数字,0.04100 A 也是 4 位有效数字,不能随便写成 41 mA,因为前者的准确度为四千分之几,而后者却成了四十分之几。

(3) 单位换算时,有效数字的位数必须保持不变,因为不会由于单位换算而改变测量的准确度。为了使有效数字不变,必须采用数字的科学记数法,例如,$11.80\ \text{kg}=1.180\times10^4\ \text{g}$,如果写成 11800 g,则是错误的。

将小单位换成大单位时,尽管有效数字不易出现错误,但由于科学记数法表达简洁,计算起来容易定位,也应该采用科学记数法,例如,$82.0\ \mu\text{A}=8.20\times10^{-5}\ \text{A}$,$100.3\ \text{mA}=1.003\times10^2\ \text{mA}$ 等。

比较麻烦的问题是非十进制的单位换算。例如,$60°2'$ 换算成以度(°)为单位时,怎样坚持有效数字位数不变的原则呢?因为可疑位 $1'=1/60°\approx0.02°$,即欠准位的分位对应于百分度位,故 $60°2'=60.03°$。

### 1.1.4.2 直接测量有效数字的读取

一般而言,测量器具的分度值是按照仪器允许误差的要求来划分的。由于仪器多种多样,所以读数规则也略有区别。正确读取有效数字的方法大致归纳如下:

(1) 一般读数应该读到最小分度以下再估读一位,但不一定估读最小分度值的 1/10,也可以根据情况(如分度的间距、刻线、指针的粗细及分度的数值等)估读最小分度值的 1/5、1/4 或 1/2。但无论怎样估读,一般来讲,最小分度位总是准确的,最小分度的下一位是估读的欠准位。

(2) 如果仪器的最小分度值为 0.5,则 0.1、0.2、0.3、0.4、0.6、0.7、0.8、0.9 都是估计的;如果仪器的最小分度值是 0.2,则 0.1、0.3、0.5、0.7、0.9 都是估计的,这类情况都不必再估读到下一位,欠准数字与 $\Delta_{仪}$ 所在的数位一致。

(3) 游标类量具只读到游标分度值,一般不估读,特殊情况下读到游标分度值的 1/2。

(4) 数字式仪表及步进读数器(如电阻箱)不需要进行估读,仪器所显示的末位就是欠准数字。

(5) 当仪器指示与仪器刻度盘某刻线对齐时,如测量值恰好为整数,特别注意要在数后补零,补零应补到欠准位。

#### 1.1.4.3 有效数字的舍入规则

在截取数字的位数时,过去常采用"四舍五入"规则,这将会使从 1 到 9 的 9 个数字中往前入的机会大于舍的机会,而对于有效数字的截取来说,这是不合理的。现在常用的舍入规则是:对保留数字末位(称为尾数)以后的部分,小于 5 则舍,大于 5 则入,等于 5 则把末位凑成偶数。例如,将 8.35499、8.35500、8.355、8.345 修约成三位有效数字,则分别为 8.35(不得连续修约)、8.36、8.36、8.34。在有效数字运算结果取位以及后面关于不确定度取位时,都遵守这一原则。

#### 1.1.4.4 间接测量量有效数字的运算

间接测量量最后结果的有效数字位数应由测量不确定度所在位数来决定。间接测量量在运算过程中,参加运算的量可能很多,有效数字的位数也不一定相同,计算过程中数字的位数要发生变化,如不遵守正确的规则,会使测量结果的准确性受到影响。一般可以按照下列规则确定运算结果的有效位数。

(1) 尾数取齐。几个数进行加减运算时,其结果的有效数字末位与参加运算的诸数字中末位数量级最大的那一位取齐。例如,$378.2+11.412=389.6$。

(2) 位数取齐。几个数进行乘除运算时,其结果的有效数字位数与参加运算的诸数字中有效数字位数最少的那个相同。例如,$5.348\times20.5=110$。

(3) 位数不变。一个数进行乘方、开方运算时,其结果的有效数字位数与参加运算的数字的有效数字位数相同,保持不变。例如,$\sqrt{200}=14.4$,$1.2^2=1.4$。

(4) 一般说来,函数运算的有效数字位数应该按照间接测量误差传递公式进行计算后决定。在大学物理实验中,为了简便统一起见,函数常采用如下处理规则:对数函数运算结果的有效数字,小数点后面的位数取成与真数的位数相同;指数函数运算结果中有效数字的位数,小数点后面的位数取成与指数中小数点后面的位数相同;三角函数结果中有效数字的取法,可采用试探法,即将自变量欠准位上、下波动一个单位,观察其结果在哪一位上波动,最后结果的欠准位就在该位上。例如,要将 $\sin 59°56'$ 化成小数,因为

$$\sin59°55'=0.865297\cdots$$
$$\sin59°56'=0.865443\cdots$$
$$\sin59°57'=0.865588\cdots$$

所以

$$\sin59°56'=0.8654$$

应该注意:

(1) 参与运算的整数(作为乘数或除数)如果是准确数字,则结果的有效数字与它们无关。

（2）无理数（如 $\pi$、e、$\sqrt{2}$）参与乘除运算时，它们的位数应比式中最少的位数多取 1～2 位，以保证结果的准确性。

# 1.2 实验数据处理方法

物理实验除了对各种物理量进行测量外，还经常需要研究各个物理量之间的相互关系、变化规律等。本节介绍一些常用的数据处理方法。

## 1.2.1 列表法

列表是有序记录实验数据的手段，是用实验数据显示函数关系的原始方法。列表法有许多优点，主要有：(1)测量时，按照表格的顺序进行，能够做到有条不紊，避免错测或漏测；(2)数据的表达形式紧凑，简单醒目；(3)便于检查和发现实验中存在的问题；(4)有助于分析数据间的对应关系；(5)有利于运算，提高数据处理效率。

表格分为两种：根据一个或两个自变量的数值列出因变量数值的表格，称为函数表；有一套说明性的或定性的项目标题，而不是数字标题的表格，称为统计表。

要制作一份实用的记录表格看似简单，但也要花费一些心思。设计记录表格也是一种基本训练，不仅要有认真的态度，还要知道制作的要求，才能使所设计的记录表格规范实用。

### 1.2.1.1 列表法的基本要求

（1）每个表格都应该有一个名称，称为表名，表名应尽量简明扼要。

（2）实验室所给数据、查得的某些单项数据以及某些关键的实验条件要列在表格的上面部分。

（3）表格要简单明确、有条理。各行各列上必须标清行标题和列标题。标题由名称、符号、单位三者组成。单位要写在符号之后，并用斜线隔开，不要将单位标在每个数据的后面。如果整个表格都用同一单位，也可将单位标注在表格的右上方。

（4）对于函数表，将列或行作为自变量均可，主要取决于自变量和因变量的个数多少，排列起来匀称即可。自变量数值一般是事先规定的数，必须按照递增或递减的顺序等间距地排列，间距值要根据需要确定。当准备求微商时，其间距应小些；当准备求相邻数值的比时，其间距应大些，以使计算结果更准确。对于统计表，栏目的顺序也应充分注意测量的顺序、数据间的联系和计算程序。一些主要的中间计算数据应在表中有所体现，以便于处理和分析实验数据。

（5）表中必须包含原始数据，各数据应能正确地反映有效数字的位数。

（6）表中数值填写的要求是：同一列的数据，上下小数点要对齐；当数值过大或过小时，应用科学记数法表示，并将 $10^n$（$n$ 为整数）提出，写入栏标题。

（7）必要时，应写明有关参数，并作简要说明。

#### 1.2.1.2 内插与外推

函数表反映了变量间的函数关系(尽管不知道其解析形式),能够进行诸如求微商、积分等形式的运算,这里仅介绍内插与外推运算。内插与外推的方法不止一种,现介绍最简单、最常用的线性内插法与线性外推法。

(1) 线性内插法

线性内插法的根据是:物理量的变化一般都是渐变的,在比较小的数据间隔内,这种变化可以近似认为是线性变化。

如自变量为 $x_1$ 和 $x_2$ 时,因变量分别为 $y_1$ 和 $y_2$,求 $x_1$ 与 $x_2$ 之间的 $x_中$ 所对应的函数值 $y_中$。容易推得线性内插公式为:

$$y_中=y_1+\frac{y_2-y_1}{x_2-x_1}\times(x_中-x_1) \tag{1.2.1}$$

或

$$y_中=y_2-\frac{y_2-y_1}{x_2-x_1}\times(x_2-x_中) \tag{1.2.2}$$

视 $x_中$ 靠近 $x_1$ 或 $x_2$ 而分别用式(1.2.1)或式(1.2.2)作内插。

例如,求 18.7 ℃时水的密度。由于 18.7 ℃介于 18.5 ℃和 19.0 ℃之间,且靠近 $x_1=18.5$ ℃,故采用式(1.2.1)作内插。因为 $x_2=19.0$ ℃,$y_1=0.998527\ \text{g/cm}^3$,$y_2=0.998430\ \text{g/cm}^3$,$x_中=18.7$ ℃,所以有:

$$\rho_{18.7}=y_中=0.998527\ \text{g/cm}^3+\frac{0.998430-0.998527}{19.0-18.5}\times(18.7-18.5)\ \text{g/cm}^3=0.998488\ \text{g/cm}^3$$

如不确知函数关系,则内插法所求结果是近似的;如确知函数关系是线性的,则内插法所求结果是准确的。

(2) 线性外推法

设自变量为 $x_1$、$x_2$、…、$x_n$,对应的因变量为 $y_1$、$y_2$、…、$y_n$,求自变量为 $x_外<x_1$ 或 $x_外>x_n$ 时对应的因变量为 $y_外$。容易导出:

$$y_外=y_1-\frac{y_2-y_1}{x_2-x_1}\cdot(x_1-x_外) \tag{1.2.3}$$

或

$$y_外=y_n+\frac{y_n-y_{n-1}}{x_n-x_{n-1}}\cdot(x_外-x_n) \tag{1.2.4}$$

例如,求 40.0 ℃时水的密度。已知 $x_{n-1}=39.0$ ℃,$x_n=39.5$ ℃,$y_{n-1}=0.992662\ \text{g/cm}^3$,$y_n=0.992434\ \text{g/cm}^3$,所以:

$$\rho_{40.0}=0.992434\ \text{g/cm}^3+\frac{0.992434-0.992662}{39.5-39.0}\times(40.0-39.5)\ \text{g/cm}^3=0.992206\ \text{g/cm}^3$$

如不确知函数关系是线性的,只能在函数表数据附近作外推,外推的结果准确度也比较低。所以，一般不宜采用外推法，只有在无其他办法可供选择时，才采用外推法处理数据。

## 1.2.2 作图法

在很多情况下，物理量之间的关系很难用一个简单的解析函数式表示，或者无须得出函数关系，这时就可以用作图法直观、形象地表示出来。作图法是科技工作者应该掌握的基本技能。该法的好处是：(1)形象而直观地反映了数据之间的关系；(2)通过描绘光滑曲线取平均，有利于减少随机误差；(3)可以帮助发现坏值，并可通过图线对系统误差进行分析；(4)不必知道函数的具体形式，可直接由图线求斜率、截距以及采用内插、外推、叠加、加减、乘除、微商、积分、求极值、求渐近线等方法，寻找或求出某些物理量的数值。作图法也是研究物理量之间变化规律、求经验公式的最常用方法之一。

由此可见，作图法的主要功能是：第一，用曲线表示自变量或因变量间的函数关系，称为图示法；第二，利用图线进行某种运算，以便求出某些物理量的数值，称为图解法。无论是图示法，还是图解法，首要的问题是作好图。

### 1.2.2.1 作图的主要步骤

(1) 坐标纸的选择及坐标轴的分度

坐标纸通常有直角坐标纸、三角坐标纸和对数坐标纸三种，要根据所研究的问题选取合适的坐标纸。选取时，也要注意坐标纸的质量。下面仅介绍在直角坐标纸上作图的要求。

画坐标轴和进行分度时，有如下要求：

① 水平轴永远代表自变量，竖直轴永远代表因变量。在每条坐标轴的端部或外侧，必须标清物理量所用的符号和单位，单位要写在符号的后面，并用斜线隔开。

② 坐标的分度值不一定从零开始。在一组数据中，自变量与因变量均有最低值和最高值，坐标的起点(在坐标轴交点处)要用低于最低值并与其相近的某一整数，坐标的终点要用高于最高值并与其相近的某一整数。

③ 分度疏密的要求是：第一，数据欠准位的单位值至少不低于坐标纸上最小分格(1 mm)的十分之一，至多不应超过两小分格。例如，0.5 V、1.3 V、1.8 V、…这组数据，可采用 1 mm、2 mm、5 mm、10 mm、20 mm 之一代表 1 V 来分度；第二，分度的选择应使图线尽可能接近与水平轴成 45°或 135°的直线，使图线不过陡或过缓，以免引起错觉；第三，分度的选择应使每一点在坐标纸上都能迅速被找到为原则。凡因分度选取不当使得难以从图上读取数据的，都认为不合格。例如，不能用每 1 mm 代表 0.7，因为无论是描点还是查阅，都特别不方便。

④ 分度值的标注应力求整齐划一，如果数据过大或过小，分度应以 $10^n$($n$ 为整数)表示。例如，波长轴以 m 为单位分度，则可在标注坐标轴单位时写上 $\lambda/10^{-11}$ m。

⑤ 不允许将数据点的坐标值标在坐标轴上，因为坐标轴只作为“标尺”用，故一般要求均匀标分度值。

(2) 描点

可采用“·”“⊙”“×”“+”之一来描点，如果准备在一张坐标纸上画多条曲线，每套数据应采用不同样式的点。

(3) 作曲线

由数据点作曲线分为两种情形：一种是数据点不够充足，数目太少，不能具体确定自变量与因变量间的对应关系，这时要求将各点间用直线直接连接，比如电表的校准曲线即应如此；另一种是数据点数足够多，根据图上各点完全可以作出一条光滑连续的曲线，这是将要重点介绍的内容。

作曲线的具体要求是：

① 曲线应平滑、连续、匀整，不能太粗(线宽 0.2 mm 左右)；

② 曲线应平滑地通过所有数据点，尽量与所有的点靠近，如果个别点与大多数点的距离太远，可不予考虑；

③ 一般说来，由于实验仪器和方法等原因，两端的数据点准确度较差，因此在作曲线时，应优先照顾大部分中间的数据点，两端的点应占较小的比重；

④ 如果所画的是一条直线，用最小二乘法(见 1.2.4 节)可以证明，因为存在最可信赖的关系式

$$\bar{y}=a+b\bar{x} \tag{1.2.5}$$

式中

$$\bar{x}=\frac{1}{n}\sum x_i,\quad \bar{y}=\frac{1}{n}\sum y_i$$

所以，该直线必须通过点$(\bar{x},\bar{y})$，该点称为数据的重心。将$(\bar{x},\bar{y})$用特殊记号标在坐标纸上，旁边用括号标上 $\bar{x}$、$\bar{y}$ 值，然后通过该点画出直线。

(4) 图号、图名和注解说明

如果一篇实验报告中有若干张图，要在图的下方分别注明图号。

对于每张图，必须扼要地写清图名。图名一般写在图的下方图号后面，也可以写在图中的空旷处。

在每一个图形下面，可以加注解说明，如实验者的姓名、日期、实验条件、曲线及所用符号的意义等，以便帮助读者理解与记忆。

除数据点、曲线必须用铅笔绘制外，其他均可用钢笔或圆珠笔书写，字迹要端正。

#### 1.2.2.2 图解法

(1) 求直线的斜率与截距

设拟合直线所对应的直线方程为：

$$y=a+bx \tag{1.2.6}$$

则求斜率 $b$ 的公式为：

$$b=\frac{y_2-y_1}{x_2-x_1} \tag{1.2.7}$$

式中坐标点$(x_1,y_1)$、$(x_2,y_2)$应在所画的直线上选取，两个点的距离越远，由式(1.2.7)算得的 $b$ 值越准确，一般选在靠近直线的两端，将靠近 $y$ 轴的直线端部用虚线外延，则虚线与 $y$ 轴交点的纵坐标值即为坐标原点 $x_0$ 值对应的 $y_0$ 值，从而由式(1.2.6)可求得截距 $a$，或者由式(1.2.5)求截距 $a$。

(2) 求曲线方程中的系数——曲线改直法

由于画直线比较容易，求直线的斜率、截距以及内插、外推都比较方便、准确，所以在许多场合下，都需要进行曲线改直工作，许多曲线方程中的系数也都可以通过曲线改直的办法求得。所谓曲线改直法，是将非线性关系转化为线性关系的一种方法。举例说明如下。

**【例 1.2.1】** 求 $y=ax^b$ 中的系数 $a$ 和 $b$。

**【分析】** 因为 $\lg y=b\lg x+\lg a$，令 $X=\lg x$，$Y=\lg y$，$A=\lg a$，则变为线性方程 $Y=A+bX$。由测得的各组$(x_i,y_i)$值，可求出相应的$(X_i,Y_i)$，由图解法求出 $A$ 和 $b$，进一步可求出 $a$。

**【例 1.2.2】** 求 $y=x/(a+bx)$中的系数 $a$ 和 $b$。

**【分析】** 该式改写成 $y^{-1}=ax^{-1}+b$，令 $X=x^{-1}$，$Y=y^{-1}$，则变为线性方程 $Y=aX+b$。由测得的各组$(x_i,y_i)$值，可求出相应的$(X_i,Y_i)$，画出直线后，由图解法即可求出 $a$ 和 $b$。

原则上，任何函数都可以通过一定的方法线性化，不过其复杂程度是不一样的。

(3) 求导数

求曲线上某点处的导数，通常是通过该点作曲线的切线，该切线的斜率即等于该点的导数，斜率的求法与注意问题参考前述。

所求导数的准确程度在很大程度上取决于所作切线的准确程度。为了提高所作切线的准确程度，可以用圆规选取适当的半径和圆心，使所画的圆与该点附近的曲线相吻合，通过该点的切线应与该点所对应的圆半径垂直。

(4) 求积分

利用曲线求积分实际上是求一段曲线下的面积。直接数格数的多少既繁琐，又不准确，一般是用“求面积仪”测量。可以用天平“称”面积，先用天平称出标准大小空白坐标纸的质量(所称量的坐标纸必须与作图所用的坐标纸为同一张)，再将待求面积的图形剪下，用天平称出它的质量，因为两次所称纸的面密度一样，所以由图形的质量即可换算出它的面积。

## 1.2.3 逐差法

上述作图法的突出优点是直观性强。但由于作图受诸如线条粗细及人为确定最佳曲线有偏差等限制，用图解法所求的各参数的准确度并不高，并且不容易估算所求出的参数的不确定度。应该指出的是，在处理数据时，作图法虽然存在上述缺点，但绝对不能据此否定该法在科学研究和实验数据处理中的重要地位和独特作用。在处理数据时，有一种准确度比较高的简便方法，称为逐差(计算)法，它在处理线性关系(或可简化成线性关系)且自变量呈等差变化的问题中是比较有效的。具体做法是将测量得到的偶数组数据分成两组，即前一半和后一半，然后对应项相减，再求平均值。下面以用拉伸法测量杨氏模量的实验为例来说明逐差法的应用。

在用拉伸法测钢丝的杨氏模量实验中，最终可将测量公式化为：

$$s=a+bF \tag{1.2.8}$$

式中 $s$ 为光标尺的读数，$F$ 为钢丝下面所挂砝码的重力，杨氏模量 $E$ 包含在 $b$ 中，$b$ 被求出后即可求得 $E$ 值。所测得的一组数据如表 1.2.1 所示。

**表 1.2.1　实验数据**

| 砝码质量 $m$/kg | 1.0 | 1.5 | 2.0 | 2.5 | 3.0 | 3.5 |
|---|---|---|---|---|---|---|
| 标尺平均读数 $s$/cm | 0.12 | 1.52 | 2.96 | 4.41 | 5.85 | 7.25 |

多次测量的目的是为了减少测量误差，但如果按照

$$s_2-s_1=b(F_2-F_1)$$
$$s_3-s_2=b(F_3-F_2)$$
$$\cdots$$
$$s_6-s_5=b(F_6-F_5)$$

求解，显然有 $b=(s_6-s_1)/(F_6-F_1)$，中间数据都没用上，达不到减少误差的目的。一般说来，两端的数据比中间数据准确性要差些，这将使测量误差变大。

所谓逐差法，是把数据分为前后两半（如为奇数个数据，可舍去前一个或末一个数据），然后将前后两组的对应项逐差的数据处理方法。对于上例，有：

$$\Delta s_1=s_4-s_1=b(F_4-F_1)=b\cdot 3F_0 \tag{1.2.9}$$
$$\Delta s_2=s_5-s_2=b(F_5-F_2)=b\cdot 3F_0$$
$$\Delta s_3=s_6-s_3=b(F_6-F_3)=b\cdot 3F_0$$

式中 $F_0=0.5\times 9.8$ N，为砝码所受重力，从而：

$$b=\frac{\Delta s}{3F_0}=\frac{s_4-s_1+s_5-s_2-s_6-s_3}{3\times 3F_0}=0.2925\ \text{cm/N}$$

这就避免了第一种算法的缺点。

这种方法已经把系统误差随机化了，所以结果的不确定度主要取决于 A 类不确定度。

由式(1.2.9)得：

$$b_1=\frac{s_4-s_1}{3F_0}=\frac{4.41-0.12}{3\times 4.9}\ \text{cm/N}=0.2916\ \text{cm/N}$$

同理得：

$$\bar{b}=0.2944\ \text{cm/N},\quad b_3=0.2916\ \text{cm/N}$$

由此求得 $\bar{b}=0.2925$ cm/N，故：

$$S_{\bar{b}}=\sqrt{\frac{\sum(b_i-\bar{b})^2}{n(n-1)}}=\sqrt{\frac{0.0009^2+0.0019^2+0.0009^2}{3\times(3-1)}}\ \text{cm/N}=9.3\times10^{-4}\ \text{cm/N}$$

查表得 $t_3=1.32$,所以:

$$u_b=1.32\times9.3\times10^{-4}\ \text{cm/N}=0.0012\ \text{cm/N}$$

最后有:

$$b=(0.2925\pm0.0012)\ \text{cm/N}\quad(p=0.683)$$

逐差法不仅能处理自变量等间距变化的线性函数问题,还能处理自变量等间距变化的一元多项式函数的问题,也能处理自变量不是严格等间距变化的函数问题。但处理过程较为复杂,这里不再叙述。

## 1.2.4 最小二乘法

最小二乘法是数据处理中最准确的方法。该法是法国数学家勒让德(Legendre)于 1805 年首先发现的,德国数学家高斯(Gauss)于 1809 年建立了它的数学原理。最小二乘法能解决的问题十分广泛,并且涉及许多概率统计方面的知识,此处只针对等精度测量直线拟合这一最简单的问题对最小二乘法作简要介绍。

### 1.2.4.1 相关系数与线性相关

从实验上获得一组数据$(x_i,y_i)(i=1,2,\cdots,n)$后,如何判断 $x$ 与 $y$ 之间是否具有线性关系呢?既可以用作图的办法来判断,也可以通过求相关系数的办法来判断。由数理统计知识可知,相关系数 $r_{xy}$的表达式为:

$$r_{xy}=\frac{d_{xy}}{\sqrt{d_{xx}\cdot d_{yy}}}=\frac{\sum(x_i-\bar{x})(y_i-\bar{y})}{\sqrt{\sum(x_i-\bar{x})^2\sum(y_i-\bar{y})^2}}\tag{1.2.10}$$

式中

$$\left.\begin{aligned}d_{xy}&=\sum(x_i-\bar{x})(y_i-\bar{y})\\d_{xx}&=\sum(x_i-\bar{x})^2\\d_{yy}&=\sum(y_i-\bar{y})^2\end{aligned}\right\}\tag{1.2.11}$$

相关系数的性质如下:

(1)$|r_{xy}|\leqslant1$。

(2)若 $r_{xy}>0$,则称 $x$ 与 $y$ 正相关,此时 $y$ 随 $x$ 的增加而增加;若 $r_{xy}<0$,则称 $x$ 与 $y$ 负相关,此时 $y$ 随 $x$ 的增加而减少;若 $r_{xy}=0$,则称 $x$ 与 $y$ 不相关,此时 $x$ 与 $y$ 相互独立。

(3)若 $r_{xy}\approx1$,则称 $x$ 与 $y$ 线性正相关,此时直线斜率为正;若 $r_{xy}\approx-1$,则称 $x$ 与 $y$ 线性负相关,此时直线斜率为负。

$|r_{xy}|$接近 1 到什么程度才能认为 $x$ 与 $y$ 线性相关呢?数理统计证明,$x$ 与 $y$ 线性相关

的条件是：

$$|r_{xy}| \geqslant r_0(n) \tag{1.2.12}$$

式中 $r_0(n)$ 称为线性相关系数起码值，$n$ 为数据点的个数。$r_0(n)$ 值如表 1.2.2 所示。

**表 1.2.2 线性相关系数起码值**

| $n$ | 3 | 4 | 5 | 6 | 7 | 8 | 9 | 10 | 11 | 12 |
|---|---|---|---|---|---|---|---|---|---|---|
| $r_0(n)$ | 1.000 | 0.990 | 0.959 | 0.917 | 0.874 | 0.834 | 0.798 | 0.765 | 0.735 | 0.708 |
| $n$ | 13 | 14 | 15 | 16 | 17 | 18 | 19 | 20 | 21 | 22 |
| $r_0(n)$ | 0.684 | 0.661 | 0.641 | 0.628 | 0.606 | 0.590 | 0.575 | 0.561 | 0.549 | 0.537 |
| $n$ | 23 | 24 | 25 | 26 | 27 | 28 | 29 | 30 | … | |
| $r_0(n)$ | 0.526 | 0.515 | 0.505 | 0.496 | 0.487 | 0.478 | 0.470 | 0.463 | … | |

应该注意，有时 $x$、$y$ 之间虽然线性相关，但由于随机误差太大，数据点太离散，从而不满足式(1.2.12)的条件，此时用最小二乘法作直线拟合也是无意义的。

还应注意，不应按照有效数字的原则计算相关系数，比如算得 $r_{xy}=0.99998732\cdots$，则最好取 $r_{xy}$ 为 0.999987，即保留两位非 9 数字，不要写成 $r_{xy}\approx 1$。

### 1.2.4.2 最小二乘法直线拟合

此处仅讨论等精度测量条件下，自变量各测量值的误差与因变量各测量值的误差相比可以忽略的最小二乘法直线拟合问题。实际的做法是，哪个变量的误差小，就把这个变量作为自变量。

对于满足上述要求的线性关系（或通过曲线改直所转化成的满足上述要求的线性关系）$y=a+bx$，如何根据各数据点 $(x_i, y_i)(i=1,2,\cdots,n)$“最佳”地求出系数 $a$ 和 $b$？设图 1.2.1 中的虚线是最佳直线，对应直线方程为：

$$y^*=a+bx \tag{1.2.13}$$

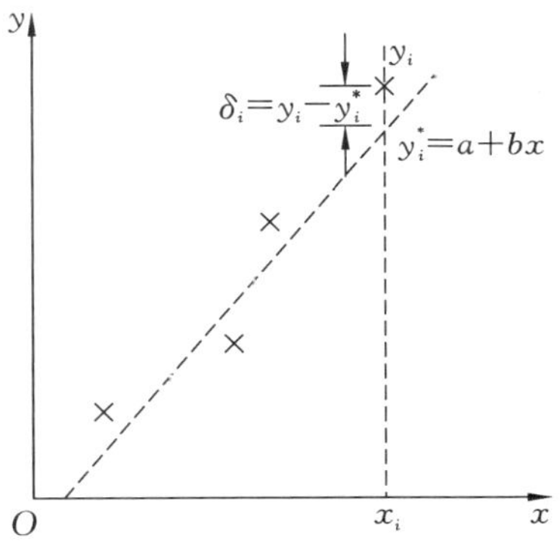

**图 1.2.1 最小二乘法图示**

如对应于某个 $x_i$ 的测量值为 $y_i$，从最佳直线上查得的最佳值为 $y_i^*$，则称 $\delta_i=y_i-y_i^*$ 为 $y_i$ 的偏差。最小二乘法的结论是，最佳直线方程满足所有偏差 $\delta_i$ 的平方之和为最小，即：

$$D(a,b)=\sum_{i=1}^{n}(y_i-y_i^*)^2=\min \tag{1.2.14}$$

这就是最小二乘法的基本思想，“二乘”是指偏差的平方。

将式(1.2.13)代入式(1.2.14)，得：

$$D(a,b)=\sum_{i=1}^{n}(y_i-a-bx_i)^2=\sum_{i=1}^{n}[y_i^2-2y_i(a+bx_i)+(a+bx_i)^2]$$

式中 $x_i$、$y_i$ 皆为已知值，故 $D$ 是 $a$，$b$ 的函数。$D(a,b)$ 最小的条件是：

$$\left.\begin{array}{l}\dfrac{\partial\approx D(a,b)}{\partial\approx a}=0,\quad \dfrac{\partial\approx D(a,b)}{\partial\approx b}=0 \\ \dfrac{\partial\approx D^2(a,b)}{\partial\approx a^2}>0,\quad \dfrac{\partial\approx D^2(a,b)}{\partial\approx b^2}>0 \\ \left[\dfrac{\partial\approx D^2(a,b)}{\partial\approx a\cdot\partial\approx b}\right]^2-\dfrac{\partial\approx D^2(a,b)}{\partial\approx a^2}\cdot\dfrac{\partial\approx D^2(a,b)}{\partial\approx b^2}<0\end{array}\right\} \tag{1.2.15}$$

将 $D(a,b)$ 代入式(1.2.15)的第一式，解此联立方程，即得最佳的 $a$ 和 $b$ 值为：

$$a=\bar{y}-b\bar{x} \tag{1.2.16}$$

$$b=\frac{d_{xy}}{d_{xx}} \text{ 或 } b=\frac{\sum(x_i-\bar{x})(y_i-\bar{y})}{\sum(x_i-\bar{x})^2} \tag{1.2.17}$$

不难验证，所求得的 $a$ 和 $b$ 值能使式(1.2.15)的第二式和第三式得到满足，所以由式(1.2.16)和式(1.2.17)求得的 $a$ 和 $b$ 值能使线性方程最佳。

**【例 1.2.3】** 已知金属电阻与温度的关系为 $R_t=R_0(1+\alpha t)$，实验测得铜的电阻-温度数据如表 1.2.3 所示。

**表 1.2.3　铜的电阻-温度实验数据**

| $t$/℃ | 10.0 | 17.8 | 26.9 | 37.7 | 48.2 | 58.8 | 68.3 | 78.5 | 88.1 | 98.6 |
|---|---|---|---|---|---|---|---|---|---|---|
| $R_i$/Ω | 3.450 | 3.554 | 3.687 | 3.827 | 3.968 | 4.105 | 4.244 | 4.377 | 4.507 | 4.647 |

试用最小二乘法处理表 1.2.3 所示测量数据，确定铜电阻与温度的具体关系式。

**【解】** 令 $x=t$，$y=R_t$，$a=R_0$，$b=R_0\alpha$，则 $R_t=R_0(1+\alpha t)$ 变为 $y=a+bx$。按照表 1.2.3 的数据重新列表，如表 1.2.4 所示。

**表 1.2.4　最小二乘法计算表**

| $i$ | $x_i$ /℃ | $(x_i-\bar{x})$ /℃ | $(x_i-\bar{x})^2$ /℃$^2$ | $y_i$/Ω | $(y_i-\bar{y})$ /Ω | $(y_i-\bar{y})^2$ /Ω$^2$ | $(x_i-\bar{x})(y_i-\bar{y})$ /(℃·Ω) |
|---|---|---|---|---|---|---|---|
| 1 | 10.0 | −43.29 | 1874.0 | 3.450 | −0.5866 | 0.34409 | 25.394 |
| 2 | 17.8 | −35.49 | 1259.5 | 3.554 | −0.4826 | 0.23290 | 17.127 |
| 3 | 26.9 | −26.39 | 696.4 | 3.687 | −0.3496 | 0.12222 | 9.226 |
| 4 | 37.7 | −15.59 | 243.0 | 3.827 | −0.2096 | 0.04393 | 3.268 |
| 5 | 48.2 | −5.09 | 25.9 | 3.968 | −0.0686 | 0.00471 | 0.349 |
| 6 | 58.8 | 5.51 | 30.4 | 4.105 | 0.0684 | 0.00468 | 0.377 |
| 7 | 68.3 | 15.01 | 225.3 | 4.244 | 0.2074 | 0.04301 | 3.113 |
| 8 | 78.5 | 25.21 | 635.5 | 4.377 | 0.3404 | 0.11587 | 8.581 |

续表1.2.4

| $i$ | $x_i$ /℃ | $(x_i-\bar{x})$ /℃ | $(x_i-\bar{x})^2$ /℃$^2$ | $y_i$/Ω | $(y_i-\bar{y})$ /Ω | $(y_i-\bar{y})^2$ /Ω$^2$ | $(x_i-\bar{x})(y_i-\bar{y})$ /(℃·Ω) |
|---|---|---|---|---|---|---|---|
| 9 | 88.1 | 34.81 | 1211.7 | 4.507 | 0.4704 | 0.22127 | 16.375 |
| 10 | 98.6 | 45.31 | 2053.0 | 4.647 | 0.6104 | 0.37259 | 27.657 |
| 求和 | 532.9 | — | 8254.7 | 40.366 | — | 1.50524 | 111.467 |

由公式(1.2.11)计算可得：

$$d_{xx}=\sum(x_i-\bar{x})^2=8254.7\ ℃^2$$

$$d_{xy}=\sum(x_i-\bar{x})(y_i-\bar{y})=111.467\ ℃\cdot\Omega$$

$$d_{yy}=\sum(y_i-\bar{y})^2=1.50524\ \Omega^2$$

从而有：

$$r_{xy}=\frac{d_{xy}}{\sqrt{d_{xx}\cdot d_{yy}}}=\frac{111.467}{\sqrt{8254.7\times1.50524}}=0.999983$$

因为 $r_0(10)=0.765$，$r_{xy}>r_0(10)$，十分接近1，故 $x$ 和 $y$ 线性关系很好，由最小二乘法计算得到：

$$b=R_0\alpha=\frac{d_{xy}}{d_{xx}}=\frac{111.467}{8254.7}\ \Omega/℃=1.3503\times10^{-2}\ \Omega/℃$$

$$a=R_0=\bar{y}-b\bar{x}=(4.0366-0.01350\times53.29)\ \Omega=3.3170\ \Omega$$

因此有：

$$R_0=3.3170\ \Omega$$

$$\alpha=4.071\times10^{-3}\ ℃^{-1}$$

从而得到关系式：

$$R_t=3.3170\times(1+4.071\times10^{-3}t)\quad(\text{SI 单位})$$

# 2　常用物理实验仪器

## 2.1　长度测量仪器

长度是最基本的物理量之一。长度的测量器具有很多，常用的有米尺、游标卡尺、螺旋测微器（千分尺）、读数显微镜等，有时要采用干涉法或其他一些办法测量。测量器具的选用要根据对测量精度的要求决定。

### 2.1.1　米尺

常用的米尺量程大多为 100 cm，分度值为 1 mm、5 mm 或 1 cm，最常用的是分度值为 1 mm的米尺。使用米尺测量长度时应该注意：

（1）为避免视差，应该使米尺刻度贴近被测物体，并且观测方位要合适，即要紧贴、正视、对准。

（2）为避免因米尺端点磨损而引入误差，测量时起点可不从端点开始。

（3）为避免因米尺刻度不均匀而引入误差，可取米尺不同位置作为起点进行多次测量。

（4）若米尺最小分度值为 1 mm，用米尺测量物体的长度时，应该读数到毫米的下一位，但是最后一位是估计的，待测物体的长度是物体两端对应米尺上的读数之差。如图 2.1.1 所示，初读数为 0.00 cm，末读数 $x=2.57$ cm，则长度 $L=2.57$ cm，这里 2.5 是准确的，而最后一位数字 7 是估计值，也就是含有误差的测量值。根据有效数字的确定方法可知，用米尺进行长度测量时，若用厘米作单位，数值应读到小数点后第二位。

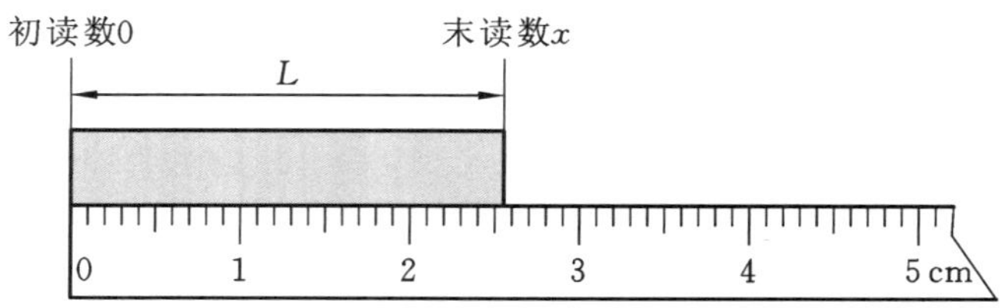


**图 2.1.1　米尺的读数**

## 2.1.2 游标卡尺

### 2.1.2.1 结构

游标卡尺的外形和结构如图 2.1.2 所示，它主要由主尺 D 和可以沿主尺滑动的游标尺（副尺）E 组成。外量爪 A、B 用来测量厚度和外径，内量爪 A′、B′可用来测量管的内径或槽宽；深度尺 C 可用来测量槽或小孔的深度。F 为紧固螺丝，可将游标固定在尺身上的任意位置。主尺的最小分度为 1 mm，游标尺上刻有游标 E，利用游标可以把主尺上的估读数值准确地测量出来，从而提高了测量的精确度。

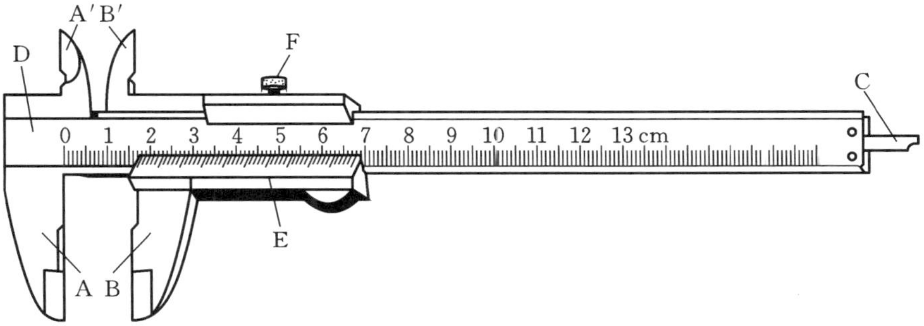


图 2.1.2　游标卡尺

### 2.1.2.2 游标卡尺的基本原理

游标上 $N$ 个分度格的长度与主尺上 $(N-1)$ 个分度格的长度相同，若主尺上最小分度值为 $y=1$ mm，游标上最小分度值为 $x$，则 $(N-1)y=Nx$。主尺上的一格与游标上的一格之差为游标的精度值或游标的最小分度值，即 $\Delta_{仪}=y-x=\dfrac{1}{N}$ mm。常见的三种卡尺 $\Delta_{仪}$ 分别为 0.1 mm、0.05 mm 和 0.02 mm，分别称为十分游标、二十分游标和五十分游标。

### 2.1.2.3 游标卡尺读数方法

使用游标卡尺时，一手拿物体，另一手持尺，轻轻把物体卡住。应特别注意保持量爪不被磨损，不允许用游标卡尺测量粗糙物体，更不允许被夹紧物体在卡口内挪动。

图 2.1.3 给出了游标卡尺的读法。

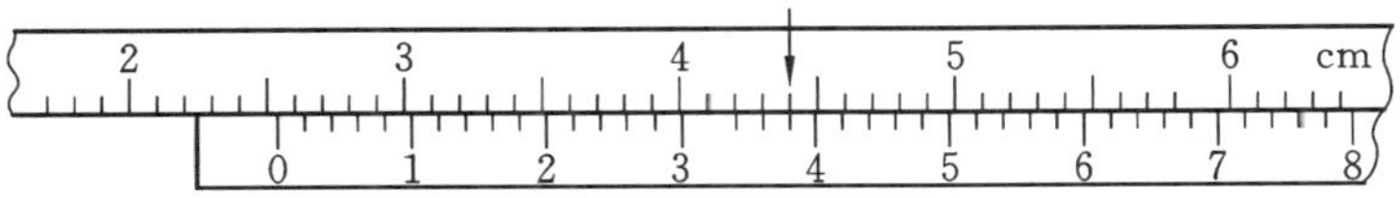


图 2.1.3　0.02 mm 精度游标卡尺读法

第一步，从主尺上读出游标零刻度线所在的整数分度值，图中主尺读数为 25 mm。

第二步，先从主尺上估计不满一格的小数值（约 0.4 mm），再到游标上找与主尺刻线准确对齐的游标分度值 0.38 mm（在游标上“3”之后的第“4”条刻度线对齐，因为精度为 0.02 mm，所以从游标上读的结果为 0.38 mm）。

第三步，得到测量值 $L=25\ \mathrm{mm}+0.38\ \mathrm{mm}=25.38\ \mathrm{mm}$。

注意使用完毕后 A、B 之间要留有空隙，以免热膨胀使仪器受损。

## 2.1.3 螺旋测微器

### 2.1.3.1 结构

螺旋测微器又称千分尺。在一根带有毫米刻度的测杆上，加工出高精度的螺旋，并配上与之相应的精制螺母套管，在套管周界上准确地等分 $n$ 格刻度，这样就构成了一个测微螺旋。螺旋测微器是利用测微螺杆的外螺纹和套管的内螺纹紧密配合，将测微螺杆的角位移变为直线位移的原理来实现长度测量的量具。如图 2.1.4 所示，测微螺杆的螺距为 0.5 mm，可转动的套管（叫微分筒）的圆周上均匀刻画 50 个分度，所以每旋转一个分度，螺杆移动 0.5 mm/50＝0.01 mm，也就是说螺旋测微器的精密度（分度值）为 0.01 mm。

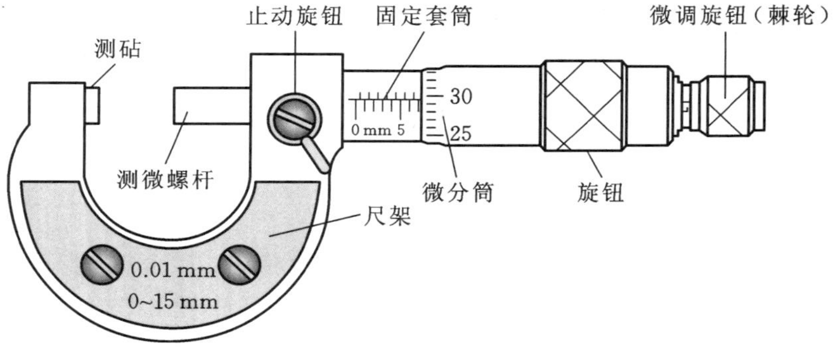


**图 2.1.4 螺旋测微器结构**

### 2.1.3.2 读数方法

固定套筒上有一轴向横刻线，它是微分筒上圆周分度的读数准线。轴向横向的一侧是分度值为 1 mm 的分度刻线，另一侧是 0.5 mm 的分度刻线，组成固定标尺，微分筒的棱边是固定标尺的读数准线。

（1）先读固定标尺上的数值：以微分筒棱边为准线，读出整数毫米值，若已露出相邻的 0.5 mm 刻线，应再加上 0.5 mm。

（2）再读微分筒上数值：它的分度值为 0.01 mm，以轴向横刻线为准线，读出微分筒上的数值（包括估读位）。

（3）将两数相加即得被测物体的尺寸，如图 2.1.5 所示。

使用螺旋测微器时应注意：

（1）测量前后应进行零点修正，即要从测量读数中减去初读数。转动棘轮，使测微螺杆

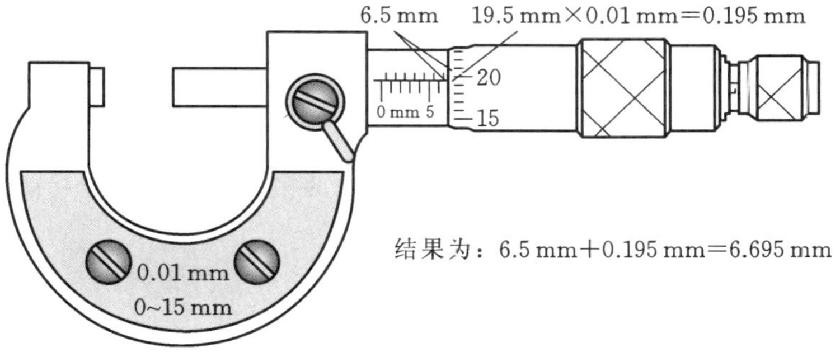


图 2.1.5 螺旋测微器的读数

与测砧刚好接触，并听到三声“咔咔”响声后，停止转动棘轮。此时，如果活动套管（微分筒）上的零刻度线在固定套管横线下面，如图 2.1.6(a)所示，则初读数为+0.004 mm(估读)，最终结果要减去 0.004 mm；如果活动套管（微分筒）上的零刻度线在固定套管横线上面，如图 2.1.6(b)所示，则初读数为−0.011 mm(估读)，最终结果要加上 0.011 mm。

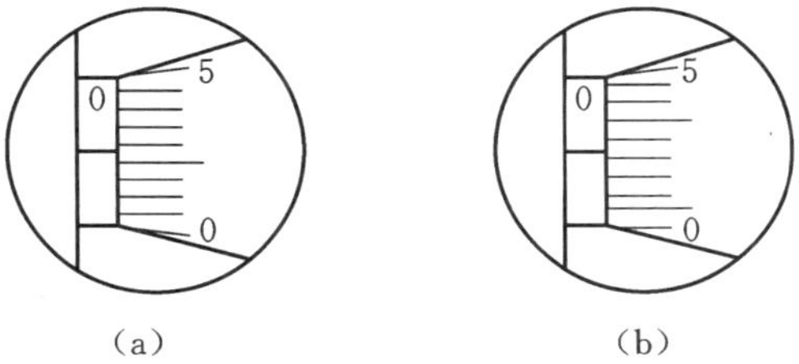


图 2.1.6 螺旋测微器的初读数

(2) 测量时，左手握住尺架上绝热部分，右手转动微分筒，当测微螺杆的测量端面将要与工件表面相接触时，再轻旋微调旋钮（也叫棘轮）至发出“咔咔”响声后，将锁紧装置推向左边便可读数。

(3) 测量完毕应使测砧和测微螺杆留有间隙，以免因热膨胀而损坏螺纹。

## 2.1.4 读数显微镜

读数显微镜是将测微螺旋和显微镜组合起来精确测量长度的仪器，它的测微螺距为1 mm。如图 2.1.7 所示，和螺旋测微器活动套管对应的部分是转鼓，它的周边等分为 100 个分格，每转一个分格显微镜将移动 0.01 mm，所以读数显微镜的测量精度也是 0.01 mm，它的量程一般是 50 mm。读数显微镜所附的显微镜一般是低倍的(20 倍左右)，由三部分组成：目镜、十字叉丝（靠近目镜）和物镜。用读数显微镜进行测量的步骤是：

(1) 伸缩目镜看清叉丝，使十字叉丝聚焦清晰。

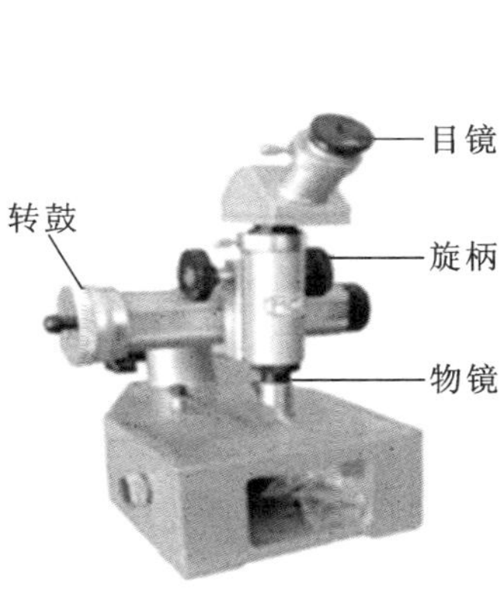


图 2.1.7 读数显微镜

(2) 转动调焦旋柄,使显微镜物镜镜筒由下向上移动,改变物镜到被测物之间的距离,同时从目镜中观察,使被观测物体成像清晰、无视差。

(3) 为了测量准确,必须使待测长度与显微镜物镜镜筒移动方向平行。转动转鼓,横向移动显微镜,使十字叉丝的交点和测量目标对准并读数。

(4) 转动转鼓移动显微镜,使十字叉丝和被测物的第二个目标对准并读数,而读数之差即为所测物体的长度。

注意测量时,先转动转鼓,让十字叉丝从某一侧运动到被测物起点,记录数据后,沿原方向转动转鼓轮,使十字叉丝对准被测终点,再记录此时的读数,两次读数之差即是被测两点的间距。之所以要这样做,是为了消除回程误差。因为当显微镜从不同方向对准同一点时,读数并不相同。所以,在测量过程中,显微镜应朝同一个方向移动,不能在中途返回使用读数显微镜。

# 2.2 质量测量仪器

## 2.2.1 物理天平

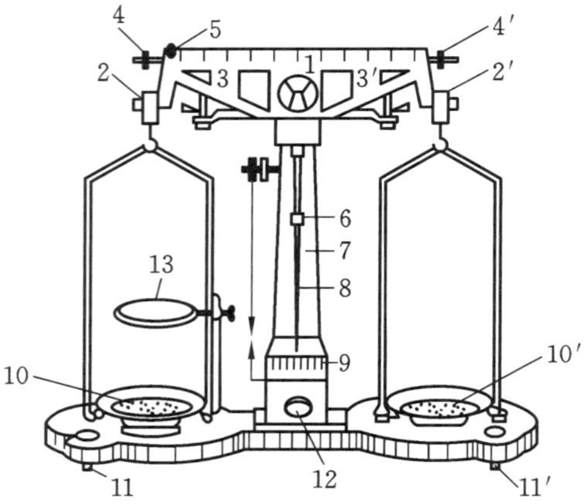


**图 2.2.1 天平结构图**

1—中间刀口;2,2′—两端刀口;3,3′—横梁;4,4′—平衡螺母;5—游码;6—重心螺丝;7—立柱;8—读数指针;9—标尺;10,10′—秤盘;11,11′—底脚螺丝;12—制动旋钮;13—托架

### 2.2.1.1 结构

物理天平的结构如图 2.2.1 所示,天平的横梁上有三个刀口,两端的刀口向上,用以承担左右秤盘,而中间刀口向下,在称衡时承担全部质量(包括横梁、秤盘、砝码、待测物体)。横梁中部有一根与之垂直的指针,而立柱下有一标尺(从右到左有 20 个分度),通过指针在标尺上的读数可以知道是否达到平衡。在立柱内部有制动器,而在底部有一制动旋钮。旋转制动旋钮可使立柱上的刀承上、下升降,不用时刀承降下,使中间刀口不受力,可借此保护刀口,同时横梁也不会摆动。在横梁上附有可移动的游码“5”,游码在横梁上向右移动一个分度,就相当于在右盘中加 50 mg 的砝码。

### 2.2.1.2 天平的最大称量和感量

天平的规格主要由感量和最大称量表示。感量是使天平指针从平衡位置偏转到刻度盘一分度所需的最大质量,所以感量也叫作“分度值”。用克每格表示天平感量,感量越小,天平的灵敏度越高,感量的倒数为天平的灵敏度。最大称量是指天平允许测量的最大质量。

一般物理实验室常用的物理天平最大称量为 500 g，感量为 50 mg。

#### 2.2.1.3 安装和调整

（1）天平各部件需擦净后再安装。从盒中取出横梁后，辨别横梁左边和右边的标记，通常左边标有“1”，右边标有“2”，挂钩和秤盘背面上也标有 1、2 字样，安装时应按“左 1 右 2”安装，不可弄错。安装完毕，应转动手轮使横梁数次起落，调整横梁落下时的支承螺丝，使横梁起落时不发生扭动。

（2）水平调整

调节天平的底脚螺丝“11”和“11′”，观察圆气泡水准器中的气泡，将气泡调至中央，保证天平立柱“7”竖直。

（3）调节平衡

使天平空载，先用镊子把游码“5”拨到刻度零位处，轻轻顺时针旋转制动旋钮“12”，支起横梁，观察指针的摆动情况，当指针指在标尺中线或在其左右作小幅度等幅摆动时，天平即达到平衡。如不平衡，逆时针转动制动旋钮“12”，落下横梁，调节两端的平衡螺母，再观察，直至天平达到平衡。

#### 2.2.1.4 使用方法

称量物体时应将待测物体放在左盘，用镊子将砝码夹放到右盘中，然后转动制动旋钮，升起横梁，通过观察指针偏转情况来确定天平是否达到平衡。若没平衡，降下横梁加减砝码后，再升起横梁观察指针偏转情况，直到天平平衡为止，这时砝码和游码所示总质量即为待测物体质量。

载物台用法：有些实验要求不能把物体直接放入吊盘中称量，此时可借助于载物台，例如测浸在液体中的物体所受的浮力时就要这样做。

为使测量更精密，消除天平不等臂等因素引起的误差，可以采用复称法：左盘放物体，右盘加砝码，称量值为 $m_1$；然后将物体放右盘，左盘放砝码，称量值为 $m_2$，则物体的质量为 $m=\sqrt{m_1m_2}$。此结果与臂长无关。当 $m_1$ 与 $m_2$ 的差别很小时，取一级近似，有 $m=(m_1+m_2)/2$。

#### 2.2.1.5 注意事项

（1）注意保护天平的刀口。物理天平是比较精密的仪器，使用时要特别注意保护它的三个刀口。一般来说，应在天平接近平衡时才能把横梁升起，所以在称量物体前应先用手掂量物体，估计一下质量的大小，防止超过天平的称量，并在右盘放入质量相当的砝码再升起横梁。调天平横梁平衡时平衡螺丝的调节、称量时加减砝码等都要在天平制动的情况下进行。旋转制动旋钮升起横梁时动作要轻，稍稍升起横梁，若发现不平衡马上轻轻放下横梁，不必把横梁完全升到顶再观察是否平衡。被测物和砝码应放在盘的中间。

（2）使用天平时不能用手摸天平，不能把潮湿的东西或化学药品直接放在天平秤盘里。砝码只能用镊子夹取，不能用手拿，用后应及时放回砝码盒。

（3）天平使用完毕要使刀口和刀承分离，各天平间的零件不能互换，用后应将天平存放在干燥清洁的地方。

在使用天平时易出现的不当操作还有：已调好水平的天平在使用时又被挪动了位置；调平衡时游码没放在零刻线处；称量时不知游码要在天平放入最小砝码还不平衡时才能使用；加砝码未按照先大后小，即先放上接近物体质量的大砝码，天平不平衡再加入（或换上）小砝码的顺序；称完物体，先收砝码，后记录数据；秤盘没挂在两边刀口上就开始称量或没调节天平就开始称量，等等。

## 2.2.2 电子天平

电子天平的型号种类很多，如图 2.2.2 所示，量程、线性误差等具体参量和详细操作要参看说明书，这里只作简单说明。

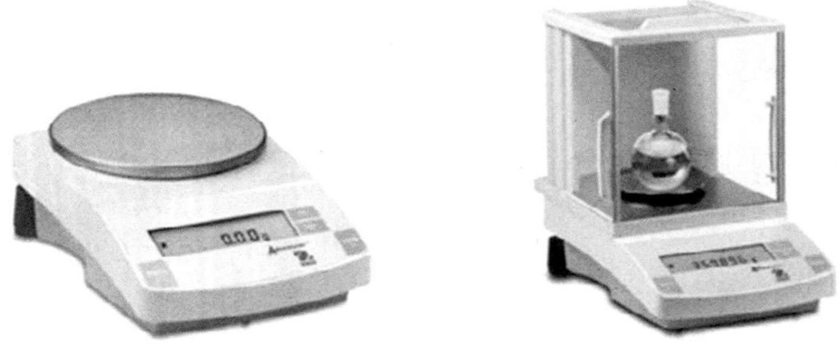

图 2.2.2 电子天平

### 2.2.2.1 安装位置

天平必须放在无气体对流、无腐蚀性、无震动，且温度和湿度变化不大的地方。不要在以下地点安装天平：会引起气流变化或温度速变的门、窗附近；靠近空调的地方；会震动、旋转或来回移动的设备附近；靠近磁场或能产生磁场的地方；表面不平或不稳的工作台。

### 2.2.2.2 操作

（1）调水平

将天平放置在操作位置，调节天平后侧的水平旋钮，使天平水平泡到中央位置。

（2）开机

按“＞O/T＜”键，出现“×0.00 g”后，预热 20～30 min，便可以 g 为单位进行称量。

（3）称量

天平显示为零后，将样品置于秤盘上并从显示屏上读取称量值。当稳定指示器出现后，读数为稳定值。

（4）去皮

将空容器置于秤盘上，按“＞O/T＜”键回零，将样品放入容器中，此时显示的是样品净重。

（5）关机

按住“Mode Off”键直到显示屏出现“OFF”后松开。

### 2.2.3 周期测定仪

周期测定仪(图 2.2.3)由主机和光探头两部分组成。用光探头来检测挡光杆是否挡光,根据挡光次数自动判断是否达到所设定的周期数。周期数可设定为 5 次或 10 次。光探头采用红外线发射管和红外线接收管,人眼无法直接观察仪器工作是否正常,但可用纸片遮挡光探头间隙部位,检查计时器是否开始计时和达到预定次数时是否停止计数,以及按下“复位”按钮时是否显示为“0000”。

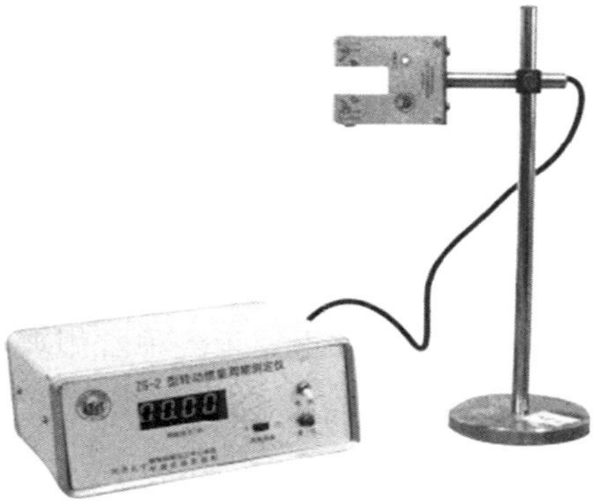


图 2.2.3 周期测定仪

## 2.3 温度测量仪器

表示物体热状态程度的物理量称为温度,摄氏温度 $t$(单位用℃)与热力学温度 $T$(单位为 K)的关系为:

$$T = 273.15 + t \tag{2.3.1}$$

测量温度的仪器有许多种,它们均利用了某种物质本身热状态随温度的改变而变化的性质。由于被测温度范围及极限值的不同,用于测量温度的仪器的原理也各有所异。目前温度测量仪器基本利用了物体的下列几种性质:

(1) 物体的体积随温度而变化,可制成液体温度计和气体温度计;

(2) 热电元件电动势的激发随温度而变化,可制成各种热电偶;

(3) 物体的电阻随温度而变化,可制成各种电阻温度计;

(4) 利用物体加热后的辐射来测量温度,如光测温度计等。

物理实验室常用的测温仪器主要为玻璃水银温度计和热电偶。

## 2.3.1 玻璃液体温度计

以水银、酒精或其他有机液体作测温工作物质的玻璃柱状温度计统称为玻璃液体温度计，这种温度计是利用测温物质的热胀冷缩性质来测量温度的。测温液体封装在玻璃柱的一端呈球泡形，上接一个内径均匀的毛细玻璃管。液体受热后，毛细管中的液柱升高，从管壁的标度可读出相应的温度值。

由于水银具有不润湿玻璃、随温度上升均匀膨胀，以及1个标准大气压(101 kPa)下可在−38.87(水银凝固点)～356.58 ℃(水银沸点)较广的温度范围内保持液态等诸多优点，因此，较精密的玻璃液体温度计均为水银温度计。

水银温度计的规格有标准水银温度计、实验玻璃水银温度计和普通玻璃水银温度计3种。标准水银温度计主要用于校正各类温度计，其又分为一等和二等标准水银温度计。前者总测温范围为−30～300 ℃，其分度值为0.05 ℃，仪器误差为0.01 ℃，每套由9支或13支测温范围不同的温度计组成，用于校正二等标准水银温度计；后者总的测温范围也为−30～300 ℃，分度值为0.1 ℃或0.2 ℃，用于校正各种常用玻璃液体温度计。实验玻璃温度计主要用于实验室和工业中的温度测量，总测量范围为−30～250 ℃，由6支不同测温范围的温度计组成，分度值为0.1 ℃或0.2 ℃，仪器误差为0.05 ℃。普通玻璃水银温度计的测温范围分为0～60 ℃、0～100 ℃、0～150 ℃、0～300 ℃等几种，分度值为1 ℃或2 ℃。

## 2.3.2 热电偶

### 2.3.2.1 热电偶的测温原理

热电偶亦称温差电偶，它由两种不同成分的金属丝A、B构成，其端点紧密接触，如图2.3.1所示。当两个接点处于不同的温度$t$和$t_0$时，在回路中会产生温差电动势。温差电动势的大小只与组成热电偶的两根金属丝的材料、热端温度$t$和冷端温度$t_0$三个因素有关，而与热电偶的大小、长短及金属丝的直径等无关。当组成热电偶的材料确定后，温差电动势只取决于温差$t-t_0$。一般而言，温差电动势$\mathscr{E}$与温差$t-t_0$的关系为：

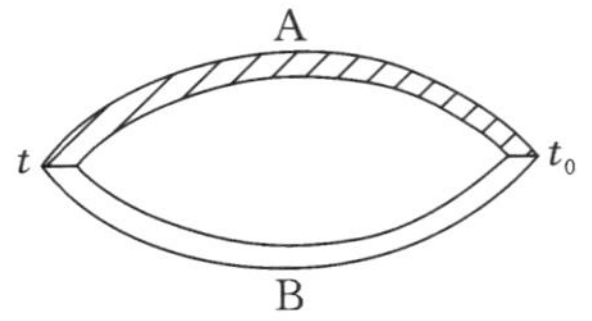


**图2.3.1 热电偶示意图**

$$\mathscr{E}=c(t-t_0)+d(t-t_0)^2+e(t-t_0)^3+\cdots \qquad (2.3.2)$$

其第一级近似为：

$$\mathscr{E}=c(t-t_0) \qquad (2.3.3)$$

式中$c$为温差系数(或热电偶常量)，其物理意义为单位温差时的电动势，其大小由组成热电偶的材料决定。

可以证明，在A、B两种金属之间插入第三种金属C时，若它与A、B的两个连接点处于

同一温度 $t_0$，如图 2.3.2 所示，则该闭合回路的温差电动势与前述只有 A、B 两种金属组成回路时的数值完全相同。所以，把 A、B 两根不同材料的金属丝（如一个为铂，另一个为铂-铑合金）的一端焊接在一起，构成热电偶的热端（工作端），将另两端各与铜引线（即第三种金属 C）焊接在一起，构成两个同温度 $t_0$ 的冷端（自由端），铜引线又与测量电动势的仪器（如电位差计）相接，这样就组成了一个热电偶温度计，如图 2.3.3 所示。测温时使热电偶的冷端温度 $t_0$ 保持恒定（如冰点），将热端置于待测温度处，即可测出相应的温差电动势。再根据事先校正好的曲线或数据表格可求出温度 $t$。这种热电偶的优点是热容量小、测温范围广、灵敏度高，若配以精密的电位差计则测量准确度更高。

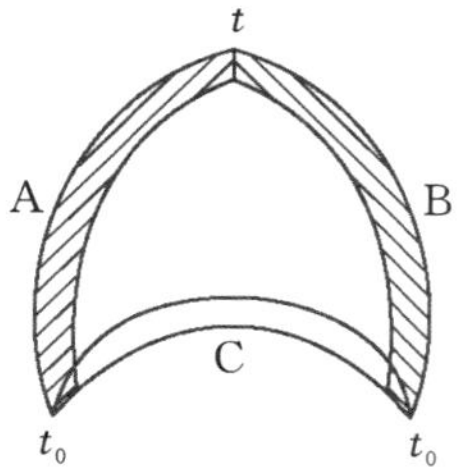


图 2.3.2　三种金属构成的热电偶

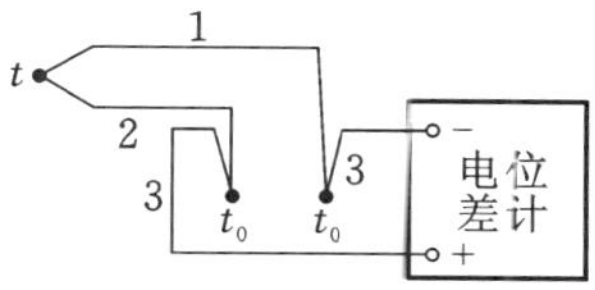


图 2.3.3　热电偶温度计（Ⅰ）

对于铜-康铜、铜-考铜一类的热电偶，由于其中的一根金属丝和引线一样也是铜，因此在整个电路中实际上只有两个接点，如图 2.3.4 所示。

在使用热电偶测温时，若要求不高，为方便起见也可采用如图 2.3.5 所示的接线法，$t_0$ 取室温。此种方法比较简单，但由于室温并不十分稳定，而且连接电位差计的两接头处的温度也可能有微小差别，所以准确度相对较差。

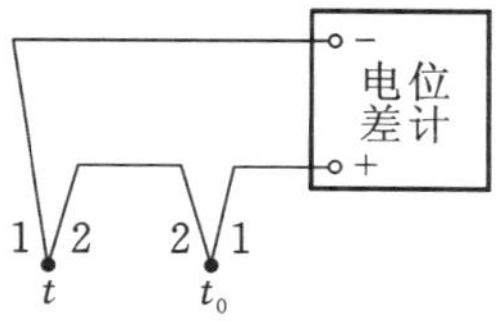


图 2.3.4　热电偶温度计（Ⅱ）

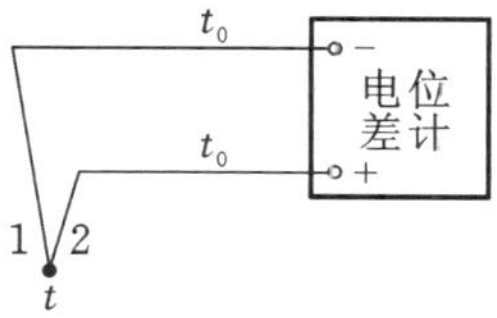


图 2.3.5　热电偶温度计（Ⅲ）

### 2.3.2.2　热电偶的校准

在实际测温中，式(2.3.2)所表示的电动势与温差的关系较为粗糙。较为准确的方法是先用实验确定出 $\mathscr{E}$ 与 $(t-t_0)$ 的关系曲线，然后根据热电偶与未知温度接触时产生的 $\mathscr{E}$ 值，从曲线上查出相应的未知温度。对于标准的热电偶，其校准曲线（或校准数据）在手册上可以查出，不必自己校准。如果使用的热电偶并非标准热电偶，则校准工作必不可少。校准的方法有两种：一种是固定法，即利用适当的纯物质，在一定的气压下把它们的熔点或沸点作为已知温度，测出 $\mathscr{E}$ 与 $(t-t_0)$ 的关系曲线；另一种是比较法，即利用一个标准热电偶与未知热电偶测量同一温度，由标准热电偶的数据校准未知热电偶。

### 2.3.2.3 注意事项

(1) 在实际测量中,在使用电位差计或毫伏计时要与待测系统隔开一定距离,避免产生附加的温差电动势。

(2) 为了延长热电偶的使用寿命并保证热电偶两金属丝间有良好的绝缘,应将两根金属丝用开有两条孔道的磁管套起来。

(3) 热电偶丝不能拉伸和扭曲,否则容易断裂,并有可能产生寄生温差电动势。

## 思考题

1. 在使用物理天平测量前应进行哪些调节?如何消除天平不等臂误差?
2. 如何确定螺旋测微器的零点误差?
3. 如何使用游标卡尺进行测量?
4. 使用物理天平有哪些注意事项?
5. 试简述热电偶的测温原理。

# 3　基础性实验

## 3.1　物理量的测量

在国际单位制(SI)中，规定了七个基本量：长度 $L$、质量 $M$、时间 $T$、电流 $I$、热力学温度 $Q$、物质的量 $N$ 和发光强度 $J$，其单位分别是米、千克、秒、安培、开尔文、摩尔和坎德拉，而其他量则为导出量。本实验中的长度和质量就是基本量，而密度则是导出量。

**【实验目的】**

1. 了解游标卡尺、螺旋测微器(千分尺)和天平的测量原理和使用方法。
2. 熟悉仪器的读数规则及有效数字运算法则。
3. 初步掌握直接测量、间接测量的数据处理方法及不确定度的计算方法。

**【实验仪器】**

游标卡尺、螺旋测微器(千分尺)、物理天平、样品。

**【实验原理】**

长度和质量是日常生活中经常要测量的量，如身高、体重、屋子的大小、土地的丈量等等，而现代测量技术随着生产、生活和科学技术的需求，已从宏观向微观发展，从静态向动态发展，向测量特大、特小等极端情况的两端发展。本次实验中长度和质量的测量是中等尺寸量的测量。

密度的测量有许多种方法，对于形状规则的样品可以通过测量体积和质量的方法测量其密度。本次实验中要分别使用游标卡尺和螺旋测微器(千分尺)对圆柱样品和球形样品进行测量，它们的使用规则如下。

1. 游标卡尺使用规则

(1)首先判明其规格(量程、分度值)及其读数方法。

(2)记下零点读数 $X_0$，称之为仪器的零点误差。应注意判断 $X_0$ 正负，多次测量时，在其平均值中减去 $X_0$ 即可。

(3)注意保护量爪，防止卡口磨损。为此，测量时不应将待测物体卡得太紧，卡住待测物体后切忌来回挪动。

2. 螺旋测微器(千分尺)使用规则(图 3.1.1)

(1) 明确其量程、分度值及读数方法，注意不要丢掉主尺上可能露出的“半整数”。

(2) 测量前应记下初读数,以便在平均值中加以修正。

(3) 测量时,当测微螺杆的测量断面快要与待测物表面相接触时,应更换轻旋最右侧的微调旋钮(也叫棘轮)至发出"咔咔"响声后,将锁紧装置推向左侧,便可读数。

(4) 用毕,应使测砧和测微螺杆留有间隙,以免因热胀冷缩而损坏螺纹。

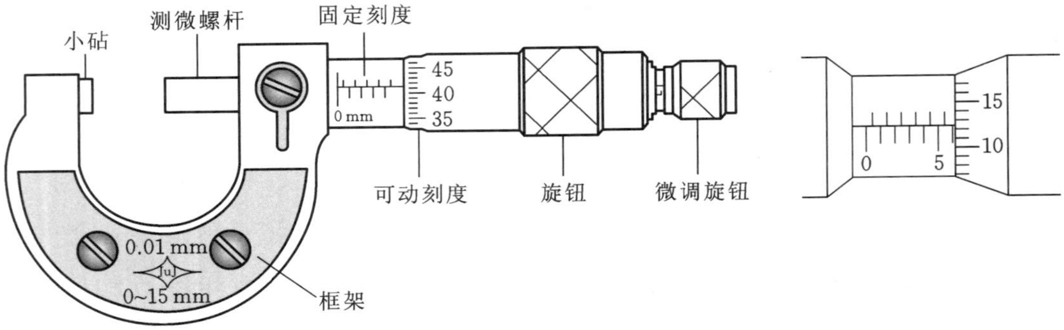


**图 3.1.1　螺旋测微器的结构与读数**

3. 天平使用注意事项

(1) 注意保护天平的刀口。物理天平是比较精密的仪器,使用时要特别注意保护它的三个刀口。

(2) 天平砝码只能用镊子夹取,不能用手拿,用后应及时放回砝码盒。

(3) 天平使用完毕要使刀口和刀承分离,各天平的零件不能互换。

## 【实验步骤】

1. 记录游标卡尺、螺旋测微仪(千分尺)的量程和精度,以及物理天平的量程和分度值。
2. 用游标卡尺测量圆柱的高度 $h$ 和直径 $D_1$,各测量六次。
3. 用螺旋测微仪(千分尺)测量圆球的直径 $D_2$,测量六次。
4. 用物理天平测量圆柱的质量 $m_1$ 和圆球的质量 $m_2$,各测量三次。
5. 计算密度,公式如下:

$$\rho_{圆柱}=\frac{4m_1}{\pi D_1^2 h} \tag{3.1.1}$$

$$\rho_{圆球}=\frac{6m_2}{\pi D_2^3} \tag{3.1.2}$$

## 【数据处理】

1. 自拟表格记录测量数据,如表 3.1.1 至表 3.1.6 所示,计算出各量的平均值及不确定度。其中:

$$u=\sqrt{u_A^2+u_B^2} \tag{3.1.3}$$

$$u_A=\sqrt{\frac{\sum (d_i-\bar{d})^2}{n(n-1)}} \tag{3.1.4}$$

表 3.1.1 测量工具的量程和分度值

| 测量工具 | 量程 | 精度/分度值 | 初读数 |
|---|---|---|---|
| 游标卡尺 | | | |
| 螺旋测微仪 | | | |
| 物理天平 | | | |

表 3.1.2 圆柱样品高度 $h$

| 高度 | 1 | 2 | 3 | 4 | 5 | 6 | 平均值 |
|---|---|---|---|---|---|---|---|
| $h$/mm | | | | | | | |

表 3.1.3 圆柱样品直径 $D_1$

| 圆柱直径 | 1 | 2 | 3 | 4 | 5 | 6 | 平均值 |
|---|---|---|---|---|---|---|---|
| $D_1$/mm | | | | | | | |

表 3.1.4 圆球样品直径 $D_2$

| 圆球直径 | 1 | 2 | 3 | 4 | 5 | 6 | 平均值 |
|---|---|---|---|---|---|---|---|
| $D_2$/mm | | | | | | | |

表 3.1.5 圆柱样品质量 $m_1$

| 圆柱质量 | 1 | 2 | 3 | 平均值 |
|---|---|---|---|---|
| $m_1$/g | | | | |

表 3.1.6 圆球样品质量 $m_2$

| 圆球质量 | 1 | 2 | 3 | 平均值 |
|---|---|---|---|---|
| $m_2$/g | | | | |

2. 计算圆柱及圆球样品的密度，并计算不确定度。

其中，圆柱的不确定度可由式(3.1.1)及不确定度传递公式得：

$$\frac{u_{\rho_{圆柱}}}{\rho_{圆柱}}=\sqrt{\left(\frac{\partial\rho_{圆柱}}{\partial m}\right)^2\frac{u_{m_1}^2}{\rho_{圆柱}^2}+\left(\frac{\partial\rho_{圆柱}}{\partial h}\right)^2\frac{u_h^2}{\rho_{圆柱}^2}+\left(\frac{\partial\rho_{圆柱}}{\partial D_1}\right)^2\frac{u_{D_1}^2}{\rho_{圆柱}^2}}=\sqrt{\frac{u_{m_1}^2}{m_1^2}+\frac{u_h^2}{h^2}+\frac{4u_{D_1}^2}{D_1^2}} \quad (3.1.5)$$

圆球的不确定度公式可自行推导。

## 思 考 题

1. 使用千分尺时要注意些什么？棘轮如何使用？用完之后还原时如何处置？
2. 物理天平使用时要注意些什么？
3. 试推导圆球的不确定度公式。

# 3.2 扭摆法测定物体转动惯量

转动惯量是表征刚体转动惯性大小的物理量。刚体转动惯量除了与物体质量有关外，还与转轴的位置和质量的分布(即形状、大小和密度分布)有关。对于质量分布均匀、几何形状简单的刚体，可以直接用公式准确计算其转动惯量。而对于形状复杂、质量分布不均匀的刚体，计算将极为复杂，通常采用实验方法来测定。

转动惯量的测量一般都是使刚体以一定形式运动，通过表征这种运动的物理量与转动惯量的关系进行转换测量。本实验采用扭摆法，利用刚体绕定轴转动的规律来测量转动惯量。在扭摆的摆动过程中，转动动能与弹簧片的弹性势能之间相互转化，在一定条件下，可以近似为简谐振动。简谐振动的周期为：

$$T = K\sqrt{J} \tag{3.2.1}$$

式中 $J$ ——刚体转动惯量。

所以，只要测量了摆动周期，就能够计算出转动惯量。在SI制中，转动惯量的单位为 $kg \cdot m^2$。

**【实验目的】**

1. 用扭摆测量几种不同形状物体的转动惯量并与理论值进行比较。
2. 测定弹簧的扭转系数。

**【实验仪器】**

转动惯量测试仪(含主机和光电传感器两部分)和扭摆(图3.2.1)、待测物体(包括实心长短塑料圆柱体、空心金属圆筒、球)(图3.2.2)、数字式电子台秤(图3.2.3)和游标卡尺(图3.2.4)。

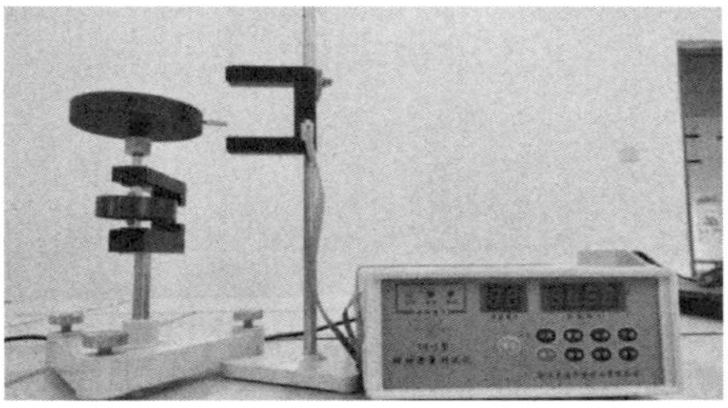

图 3.2.1 转动惯量测试仪和扭摆

图 3.2.2 待测物体

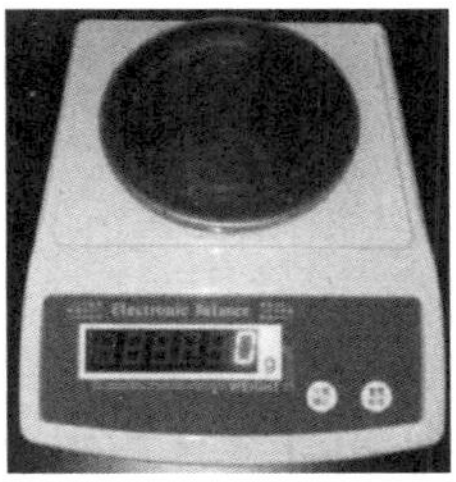

图 3.2.3 数字式电子台秤

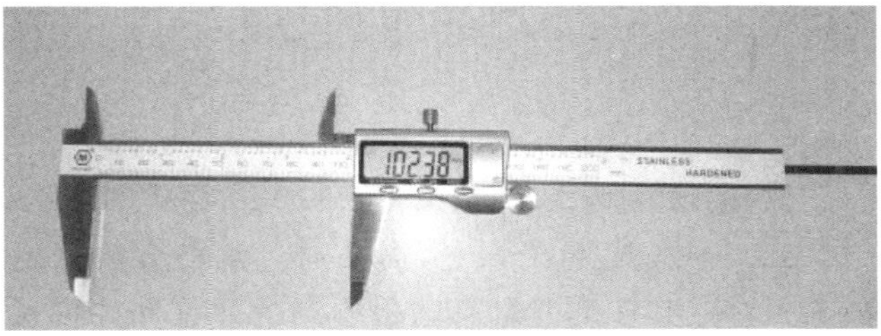


图 3.2.4 游标卡尺

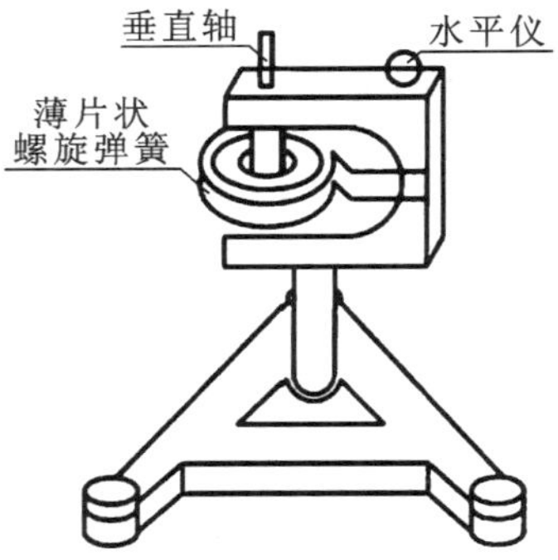

图 3.2.5　扭摆的构造

**【实验原理】**

扭摆的构造如图 3.2.5 所示，在其垂直轴上装有一根薄片状螺旋弹簧，用以产生回复力矩。在轴的上方可以装上各种待测物体。垂直轴与支座间装有轴承，使摩擦力矩尽可能降低。水平仪用来调整系统水平。

将物体在水平面内转过一个角度 $\theta$ 后，在弹簧的回复力矩作用下，物体开始绕垂直轴作往返扭转运动。根据胡克定律，弹簧受扭转而产生的回复力矩 $M$ 与所转过的角度 $\theta$ 成正比，即：

$$M=-K\theta \tag{3.2.2}$$

式中　$K$——弹簧的扭转系数。根据转动定律 $M=J\alpha$，得：

$$\alpha=\frac{M}{J} \tag{3.2.3}$$

式中　$J$——物体绕转轴的转动惯量；

$\alpha$——角加速度。

令 $\omega^2=\dfrac{K}{J}$，忽略轴承的摩擦阻力矩，由式(3.2.2)与式(3.2.3)得：

$$\alpha=\frac{\mathrm{d}^2\theta}{\mathrm{d}t^2}=-\frac{K}{J}\theta=-\omega^2\theta \tag{3.2.4}$$

上述方程表示扭摆运动具有简谐振动的特性，角加速度与角位移成正比，且方向相反。此方程的解为：

$$\theta=A\cos(\omega t+\varphi) \tag{3.2.5}$$

式中　$A$——简谐振动的角振幅；

$\varphi$——初相位。

此简谐振动的周期为：

$$T=\frac{2\pi}{\omega}=2\pi\sqrt{\frac{J}{K}} \tag{3.2.6}$$

或

$$J=\frac{KT^2}{4\pi^2} \tag{3.2.7}$$

测得扭摆的摆动周期后，当 $K$ 已知时，利用式(3.2.3)即可算出转动惯量 $J$。

在式(3.2.3)中，$K$ 为未知量，需要通过某种方法算出或消去该量。本实验用一个几何形状规则的物体(其转动惯量可以根据它的质量和几何尺寸用理论公式直接计算得到)，通过测其振动周期，算出本仪器中弹簧的 $K$ 值。

取一个圆柱体作为标准物体，其转动惯量由下述理论公式算出：

$$J_1=\frac{1}{8}m_1D_1^2 \tag{3.2.8}$$

先测量载物盘的振动周期 $T_0$，有：

$$T_0=2\pi\sqrt{\frac{J_0}{K}} \tag{3.2.9}$$

然后将圆柱体放在载物盘里一起摆动，测量此系统的振动周期 $T_1$，有：

$$T_1=2\pi\sqrt{\frac{J_1+J_0}{K}} \tag{3.2.10}$$

由以上两式联立解出：

$$K=4\pi^2\ \frac{J_1}{T_1^2-T_0^2} \tag{3.2.11}$$

在 SI 制中，$K$ 的单位为 $kg \cdot m^2 \cdot s^{-2}$（或 $N \cdot m$）。

于是，$K$ 成为已知量。若要测定其他形状物体的转动惯量，只需将待测物体安放在仪器顶部的各种夹具上，测定其摆动周期，由式(3.2.11)即可算出该物体绕转动轴的转动惯量。

**【实验内容】**

1. 用数字式电子秤测量各待测物体的质量，用游标卡尺测量长、短圆柱体的外径和圆筒的内外径，并将数据记录于表 3.2.1 中。

2. 测量各待测物体的摆动周期，并将数据记录于表 3.2.2 中。

(1) 调节扭摆底座底角螺丝，使水准泡中气泡居中。

(2) 将金属载物盘卡紧在扭摆垂直轴上，并调整光电探头的位置，使载物圆盘上的挡光杆处于其缺口中央，且能遮住发射、接收红外光线的小孔，并能自由往返地通过光电门。测出金属载物盘 10 个摆动周期需要的时间 $10T_0$，测 5 次。

(3) 将短圆柱放在载物盘上，测出载物圆盘＋短圆柱 10 个摆动周期需要的时间 $10T_1$，测 5 次。

(4) 取下短圆柱，在载物盘上放上长圆柱，测出载物圆盘＋长圆柱 10 个摆动周期需要的时间 $10T_2$，测 5 次。

(5) 取下长圆柱，在载物盘上放上金属圆筒，测出载物圆盘＋圆筒 10 个摆动周期需要的时间 $10T_3$，测 5 次。

(6) 取下金属载物盘，装上实心球，测定球的 10 个摆动周期需要的时间 $10T_4$，测 5 次。

**【数据记录】**

1. 测量各待测物体的质量和几何尺寸(表 3.2.1)

**表 3.2.1　各待测物体的质量和几何尺寸**

| 物体名称 | 质量 $m/10^{-3}$ kg | 直径 $D/10^{-3}$ m |
|---|---|---|
| 短圆柱 | $m_1=$ | $D_1=$ |

续表3.2.1

| 物体名称 | 质量 $m/10^{-3}$ kg | 直径 $D/10^{-3}$ m |
|---|---|---|
| 长圆柱 | $m_2=$ | $D_2=$ |
| 圆筒 | $m_3=$ | $D_{内}=$ |
| | | $D_{外}=$ |

2. 测量各待测物体的摆动周期(表 3.2.2)

**表 3.2.2　各待测物体的摆动周期**　　单位:s

| 物体名称 | 10 个周期 $T_i$ | | | | | 平均周期 $T_i$ |
|---|---|---|---|---|---|---|
| | 1 | 2 | 3 | 4 | 5 | |
| 载物盘 | | | | | | $\overline{T}_0=$ |
| 盘+短圆柱 | | | | | | $\overline{T}_1=$ |
| 盘+长圆柱 | | | | | | $\overline{T}_2=$ |
| 盘+圆筒 | | | | | | $\overline{T}_3=$ |
| 球 | | | | | | $\overline{T}_4=$ |

3. 由式(3.2.11)计算弹簧的扭转系数

$$K=4\pi^2\frac{J_1'}{\overline{T}_1^2-\overline{T}_0^2}$$

4. 计算各物体的转动惯量的实验值,并与理论值比较求出误差(表 3.2.3)

**表 3.2.3　各待测物体转动惯量的实验值及误差**

| 物体名称 | 理论值 $J'$ /(kg·m²) | 实验值 $J$ /(kg·m²) | 误差 $E=\frac{\lvert J'-J\rvert}{J'}\times100\%$ |
|---|---|---|---|
| 载物盘 | — | $J_0=\frac{K\overline{T}_0^2}{4\pi^2}=$ | — |
| 短圆柱 | $J_1'=\frac{1}{8}m_1D_1^2=$ | $J_1=\frac{K\overline{T}_1^2}{4\pi^2}-J_0=$ | |
| 长圆柱 | $J_2'=\frac{1}{8}m_2D_2^2=$ | $J_2=\frac{K\overline{T}_2^2}{4\pi^2}-J_0=$ | |

续表3.2.3

| 物体名称 | 理论值 $J'$ /(kg·m²) | 实验值 $J$ /(kg·m²) | 误差 $E=\frac{\|J'-J\|}{J'}\times 100\%$ |
|---|---|---|---|
| 圆筒 | $J'_3=\frac{1}{8}m_3(D_{内}^2+D_{外}^2)=$ | $J_3=\frac{K\overline{T}_3^2}{4\pi^2}-J_0=$ | |
| 球 | — | $J_4=\frac{K\overline{T}_4^2}{4\pi^2}=$ | — |

**【注意事项】**

1. 弹簧的扭转系数 $K$ 不是固定的常量,它与摆角略有关系。实验中,摆角振幅取 90°左右为宜。

2. 光电探头应放置在挡光杆的平衡位置处,且不能与挡光杆接触,以免增大摩擦力矩。

3. 机座应保持水平状态。

4. 放置圆柱、圆筒时要放正,不可倾斜。

5. 在安装待测样品时,支架必须全部套入扭摆主轴并将制动螺丝旋紧,否则扭摆不能正常工作。

## 思考题

1. 转动惯量实验仪的计时精度为 0.001 s,实验中为什么还要测量 $10T$?

2. 如何用转动惯量实验仪测定任意形状物体绕特定轴的转动惯量?

# 3.3 悬丝耦合弯曲共振法测定金属材料的弹性模量

弹性模量是工程材料的一个重要物理参量，它体现的是材料抵抗弹性形变的能力，一般指施加于物体的应力与产生的应变之比。测定材料弹性模量的方法很多，基本可分四类：

1. 静态测量法，包括静态拉伸法、静态扭转法、静态弯曲法。
2. 动态测量方法（共振测量法），包括弯曲共振法（横向共振法）、纵向共振法、扭转共振法。
3. 波速测量法，包括连续波法、脉冲波法。
4. 其他测量方法。

采用静态拉伸法测定金属材料弹性模量时，由于拉伸时载荷大，加载速度慢，存在弛豫过程，不能真实地反映材料内部结构的变化，因此对脆性材料无法采用这种方法测量。而弯曲共振法因其适用范围广，实验结果稳定且误差小而成为实际应用中更为广泛采用的测量方法。

本实验采用悬丝耦合弯曲共振法测量金属材料弹性模量，也常称此法为动态悬挂法。

## 【实验目的】

1. 学习用悬丝耦合弯曲共振法测定金属材料弹性模量的原理和方法。
2. 测定室温下金属材料的弹性模量。

## 【实验仪器】

DHY-2 型动态杨氏模量测试仪及测试台（图 3.3.1）、示波器、游标卡尺、螺旋测微器、天平。

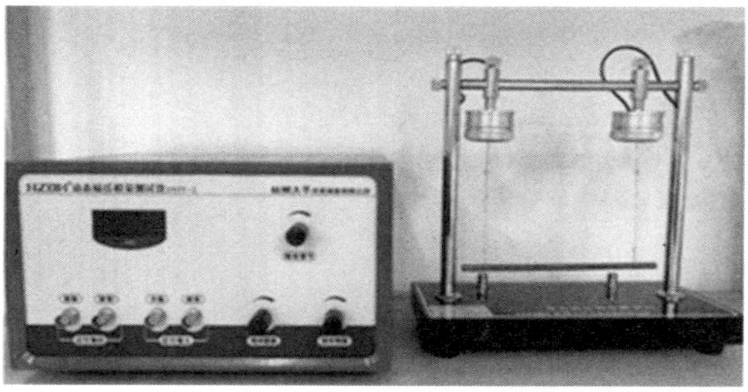

**图 3.3.1** DHY-2 **型动态杨氏模量测试仪及测试台**

## 【实验原理】

### 1. 弹性模量概念

设样品材料的长度为 $l$，横截面面积为 $S$，在拉力 $F$ 的作用下伸长了 $\Delta l$，定义单位长度的伸长量$\frac{\Delta l}{l}$为应变，单位横截面面积所受的力$\frac{F}{S}$为应力。根据胡克定律，在弹性限度内，应变与应力成正比关系，即：

$$\frac{F}{S}=E\frac{\Delta l}{l} \tag{3.3.1}$$

式(3.3.1)中比例常数 $E$ 称为弹性模量，常用单位为牛顿·米$^{-2}$($N/m^2$)。弹性模量仅与材料的性质有关，其大小表征材料抗形变能力的强弱，数值上等于产生单位应变的应力。

2. 悬丝耦合弯曲共振法测定金属材料弹性模量

弹性模量是弹性体在伸长或压缩时的物理参量，当弹性棒振动时，棒要反复弯由，这时棒的不同部位出现反复的伸长或压缩，因此其振动频率与弹性模量有关，从棒的振动频率可求出制作棒材料的弹性模量。

在研究纵向弹性形变时，根据弹性模量的特点，为了方便计算材料内部各点的应力和应变，可将材料制作成适宜的形状。用悬丝耦合弯曲共振法测定金属材料弹性模量的基本方法是：将一根截面均匀的试样(圆截面棒)用两根细棉线悬挂在两只传感器(一只振动，一只拾振)下面，在试样两端自由的条件下，由激振信号通过激振传感器使试样作横向弯曲振动，并由拾振传感器检测出试样共振时的共振频率。再测出试样的几何尺寸、质量等参数，即可求得试样材料的弹性模量。

任何物体都有其固有的振动频率，这个固有频率取决于试样的共振模式、边界条件、弹性模量、密度以及试样的几何尺寸、形状。因此只要从理论上建立了一定振动模式、边界条件和试样的固有频率及其他参量之间的关系，就可以通过测量试样的固有频率、质量和几何尺寸来计算弹性模量。

3. 棒振动的基本过程

一细长棒作微小横(弯曲)振动时，建立振动的数学模型。取棒的一端为坐标原点，沿棒的长度方向为 $x$ 轴建立坐标系，如图 3.3.2所示。利用牛顿力学和材料力学的基本理论可推出棒的振动方程为：

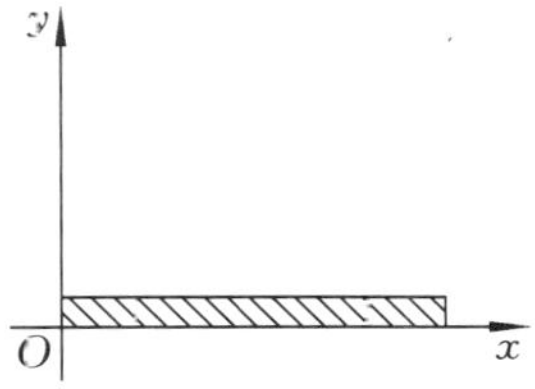


**图 3.3.2 棒的振动**

$$\frac{\partial^4 y}{\partial x^4}+\frac{\rho S}{EJ}\frac{\partial^2 y}{\partial t^2}=0 \tag{3.3.2}$$

式中 $y(x,t)$——棒上任一点 $x$ 在时刻 $t$ 的横向位移；
$E$——弹性模量；
$J$——绕垂直于棒并通过横截面形心轴的转动惯量；
$\rho$——棒的密度；
$S$——棒的横截面面积。

用分离变量法解微分方程(3.3.2)，令 $y(x,t)=X(x)T(t)$，代入式(3.3.2)得：

$$\frac{1}{X}\frac{d^4 X}{dx^4}=-\frac{\rho S}{EJ}\frac{1}{T}\frac{d^2 T}{dt^2} \tag{3.3.3}$$

等式(3.3.3)两边分别是 $x$ 和 $t$ 的函数,这只有都等于一个常数才有可能。设该常数为 $K^4$,得:

$$\frac{d^4X}{dx^4}-K^4X=0 \tag{3.3.4}$$

$$\frac{d^2T}{dt^2}+\frac{K^4EJ}{\rho S}T=0 \tag{3.3.5}$$

这两个线性常微分方程的通解分别为:

$$X(x)=B_1\cosh Kx+B_2\sinh Kx+B_3\cos Kx+B_4\sin Kx \tag{3.3.6}$$

$$T(t)=A\cos(\omega t+\varphi) \tag{3.3.7}$$

于是解振动方程式得通解为:

$$y(x,t)=(B_1\cosh Kx+B_2\sinh Kx+B_3\cos Kx+B_4\sin Kx)A\cos(\omega t+\varphi) \tag{3.3.8}$$

其中

$$\omega=\left[\frac{K^4EJ}{\rho S}\right]^{\frac{1}{2}} \tag{3.3.9}$$

式(3.3.9)称为频率公式。对任意形状的横截面,不同边界条件的试样都是成立的。只要用特定的边界条件定出常数 $K$,并将其代入特定横截面的转动惯量 $J$,就可以得到具体条件下的计算公式。

如果悬线悬挂在试样的节点附近,则对长度为 $l$、两端自由的棒,其边界条件为自由端横向作用力:

$$F=-\frac{\partial M}{\partial x}=-EJ\frac{\partial^3y}{\partial x^3}=0 \tag{3.3.10}$$

弯矩:

$$M=EJ\frac{\partial^2y}{\partial x^2}=0 \tag{3.3.11}$$

即

$$\left.\frac{d^3X}{dx^3}\right|_{x=0}=0,\left.\frac{d^2X}{dx^2}\right|_{x=l}=0 \tag{3.3.12}$$

将通解代入边界条件,得到杆自由振动的频率方程为:

$$\cos Kl\cdot\cosh Kl=1 \tag{3.3.13}$$

方程(3.3.13)为超越方程,不能用解析法求解,用数值计算法得 $Kl=0$ 及前 $n$ 个解为:

$$K_1l=1.5056\pi,K_2l=2.4997\pi,K_3l=3.5004\pi,K_4l=4.5005\pi,\cdots,K_nl=\left(n+\frac{1}{2}\right)\pi \tag{3.3.14}$$

这样对应 $K$ 的 $n$ 个取值，棒的固有频率有 $n$ 个，即 $f_1$、$f_2$、$f_3$、$f_4$、…、$f_n$。其中根 $Kl=0$ 对应于静态情况，根 $K_1l=1.5056\pi$ 对应的频率 $f_1$ 为棒振动的基频，$f_2$、$f_3$、$f_4$、…分别为棒振动的一次谐波频率、二次谐波频率、三次谐波频率、……。弹性模量是材料的特性参数，与谐波级次无关。在上述 $K_nl$ 值中，$K_1l$、$K_3l$、$K_5l$ 对应着"对称性振动"，$K_2l$、$K_4l$、$K_6l$ 对应着"非对称性振动"。可见试样在作基频振动时，存在两个节点，它们的位置分别在距离端面为 $0.224l$ 和 $0.776l$ 处，如图 3.3.3 所示。

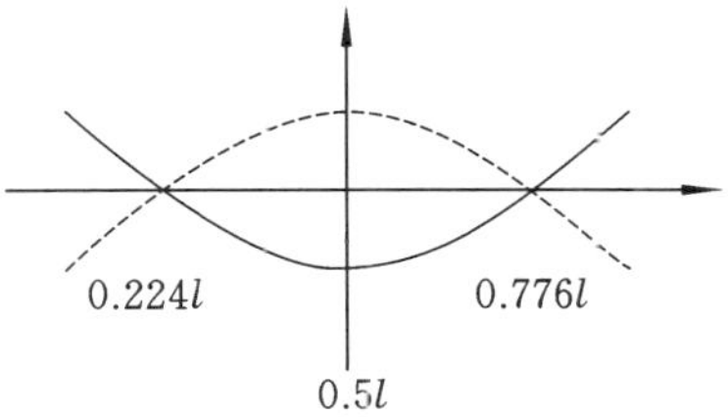

图 3.3.3 基频振动节点

将第一本征值 $K_1=\dfrac{1.5056\pi}{l}$ 代入式(3.3.9)，得到自由振动的固有频率(基频)：

$$\omega=\left[\frac{(1.5056\pi)^4EJ}{\rho l^4S}\right]^{\frac{1}{2}} \tag{3.3.15}$$

由式(3.3.15)，解出弹性模量：

$$E=1.9978\times10^{-3}\frac{\rho l^4S}{J}\omega^2=7.8870\times10^{-2}\frac{l^3m}{J}f^2 \tag{3.3.16}$$

对圆棒有：

$$J=\int y^2\mathrm{d}S=S\left(\frac{d}{4}\right)^2 \tag{3.3.17}$$

式(3.3.17)中 $d$ 为圆棒的直径，将式(3.3.17)代入式(3.3.16)，得弹性模量为：

$$E=1.6067\frac{l^3m}{d^4}f^2 \tag{3.3.18}$$

式(3.3.18)中 $l$ 为棒长，$d$ 为棒的直径，单位为米(m)；$m$ 为棒的质量，单位为千克(kg)；$f$ 为试样的共振频率，单位为赫兹(Hz)。如果在实验中测定了试样(棒)在室温时的固有频率 $f$，即可计算出试样在室温时的弹性模量 $E$。在国际单位制中，弹性模量 $E$ 的单位为牛顿·米$^{-2}$($\mathrm{N/m^2}$)。

本实验的基本问题是测定试样在室温时的共振频率。为了测定该频率，实验时可采用如图 3.3.4 所示的实验装置。

由函数信号发生器输出的等幅正弦波信号加在激振传感器上，通过激振传感器把电信号转换为机械振动，再由悬丝把机械振动传给试样(测试棒)，使试样受迫作横向振动。试样另一端的悬线把试样的振动传给振动传感器，通过拾振传感器把机械振动转换为电信号。该电信号经检测放大器检测出来并放大后送到示波器中显示。当函数信号发生器输出的正弦波信号频率不等于试样的共振频率时，试样不发生共振，示波器上几乎没有信号波形或波形幅度很小；当函数信号发生器输出的正弦波信号频率等于试样的共振频率时，试样发生共

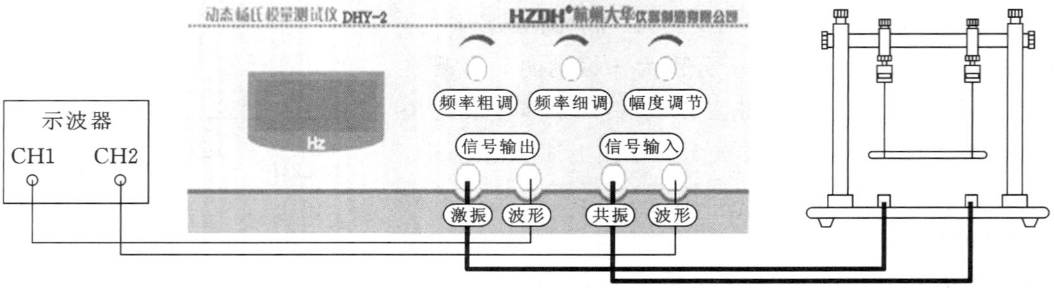


图 3.3.4　实验装置连接示意图

振，示波器上显示的信号波形幅度最大，此时从等精度频率计读出的正弦波信号的频率就是试样在室温下的共振频率。然后根据式(3.3.18)即可计算出室温下样品材料的弹性模量。

4. 问题探讨

(1) 关于试样的几何尺寸

在推导弹性模量计算公式的过程中，没有考虑试样任一截面两侧的剪切作用和试样在振动过程中的回转作用，显然这只有在试样的直径与长度之比(径长比)趋于零时才能满足。精确测量时应对试样不同的径长比作出修正，令

$$E_0 = KE \tag{3.3.19}$$

式中　$E$——未经修正的弹性模量；

$E_0$——修正后的弹性模量；

$K$——修正系数。

当试样材料泊松比为 0.25 时，$K$ 值如表 3.3.1 所示。

表 3.3.1　泊松比为 0.25 时的修正系数 $K$

| 径长比 $d/l$ | 0.01 | 0.02 | 0.03 | 0.04 | 0.05 | 0.06 | 0.08 | 0.10 |
|---|---|---|---|---|---|---|---|---|
| 修正系数 $K$ | 1.001 | 1.002 | 1.005 | 1.008 | 1.014 | 1.019 | 1.033 | 1.051 |

实验时一般可取径长比为 0.03～0.04 的试样，径长比过小，会因试样易于变形而使实验结果误差变大。对同一材料不同径长比的试样，经修正后可以获得稳定的实验结果。

(2) 关于悬丝的材料和直径

用标准中推荐的几种悬丝做实验，对某一试样在相同温度时测得的结果基本相同，可见对不同材料的悬丝共振频率差值不大。但悬丝越硬，共振频率越大。

用同种材料不同直径的悬丝做实验，对同一试样在相同温度时测得的结果表明：悬丝的直径越粗，共振频率越大，这与上述的“悬丝越硬，共振频率越大”是一致的。因此，室温条件下，悬丝的刚度能承受时，悬丝尽量用得细些、软些。

(3) 关于悬丝吊扎点的位置

在实验原理部分，已简单述及了试样作基频对称型振动时存在两个节点，节点是不振动的，实验时悬丝不能吊扎在节点上，必须偏离节点。在原理中，同时又要求在试样两端自由的条件下，检测出共振频率。显然这两条要求是矛盾的。吊扎点偏离节点越远，可以检测到的共振信号越强，但试样受外力的作用也越大，由此产生的系统误差也越大。

为了消除误差，可采用内插测量法测出如果悬丝吊扎在试样节点上时，试样的共振频率。具体的测量方法可以逐步改变悬丝吊扎点的位置，逐点测出试样的共振频率 $f$。设试样端面至吊扎点的距离为 $x$，以 $\frac{x}{l}$ 为横坐标、共振频率 $f$ 为纵坐标作图，从图内可求出吊扎点在试样节点（$\frac{x}{l}=0.224$ 处）时的共振频率 $f$。

(4) 关于真假共振峰的判别

在实际测定中，激振拾振传感器、悬丝、测试台支架等部件都有自己的共振频率，都可能以其本身的基频或高次谐波频率发生共振。因此，正确判断示波器上显示的信号是否为试样真正的共振信号成为关键。下面提供几种判别方法，供参考。

① 共振频率预估法

实验前先用理论公式估算出共振频率的大致范围，然后进行细致的测量，这对于分辨真假共振峰十分有效。

② 峰宽判别法

试样共振时拾振输出信号幅度达到最大。振动阻尼越小，共振峰越尖锐。真正的共振峰的峰宽十分尖锐，在室温时，只要改变激振信号频率 $\pm 0.1$ Hz 即可判断出试样是否处于最佳共振状态。而虚假共振峰的峰宽相对较宽。

③ 撤耦判别法

如果将试样用手托起，撤去激振信号通过试样耦合给拾振传感器的通道，此时如果是干扰信号，尤其是当激振信号过强时，直接通过空气或测试台传递给拾振传感器，则示波器上显示的波形不变。如果波形没有了，则有可能就是真的共振峰。

④ 衰减判别法

试样发生共振时，突然去掉激振信号，共振峰应有一个衰减过程，而干扰信号没有。另外试样发生共振时，用手轻触试样底部，能感觉到明显的振动。实验者可运用自己的物理知识和实验技能，设法进行判别。

⑤ 相位鉴别法

将函数信号发生器激振输出正弦信号和拾振输出信号分别接入示波器 $CH_1\,(X)$、$CH_2\,(Y)$，当激振信号在共振频率附近进行频率扫描时，拾振信号会急剧增大，激振信号和拾振信号相位会有突然变化导致李萨如图形（椭圆）在 $Y$ 轴左右明显摆动。不同谐波的频率比服从表 3.3.2 所示规律。

表 3.3.2　不同谐波的频率比

| 振动级次 $n$ | 基频 $n=1$ | 一次谐波 $n=2$ | 二次谐波 $n=3$ |
|---|---|---|---|
| 节点数 | 2 | 3 | 4 |
| 节点位置 | $0.224l$ | $0.132l$<br>$0.868l$ | $0.094l$<br>$0.644l$ |
| 频率比 | $f_1$ | $2.76f_1$ | $5.40f_1$ |

## 【实验内容】

### 1. 测量试样的几何尺寸和质量

用游标卡尺测量试样的长度 $l$，用螺旋测微器测量试样的直径 $d$，用天平测量试样的质量 $m$，填入表 3.3.3 中。为提高测量精度，要求以上各参数均测量 3～5 次。

表 3.3.3　测量数据表 1

| 测试品材质 | 黄铜 | 铝 | 不锈钢 |
|---|---|---|---|
| 截面直径 $d$/mm | | | |
| 样品长度 $l$/mm | | | |
| 样品质量 $m$/g | | | |
| 基频共振频率 $f_1$/Hz | | | |

### 2. 测量测试棒在室温时的共振频率 $f_1$

（1）安装测试棒：如图 3.3.4 所示，将测试棒悬挂于两悬线之上，要求测试棒横向水平，悬线与测试棒纵向垂直，两悬线的挂点分别到测试棒两端点的距离为 20 mm，并处于静止状态。

（2）连机：按图 3.3.4 将测试台、测试仪器、示波器之间用专用导线连接。

（3）开机：分别打开示波器、测试仪的电源开关，调整示波器使其处于正常工作状态。

（4）鉴频与测量：待测试棒稳定之后，调节“频率调节”粗、细旋钮，寻找测试棒的共振频率 $f_1$。当示波器荧光屏上出现共振现象时（正弦波振幅突然变大），再非常缓慢地微调频率调节细调旋钮，使波形振幅达到极大值。鉴频就是对测试共振模式及振动级次的鉴别，它是准确测量操作中的重要一步。在做频率扫描时，我们会发现测试棒不只在一个频率处发生共振现象，而式(3.3.3)只适用于基频共振的情况，所以要确认测试棒是否在基频频率下共振。我们可用阻尼法来鉴别：若沿测试棒长度的方向轻触棒的不同部位，同时观察示波器，在波节处波幅不变化，而在波腹处波幅会变小，并发现在测试棒上有两个波节时，这时的共振就是在基频频率下的共振，从频率显示屏上显示的频率值即为 $f_1$。

测量好 20 mm 处后，再分别在 $x=25$ mm、$x=30$ mm、$x=35$ mm、$x=45$ mm、$x=50$ mm、$x=55$ mm、$x=60$ mm 处进行测量，并记录在表 3.3.4 中。

表 3.3.4 测量数据表 2

| 序号 | 1 | 2 | 3 | 4 | 5 | 6 | 7 |
|---|---|---|---|---|---|---|---|
| 悬挂点位置/mm | | | | | | | |
| 共振频率 $f_1$/Hz | | | | | | | |

**【数据处理】**

1. 根据 5 次测量的试样几何尺寸和质量,求平均值。

2. 改变试样两吊扎点的位置,试样共振频率随吊扎点位置改变会发生微小的变化。以 $\frac{x}{l}$ 为横坐标、共振频率 $f$ 为纵坐标作图,从图内可求出吊扎点在试样节点($\frac{x}{l}=0.224$ 处)时的共振频率 $f$。

3. 根据公式 $E=1.6067\frac{l^3m}{d^4}f^2$ 计算试样的弹性模量 $E$,并根据 $E_c=KE$ 修正。

**【注意事项】**

1. 实验所用激振和拾振传感器均为精密电磁式传感器,下面有悬挂试样的挂钩,实验调节及吊扎过程中要小心,不可用力,否则有可能损坏挂钩及传感器。

2. 测试时尽可能采用较弱的信号激发,一方面保证不会因长时间输出功率过大而损坏传感器,另一方面发生虚假信号的可能性较小。

3. 用悬挂法吊扎试样必须牢靠,要保持两根细棉线在通过试样直径的铅垂面上且平行,以保持试样水平,吊扎位置不能在节点上。

## 思考题

1. 为什么吊扎点要偏离节点? 怎样才能准确测量试样吊扎点在节点时的共振频率 $f$?

2. 怎样判断试样是否真正处于共振状态? 判别真假共振峰有什么方法?

3. 用动态悬挂法测定金属材料弹性模量产生误差的因素有哪些? 怎样才能减小实验误差?

# 3.4 拉伸法测量金属丝的杨氏模量

弹性模量是固体材料的重要力学性质，它反映了固体材料抵抗外力产生拉伸(或压缩)形变的能力，是选择机械构件材料的依据之一。物体在外力作用下发生形状大小的变化，称为形变，可分为弹性形变和塑性形变两类。在本实验中，只研究弹性形变。最简单的形变如金属丝或棒受到沿纵向外力作用后所引起的长度变化(伸长或缩短)，拉伸法就是研究这种简单弹性形变的方法。

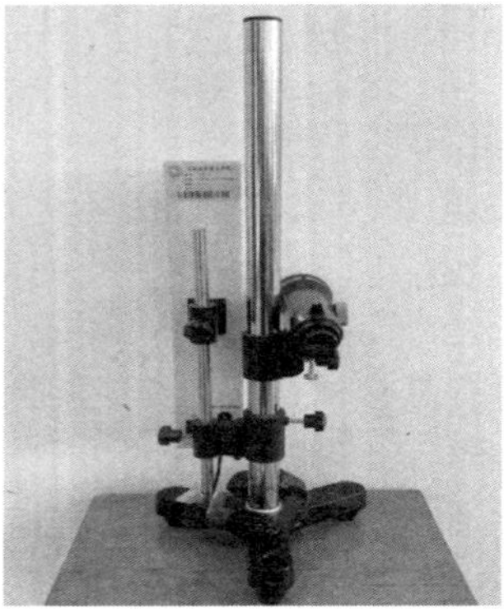

图 3.4.1 DH4608L 型立式拉伸法杨氏模量测量仪

**【实验目的】**

1. 学习用拉伸法测量金属丝的杨氏模量。
2. 掌握光杠杆测定微小伸长量的原理。
3. 掌握光杠杆放大系统的调节方法。
4. 掌握三种基本长度测量仪器的使用。

**【实验仪器】**

DH4608L 型立式拉伸法杨氏模量测量仪(图 3.4.1)、游标卡尺、螺旋测微器、米尺、钢丝。

**【实验原理】**

1. 拉伸法测钢丝杨氏模量

设一根粗细均匀、原长度为 $L$、横截面面积为 $S$ 的钢丝，沿长度方向受到外力 $F$ 伸长 $\Delta L$，其单位长度的伸长量 $\frac{\Delta L}{L}$ 称为应变，单位横截面上所受的外力 $\frac{F}{S}$ 称为应力。根据胡克定律，在弹性范围内，物体所受的应力与应变成正比，即：

$$\frac{F}{S}=Y\frac{\Delta L}{L} \tag{3.4.1}$$

式中的比例系数 $Y$ 称为杨氏模量，单位为 $N/m^2$，是描述固体材料抵抗形变能力的重要物理量，不同的材料杨氏模量不同。

若钢丝的直径为 $d$，则横截面面积 $S=\frac{1}{4}\pi d^2$，得：

$$Y=\frac{4FL}{\pi d^2\Delta L} \tag{3.4.2}$$

式中 $F$——钢丝所受外力；

$L$——钢丝原长度；

$\Delta L$——钢丝伸长量；

$d$——钢丝直径。

测出一系列数据后进行线性拟合，即可求出杨氏模量。本实验采用光杠杆法来测定金属丝受力后的微小伸长量。

2. 光杠杆放大原理

利用光杠杆镜尺法测微小伸长量，其测量原理如图 3.4.2 所示。光杠杆镜尺法是一种利用光学原理把微小长度的变化加以放大后再进行测量的方法。光杠杆系统包括光杠杆 M，水平放置的望远镜 T 和竖直标尺 n。

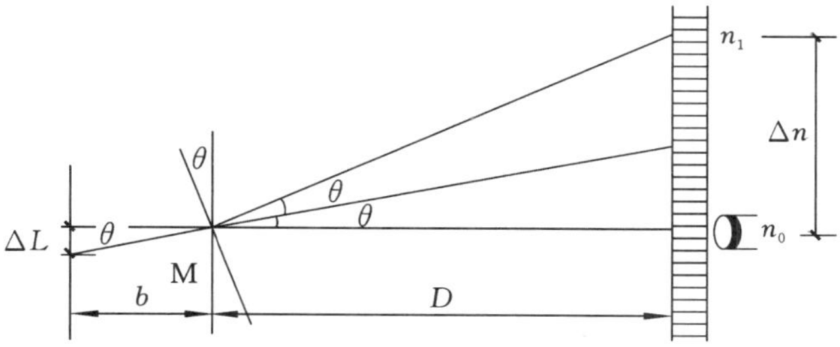


**图 3.4.2　光杠杆镜尺法测量微小伸长量**

设起始状态标尺上的测量读数为 $n_1$，当待测钢丝受力作用而伸长时，光杠杆后脚随之下降，杠杆架和镜面偏转 $\theta$ 角，反射线转过 $2\theta$ 角，此时标尺读数为 $n_2$，则有：

$$\tan\theta=\frac{\Delta L}{b}\quad \tan 2\theta=\frac{n-n_0}{D}$$

由于 $\theta$ 很小，所以有 $\Delta L \ll b, n-n_0 \ll D$，有 $\theta\approx\frac{\Delta L}{b}, 2\theta\approx\frac{n-n_0}{D}$，消去 $\theta$，得：

$$\Delta L=\frac{(n-n_0)b}{2D}=\frac{b}{2D}\Delta n \tag{3.4.3}$$

式中 $n-n_0=\Delta n$，光杠杆的放大倍数为$\frac{2D}{b}$。将式(3.4.3)代入式(3.4.1)中，得：

$$Y=\frac{8FDL}{\pi d^2 b\Delta n} \tag{3.4.4}$$

本实验中使钢丝伸长的力 $F$ 是砝码作用在钢丝上的重力 $mg$，因此，弹性模量的测量公式为：

$$E=\frac{8mgLD}{\pi d^2 b\Delta n} \tag{3.4.5}$$

式中　$D$——反射镜面到标尺的距离；

$b$——光杠杆后尖脚到两个前尖脚间连线的垂直距离；

$L$——待测金属丝的长度；

$d$——待测金属丝的直径；

$m$——砝码的质量，$\Delta n$ 与 $m$ 有对应关系。如果 $m$ 是 1 个砝码的质量，$\Delta n$ 应是荷重增(或减)1 个砝码所引起的光标偏移量；如果 $\Delta n$ 是荷重增(或减)4 个砝码所引起的光标偏移量，$m$ 就应是 4 个砝码的质量。

【实验内容】

1. 仪器调整

(1) 杨氏弹性模量测定仪底座调节水平，调节支架底部螺丝，保证载物平台水平。

(2) 平面镜镜面放置于测定仪平面垂直，注意光杠杆调节，光杠杆和镜尺组是测量金属丝伸长量 $\Delta L$ 的关键部件。

(3) 光杠杆的镜面和刀口应平行。使用时刀口放在平台的槽内，支脚放在管制器的槽内，刀口和支脚尖应共面。

(4) 将望远镜放置在平面镜正前方 1.5～2.0 m 位置。

(5) 粗调望远镜：将镜面中心、标尺零点、望远镜调节等高，望远镜的缺口、准星对准平面镜中心，并能在望远镜外看到尺子的像。

(6) 调节物镜焦距直到能看到尺子清晰的像，调节目镜焦距能清晰地看到叉丝。

(7) 调节叉丝在标尺±2 cm 以内，并使得视差不超过半格。

2. 测量

(1) 砝码托的质量为$m_0$，记录望远镜中标尺的读数$n_0$作为钢丝的起始长度。

(2) 在砝码托上逐次加砝码，观察每增加 1 kg 时望远镜中标尺上的读数$n_i$，取两组对应数据的平均值。

① 依次挂上 1 kg 的砝码七次，记下$n_1$、$n_2$、$n_3$、$n_4$、$n_5$、$n_6$、$n_7$。

② 依次取下 1 kg 的砝码七次，记下$n_1$、$n_2$、$n_3$、$n_4$、$n_5$、$n_6$、$n_7$。

(3) 用米尺测量出金属丝的长度 $L$(两卡口之间的金属丝)、镜面到标尺的距离 $D$。

(4) 用游标卡尺测量出光杠杆 $b$，用螺旋测微器测量出金属丝直径 $d$，上、中、下各测量 2 次。

测量时的连接图如图 3.4.3 所示。

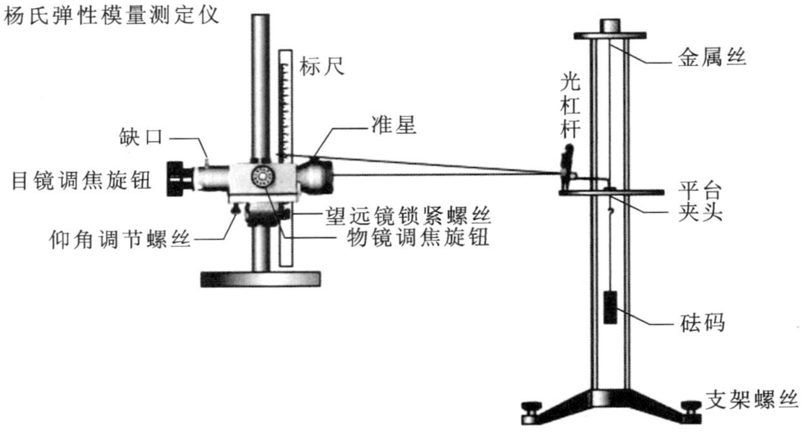


图 3.4.3 测量时的连接图

**【数据处理】**

1. 金属丝在增减砝码后微小伸长量的测量(表 3.4.1)

**表 3.4.1 测量数据表 1**

| 砝码数/个 | | 0 | 1 | 2 | 3 | 4 | 5 | 6 | 7 |
|---|---|---|---|---|---|---|---|---|---|
| 标尺读数 $n$/cm | $n_{i加}$ | | | | | | | | |
| | $n_{i减}$ | | | | | | | | |
| | $n$ | | | | | | | | |

2. 钢丝直径 $d$ 测量(表 3.4.2)

量程:________ mm　分度值:________ mm　零值误差$d_0$:________ mm

**表 3.4.2 测量数据表 2**

| $d$ | 1 | 2 | 3 | 4 | 5 | 6 |
|---|---|---|---|---|---|---|
| $d_i$/mm | | | | | | |

3. 其他量的测量(表 3.4.3)

**表 3.4.3 测量数据表 3**

| 测量 | 测量值 | $u_A(f)$ | $u_e(f)$ | $u_B(f)$ |
|---|---|---|---|---|
| $D$/cm | | — | $u_e(D)=0.05$ cm | $u_B(f)=\frac{u_e(f)}{2}$ |
| $L$/cm | | — | $u_e(L)=0.05$ cm | |
| $b$/cm | | — | $u_e(b)=0.02$ mm | |

4. 实验测量时,多次测量的算术平均值最接近于真值。但是简单地求一下平均还是不能达到最好的效果,还应采用逐差法来处理这些数据。

5. 分别计算 $\bar{n}$、$\Delta\bar{n}$、$u_A(\Delta\bar{n})$、$u_B(\Delta\bar{n})$、$u_C(\Delta\bar{n})$、$\bar{d}$、$u_A(\bar{d})$、$u_B(\bar{d})$、$u_C(\bar{d})$、$\bar{Y}$、$u_r(\bar{Y})$、$u_p(\bar{Y})$、$U_c(\bar{Y})$、$Y=\bar{Y}\pm U_c$。

## 思考题

1. 利用光杠杆把测微小长度 $\Delta L$ 变成测 $b$,光杠杆的放大率为 $2D/b$,根据此式能否以增加 $D$、减小 $b$ 来提高放大率?这样做有无好处,有无限度?应怎样考虑这个问题?

2. 试分析本实验测量中哪个量的测量对 $E$ 的结果影响最大?如何进一步改进?

# 3.5 液体体膨胀系数的测定

热膨胀是物体温度升高时体积(面积或者长度)增大的现象,一般物体在受热时温度升高,体积膨胀;遇冷时温度降低,体积收缩,这种热胀冷缩的原理被人们广泛地应用在日常生活和生产中。固体、液体和气体都有膨胀现象,液体的膨胀率大约比固体大 10 倍,而气体的膨胀率约比液体大 100 倍。

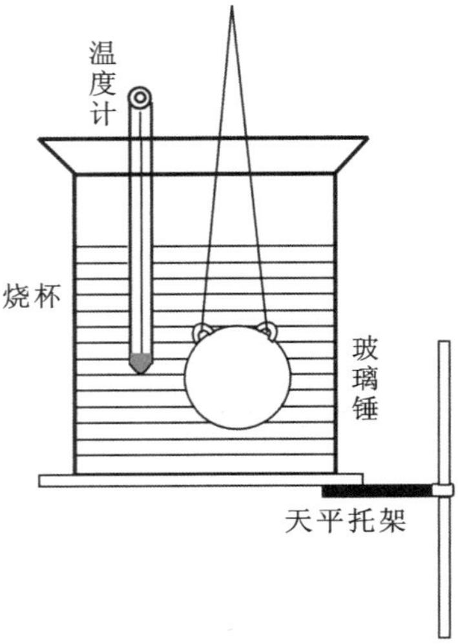

图 3.5.1 实验装置

**【实验目的】**

1. 测量液体在不同温度范围内的体膨胀系数。
2. 学习天平的动态测量法。

**【实验仪器】**

天平,400 mL 和 1000 mL 烧杯各 1 个,玻璃锤(封闭玻璃泡内装载重物),玻璃水银温度计,加热炉,冰块,洗耳球。

**【实验原理】**

一个质量为 $M$ 的玻璃锤,总体平均密度大于水的密度,它在空气中重 $W=Mg$,$g$ 为重力加速度。用天平测 $M$,并用线将玻璃锤悬挂在天平的左盘,实验装置如图 3.5.1 所示。

若玻璃锤完全浸没在温度为 $t_1$ 的液体中时,视重为 $W_1=M_1g$,而它完全浸没在温度为 $t_2$ 的液体中时,视重为 $W_2=M_2g$,其中 $t_2>t_1$,$M_2$ 和 $M_1$ 为上述两次称量时相应天平砝码的质量。根据阿基米德原理,物体在液体中所受到的浮力等于它排开液体的重量,即:

$$Mg-M_1g=\rho_1V_1g \tag{3.5.1}$$

$$Mg-M_2g=\rho_2V_2g \tag{3.5.2}$$

所以

$$\rho_1=\frac{M-M_1}{V_1} \tag{3.5.3}$$

$$\rho_2=\frac{M-M_2}{V_2} \tag{3.5.4}$$

式中 $V_1$,$V_2$——玻璃锤在 $t_1$ 和 $t_2$ 温度时的体积;

$\rho_1$,$\rho_2$——液体分别在 $t_1$ 和 $t_2$ 温度时的密度。

由于

$$V_2=V_1[1+\beta'(t_2-t_1)] \tag{3.5.5}$$

其中$\beta'$为玻璃锤的体膨胀系数,设液体在 $t_1\sim t_2$ 时的平均体膨胀系数为 $\beta$,那么

$$\rho_1=\rho_2[1+\beta'(t_2-t_1)] \tag{3.5.6}$$

可得：

$$\beta=\left(\frac{M_2-M_1}{M-M_2}\right)\frac{1}{t_2-t_1}+\left(\frac{M-M_1}{M-M_2}\right)\beta' \tag{3.5.7}$$

利用该式即可计算出液体在温度为 $t_1 \sim t_2$ 范围内的平均体膨胀系数。

如果忽略玻璃的体膨胀系数，即 $\beta \gg \beta'$，那么液体在 $t_1 \sim t_2$ 温度范围内的平均体膨胀系数为：

$$\beta=\left(\frac{M_2-M_1}{M-M_2}\right)\frac{1}{t_2-t_1} \tag{3.5.8}$$

如果在 $t_1 \sim t_2$ 范围内测量了多个温度点的 $M_t$ 值，则可以应用作图的方法，即利用 $M_t$-$t$ 的关系来求出膨胀系数随温度的变化关系。

取上式分母中的 $M_2=\overline{M}_{t_1 \sim t_2}$，并求出斜率：

$$k=\frac{M_2-M_1}{t_2-t_1} \tag{3.5.9}$$

则

$$\beta=\frac{k}{M-\overline{M}_{t_1 \sim t_2}} \tag{3.5.10}$$

**【实验内容】**

1. 用天平称出玻璃锤在空气中的质量 $M$，测量三次；

2. 用加热炉将水加热到接近沸腾；

3. 把 1000 mL 烧杯放到天平的托架上，放入热水，将玻璃锤完全浸没在水中，尤其注意当天平悬起时玻璃锤也要完全浸没在水里，而且挂线不能与烧杯及温度计相碰；

4. 利用冰块和冷水调节水的温度，每隔 5 ℃测出玻璃锤在此温度时的视重 $M_t$，并用温度计测出此时水的温度，直至水降温至 30 ℃左右。

**【数据处理】**

1. 忽略玻璃的体膨胀系数，计算水在各个温度段的平均体膨胀系数。

2. 假设玻璃锤是球体，推导玻璃锤的体膨胀系数（玻璃的线膨胀系数 $\alpha=9.5\times 10^{-6}$ ℃$^{-1}$），并对之前的结果做修正。

3. 忽略玻璃的体膨胀系数，用作图法求出整个实验温度范围内的平均体膨胀系数及其不确定度。

## 思考题

1. 试分析实验误差的主要来源，并讨论如何减少实验中的误差。

2. 为什么玻璃锤在水中的视重与温度不是完全的线性关系？

# 3.6 固体线膨胀系数的测量

绝大多数物质都具有热胀冷缩的特性，这是物体内部分子热运动加剧或减弱所造成的。材料的线膨胀系数表征的是材料受热膨胀时，在一维方向上的伸长情况。该系数在工程结构设计、机械仪器制造、材料加工中都应予以考虑，否则将会影响结构的稳定性或仪表的精度等性质。本实验采用千分表法测量待测试样的伸长量变化，通过数显测温，测量精确度高。

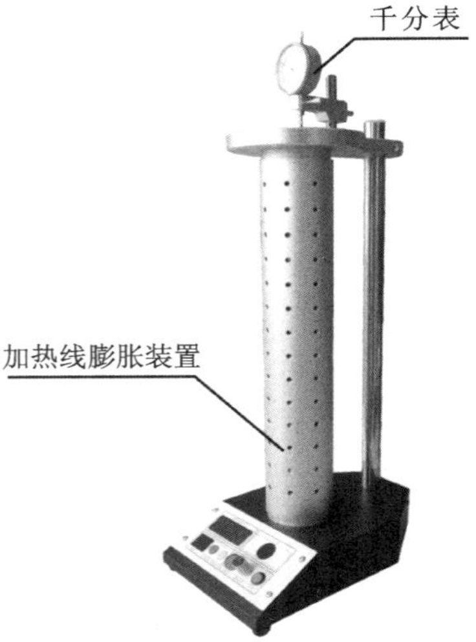


图 3.6.1 仪器结构

## 【实验目的】

1. 学习固体线膨胀系数的测量原理。

2. 初步掌握用固体热膨胀系数测定仪测量线膨胀系数的方法。

## 【实验仪器】

实验系统主要由加热线膨胀装置与千分表测量装置两大部件组成，如图 3.6.1 所示。

1. 加热线膨胀装置

该装置是金属圆筒形，内部有电加热丝。温度传感器、温度及限温显示器、加热速率调节器及语音提醒器均装在控制盒内，最高限温度能在 20～80 ℃之间调节。金属棒的下端顶在底座上，不能移动，金属棒的上端在圆筒内，可自由伸长。

2. 千分表

测量范围 0～1 mm，测量分辨率 0.001 mm。

3. 金属热膨胀系数测定仪面板操作说明

金属热膨胀系数测定仪面板如图 3.6.2 所示。

(1) 待测试样温度测量显示窗口：显示待测试样温度。

(2) 限温设置显示窗口：当温度超过此设定值后将停止加热。

(3) 限位设置开关：设置范围 20～80 ℃，步进 10 ℃。

(4) 语音开关：开启或关闭语音提示。

(5) 速率指示灯：指示加热速率大小，越亮加热速率越快。

(6) 加热速率：调节加热速率大小，顺时针增加。

(7) 电源开关。

(8) 语音喇叭。

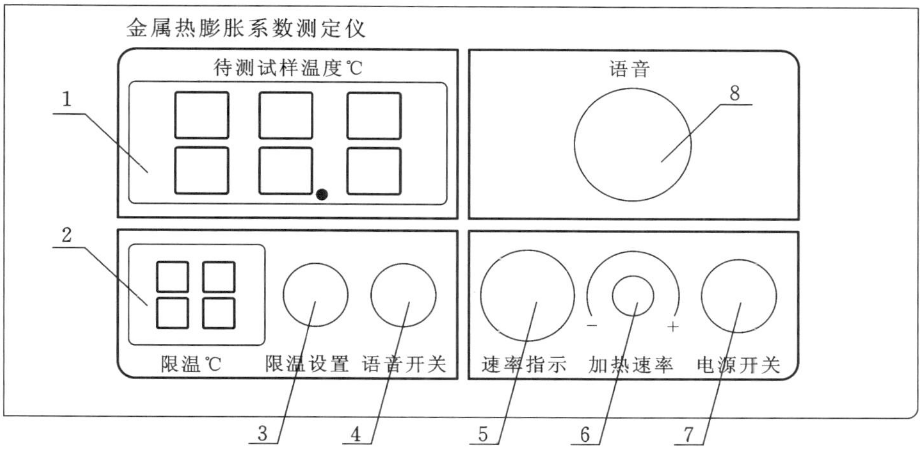


**图 3.6.2 金属热膨胀系数测定仪面板**

**【实验原理】**

固体加热时，体积将增大，这是一般物体所具有的“热胀冷缩”特性，固体受热后长度的增长称为“线膨胀”，其长度 $L$ 和温度 $t$ 之间的关系为：

$$L=L_t(1+\alpha t+\beta t^2+\cdots) \tag{3.6.1}$$

式中 $L_t$——温度 $t=0$ ℃时的长度。

上式中 $\alpha$、$\beta$ 均为与被测物质有关的常数，都是很小的数值，且 $\beta$ 以下各系数和 $\alpha$ 相比甚小，所以在常温下可以忽略，则上式可写成：

$$L=L_t(1+\alpha t) \tag{3.6.2}$$

式中 $\alpha$——线膨胀系数，其物理意义为温度每升高一度时物体的伸长量与它在零度时的长度比，$℃^{-1}$。

如果在温度 $t_0$ 和 $t_i$ 时，金属杆的长度分别为 $L_0$ 和 $L_i$，则可写出：

$$L_0=L_t(1+\alpha t_0) \tag{3.6.3}$$

$$L_i=L_t(1+\alpha t) \tag{3.6.4}$$

将上式进行代入，化简后得：

$$\alpha=\frac{L_i-L_0}{L_0\left(t_i-\dfrac{L_i}{L_0}t_0\right)} \tag{3.6.5}$$

由于 $L_i$ 与 $L_0$ 变化微小，$L_i/L_0\approx1$，所以上式可近似写成：

$$\alpha=\frac{L_i-L_0}{L_0(t_i-t_0)}=\frac{\Delta L}{L_0\Delta t} \tag{3.6.6}$$

测量线膨胀系数的关键是怎么测准温度变化引起的长度微小变化 $\Delta L$。本实验采用千分表来测量长度的微小变化 $\Delta L$。

**【实验内容】**

1. 把被测棒取出，用米尺测量其长度 $L_0$，然后把被测棒慢慢放入孔中，直到被测棒下端接触底面。

2. 安装好千分表。

3. 接通电源，限温设置 80 ℃，调节加热速率旋钮，可以调节对被测棒的加热快慢。

4. 关注温度计温度变化情况，每隔 5 ℃记录升温 $t_i$(℃)及相应的千分表读数 $L_{i+}$，记录若干组数据。

5. 限温设置 20 ℃，加热装置断电，金属棒降温。

6. 关注温度计温度变化情况，每隔 5 ℃记录降温 $t_i$(℃)及相应的千分表读数 $L_{i-}$，记录若干组数据。

7. 计算被测试样的线膨胀系数。

**【数据处理】**

实验相关数据如表 3.6.1 至表 3.6.3 所示。

**表 3.6.1　实验过程中需用到的测量工具及相关参数、用途**

| 测量名称 | 量程/mm | 精度/mm | 误差限/mm | 用于测量 |
|---|---|---|---|---|
| 千分表 | 1 | 0.001 | 0.003 | $L_i$ |
| 钢卷尺 | 3000.0 | 1 | 0.8 | $L_0$ |

**表 3.6.2　一次性测量数据**

| | |
|---|---|
| 金属棒长度 $L_0$/m | |

**表 3.6.3　每隔 5 ℃千分表的读数**

| 次数 | 1 | 2 | 3 | 4 | 5 | 6 | 7 | 8 | 9 | 10 |
|---|---|---|---|---|---|---|---|---|---|---|
| 温度 $t_i$/℃ | 30 | 35 | 40 | 45 | 50 | 55 | 60 | 65 | 70 | 75 |
| 升温千分表读数 $L_i^+$/mm | | | | | | | | | | |
| 降温千分表读数 $L_i^-$/mm | | | | | | | | | | |

根据表 3.6.3 的数据，分别绘制升温 $L_i^+$-$t_i$ 曲线和降温 $L_i^-$-$t_i$ 曲线。

对上述两条曲线分别作直线拟合，得到斜率 $K^+$ 和 $K^-$，则有：

$$K=\frac{(K^+ + K^-)}{2} \tag{3.6.7}$$

待测试样的线膨胀系数为：

$$\alpha=\frac{K}{L}(/℃) \tag{3.6.8}$$

**【注意事项】**

1. 安装千分表时，要注意初始示数不可超出总量程的 2/5，是为了避免加热过程中超出量程而无法读数。

2. 该实验在读数时是在温度变化时进行的，因此读数必须快而准。

3. 测量时可以选择合适的加热功率，使温度缓慢上升，便于读数。

## 思考题

1. 试简述本实验的原理。

2. 试分析本实验中产生误差的原因。

# 3.7 玻尔共振仪研究阻尼振动与受迫振动

共振是一种既重要又普遍的运动形式，在日常生活中，在物理学、无线电学和各种工程技术领域中都会遇到。其中，受迫共振现象具有使用价值，许多仪器和装置都是利用共振原理设计制作的。例如，电磁共振是无线电技术的基础，机械共振产生声响，物质对电磁场的特征吸收和耗散吸收可用共振现象来描述，利用核磁共振和顺磁共振研究物质结构等。在利用共振现象的同时，也要防止共振现象引起的破坏，如共振引起的建筑物垮塌、电器元件的烧毁等。因此，研究受迫振动很有必要，具有重大意义。

本实验采用玻尔共振仪来定量研究物体在周期外力作用下作受迫振动的幅频特性和相频特性，并采用频闪法来测定动态的物理量——相位差。

## 【实验目的】

1. 研究玻尔共振仪中弹性摆轮受迫振动的幅频特性和相频特性。
2. 研究不同阻尼力矩对受迫振动的影响，并观察共振现象。
3. 学习用频闪法测定运动物体的某些量，如相位差。
4. 学习系统误差的修正。

## 【实验仪器】

1. 玻尔共振仪

玻尔共振仪构造如图 3.7.1 所示，铜质圆形摆轮安装在机架转轴上，可绕转轴转动。蜗卷弹簧的一端与摆轮相连，另一端与摇杆相连。自由振动时，摇杆不动，蜗卷弹簧对摆轮施加与角位移成正比的弹性恢复力矩。在摆轮下方装有阻尼线圈，电流通过线圈会产生磁场，

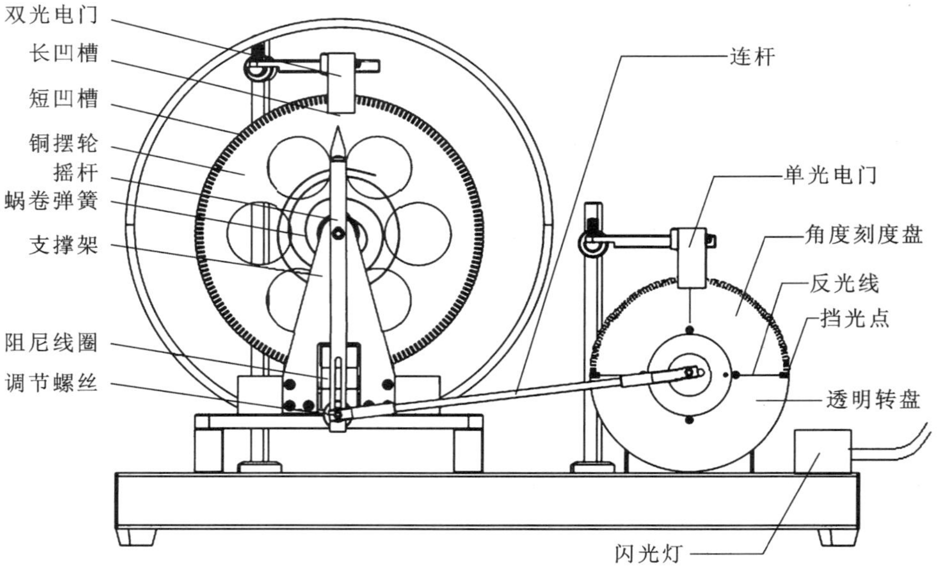


图 3.7.1　玻尔共振仪

铜摆轮在磁场中运动，会在摆轮中形成局部的涡电流，涡电流磁场与线圈磁场相互作用，形成与运动速度成正比的电磁阻尼力矩。强迫振动时，电动机带动偏心轮及传动连杆使摇杆摆动，通过蜗卷弹簧传递给摆轮，产生强迫外力矩，强迫摆轮作受迫振动。

在摆轮的圆周上每隔 2°开有许多凹槽，摆轮正上方的一个凹槽比其他凹槽长许多。摆轮正上方的支架上装有上下分布的双光电门：靠上的光电门对准短凹槽，用于测量通过光电门的凹槽个数；靠下的光电门对准长凹槽下半截，仅记录长凹槽通过光电门的次数，每两个信号为一个周期。通过记录一个周期内的短凹槽通过个数，计算摆轮振幅。

透明转盘与一转速可调的电动机相连，覆盖于角度刻度盘上，转盘中有一条白色反光线，线两端有挡光片，转盘随电机转动，通过连杆和摇杆传动，使铜摆轮发生受迫运动。透明转盘上端的单光电门用于记录转盘两端挡光点的运动信号，每接收两次信号为一个周期。

受迫振动时，摆轮与外力矩的相位差是利用闪光灯来测量的。置于角度盘侧面的闪光灯受摆轮长凹槽光电门的控制，每当摆轮上长凹槽通过平衡位置时，长凹槽光电门受光，引起一次闪光，这一现象称为频闪现象。在受迫振动达到稳定状态时，在闪光灯的照射下可以看到角度指针好像一直“停在”某一刻度处(实际上，角度指针一直在匀速转动)。所以，从角度盘上可以直接读出摇杆相位超前于摆轮相位的数值，其负值为相位差 $\varphi$。

2. 主机

实验仪主机的前面板如图 3.7.2 所示。

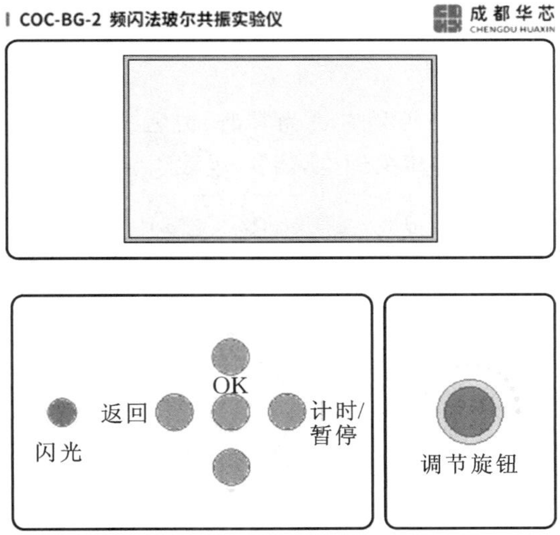


**图 3.7.2 实验仪主机的前面板**

(1) “▲”“▼”用于控制光标移动，“OK”和“返回”用于选择和退出选项，“调节旋钮”用于调整选中参数的大小。

(2) “计时/暂停”按钮用于控制光电门工作状态。

(3) 在进行“受迫振动”实验时，按下“计时/暂停”按钮使光电门开始工作，待振动达到平衡后，按下“闪光”开关，闪光灯即可开始进行频闪，完成相位差读取后，关闭“闪光”开关。

**【实验原理】**

物体在周期外力的持续作用下发生的振动称为受迫振动，这种周期性的外力称为强迫力。

本实验中，由纯铜圆形摆轮和蜗卷弹簧组成弹性摆轮，可绕转轴摆动。摆轮在摆动过程中，分别受到与角位移 $\theta$ 成正比、方向指向平衡位置的弹性恢复力矩的作用，与角速度 $\mathrm{d}\theta/\mathrm{d}t$ 成正比、方向与摆轮运动方向相反的阻尼力矩的作用，以及按简谐规律变化的外力矩 $M_0\cos\omega t$ 的作用。根据转动规律，可列出摆轮的运动方程：

$$J\frac{\mathrm{d}^2\theta}{\mathrm{d}t^2}=-k\theta-b\frac{\mathrm{d}\theta}{\mathrm{d}t}+M_0\cos\omega t \tag{3.7.1}$$

式中　$J$——摆轮的转动惯量；

$k\theta$——弹性力矩；

$k$——弹性力矩系数；

$b$——电磁阻尼力矩系数；

$M_0$——强迫力矩的幅值；

$\omega$——强迫力的圆频率。

令 $\omega_0^2=\frac{k}{J}$、$2\beta=\frac{b}{J}$、$m=\frac{M_0}{J}$，则式(3.7.1)变为：

$$\frac{\mathrm{d}^2\theta}{\mathrm{d}t^2}+2\beta\frac{\mathrm{d}\theta}{\mathrm{d}t}+\omega_0^2\theta=m\cos\omega t \tag{3.7.2}$$

当强迫外力为零，即式(3.7.2)等号右边为零时，方程式(3.7.2)就变为了二阶常系数线性齐次微分方程，根据微分方程的相关理论，当 $\omega_0$ 远大于 $\beta$ 时，其解为：

$$\theta=\theta_1\mathrm{e}^{-\beta t}\cos(\omega_1 t+\alpha) \tag{3.7.3}$$

此时摆轮作阻尼振动，振幅 $\theta_1\mathrm{e}^{-\beta t}$ 随时间 $t$ 衰减，振动频率为：

$$\omega_1=\sqrt{\omega_0^2-\beta^2}$$

式中　$\omega_0$——系统的固有频率；

$\beta$——阻尼系数，当 $\beta$ 也为零时，摆轮以 $\omega_0$ 作简谐振动。

当强迫外力不为零时，方程式(3.7.2)为二阶常系数线性非齐次微分方程，其解为：

$$\theta=\theta_1\mathrm{e}^{-\beta t}\cos(\omega_1 t+\alpha)+\theta_2\cos(\omega t+\varphi) \tag{3.7.4}$$

式中，第一部分表示阻尼振动，经过一段时间后衰减消失；第二部分为稳态解，说明振动系统在强迫力作用下，经过一段时间后即可达到稳定的振动状态。如果外力是按简谐振动规律变化，那么物体在稳定状态时的运动也是与强迫力同频率的简谐振动，具有稳定的振幅 $\theta_2$，并与强迫力之间有一个确定的相位差 $\varphi$。

将 $\theta=\theta_2\cos(\omega t+\varphi)$ 代入式(3.7.2)，要使该式在任何时间 $t$ 恒成立，$\theta_2$ 与 $\varphi$ 需满足一定的条件，由此解得稳定受迫振动的幅频特性及相频特性表达式为：

$$\theta_2=\frac{m}{\sqrt{(\omega_0^2-\omega^2)^2+4\beta^2\omega^2}} \tag{3.7.5}$$

$$\varphi=\tan^{-1}\left(\frac{-2\beta\omega}{\omega_0^2-\omega^2}\right)=\tan^{-1}\left(\frac{-\beta T_0^2 T}{\pi(T^2-T_0^2)}\right) \tag{3.7.6}$$

由式(3.7.5)和式(3.7.6)可以看出，在稳定状态时振幅和相位差保持恒定，振幅 $\theta_2$ 与相位差 $\varphi$ 的数值取决于 $\beta$、$\omega_0$、$m$ 和 $\omega$，也取决于 $J$、$b$、$k$、$M_0$ 和 $\omega$，而与振动的起始状态无关。当强迫力的频率 $\omega$ 与系统的固有频率 $\omega_0$ 相同时，相位差为 $-90°$。

由于受到阻尼力的作用，受迫振动的相位总是滞后于强迫力的相位，即式(3.7.6)中的 $\varphi$ 应为负值，而反正切函数的取值范围为$(-90°,90°)$，当由式(3.7.6)计算得出的角度数值为正时，应减去 180°将其换算成负值。

图 3.7.3、图 3.7.4 分别表示了在不同 $\beta$ 时稳定受迫振动的幅频特性和相频特性。

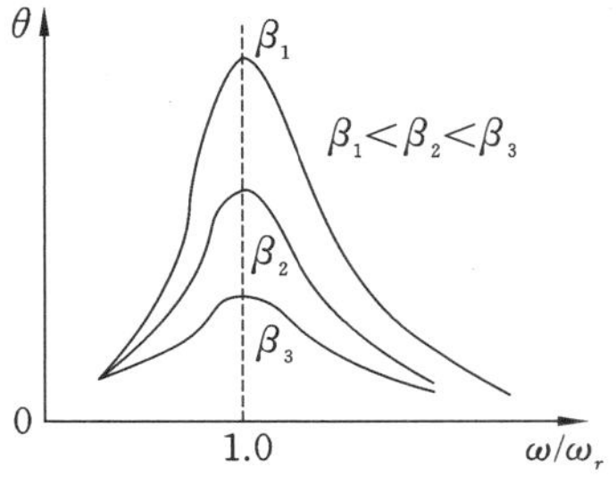


**图 3.7.3 不同 $\beta$ 时稳定受迫振动的幅频特性**

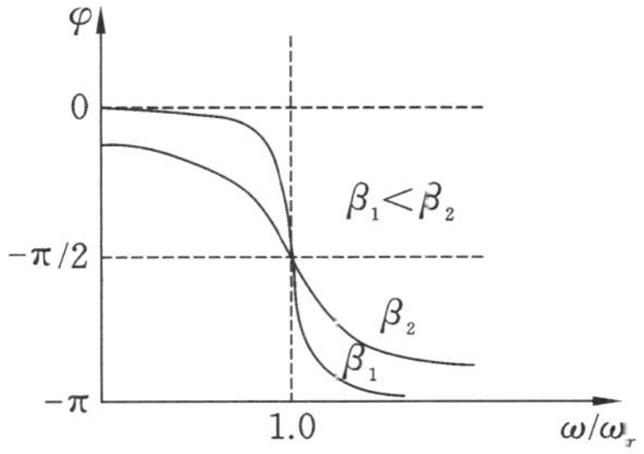


**图 3.7.4 不同 $\beta$ 时稳定受迫振动的相频特性**

由式(3.7.5)，将 $\theta_2$ 对 $\omega$ 求极值可得出：当强迫力的圆频率 $\omega=\sqrt{\omega_0^2-2\beta^2}$ 时，$\theta$ 有极大值，产生共振。若共振时圆频率和振幅分别用 $\omega_r$、$\theta_r$ 表示，则有：

$$\omega_r=\sqrt{\omega_0^2-2\beta^2} \tag{3.7.7}$$

$$\theta_r=\frac{m}{2\beta\sqrt{\omega_0^2-\beta^2}} \tag{3.7.8}$$

将式(3.7.7)代入式(3.7.6)，得到共振时的相位差为：

$$\varphi_r=\tan^{-1}\left(\frac{-\sqrt{\omega_0^2-2\beta^2}}{\beta}\right) \tag{3.7.9}$$

式(3.7.7)、式(3.7.8)、式(3.7.9)表明，阻尼系数 $\beta$ 越小，共振时的圆频率 $\omega_r$ 越接近系统的固有频率 $\omega_0$，振幅 $\theta_r$ 越大，共振时的相位差越接近 $-90°$。

由图 3.7.3 可见，$\beta$ 越小，$\theta_r$ 越大，$\theta_2$ 随 $\omega$ 偏离 $\omega_0$ 而衰减得越快，幅频特性曲线越陡峭。在峰值附近，$\omega\approx\omega_0$，${\omega_0}^2-\omega^2\approx 2\omega_0(\omega_0-\omega)$，而式(3.7.5)可近似表达为：

$$\theta_2=\frac{m}{2\omega_0\sqrt{(\omega_0-\omega)^2+\beta^2}} \tag{3.7.10}$$

由上式可见，当 $|\omega_0-\omega|=\beta$ 时，振幅降为峰值的 $\frac{1}{\sqrt{2}}$，根据幅频特性曲线的相应点可确

定 $\beta$ 的值。

**【实验内容】**

1. 实验准备

(1) 对应各接口名称，正确连接主机背板和共振仪背板各接口。

(2) 打开主机，显示主菜单。

(3) 观察双光电门与摆轮的相对位置，确定摆轮在静止状态时长凹槽对准长凹槽光电门位置。尝试摆动摆轮，确认弹簧和摆轮位置和运动状态正常。

2. 自由振动——摆轮振幅 $\theta$ 与系统固有振动周期 $T_0$ 的对应值的测量

自由振动实验的目的是为了测量摆轮的振幅 $\theta$ 与系统固有振动周期 $T_0$ 的关系：

(1) 在主菜单选择"自由振动"，按下"OK"键进入自由振动实验界面。

(2) 用手转动摆轮至略大于 160°的位置，按下"计时/暂停"按钮，主机进入计时准备状态，释放摆轮，当长凹槽第一次经过长凹槽光电门时，主机开始自动记录摆轮的周期和振幅。

(3) 摆轮振幅自 160°逐渐减小，当振幅小于 50°后结束测量。

(4) 完成测量后，可按"▲""▼"按钮在屏幕右侧观察记录的数据，确认数据无误后，选中"筛选数据"按下"OK"，主机会自动筛选出摆轮振动过程中每次振幅减小时对应的振幅和周期数据，并展示到"自由振动数据记录"界面，可通过"▲""▼"对数据进行翻页。再次确认数据无误后，可选中"数据保存"按下"OK"，本次实验数据将保存至主机内，以便后续查询。

3. 阻尼振动——测定阻尼系数 $\beta$

通过阻尼振动实验可求得特定阻尼电流大小时，对应的阻尼系数。

(1) 在主菜单选择"阻尼振动"，按下"OK"键进入阻尼振动实验界面。

(2) 旋转"调节旋钮"，将阻尼电流设置为 300 mA。

(3) 重复自由振动实验中各步骤，将阻尼振动的振幅和周期数据保存至主机。

(4) 根据记录下的阻尼运动振幅 $\theta$ 和周期 $T$ 的值，通过公式：

$$\ln \frac{\theta_0 \mathrm{e}^{-\beta t}}{\theta_0 \mathrm{e}^{-\beta(t+nT)}} = n\beta\overline{T} = \ln \frac{\theta_0}{\theta_n} \tag{3.7.11}$$

(5) 求出当前阻尼电流下的 $\beta$ 值，式中 $n$ 为阻尼振动的周期次数，$\theta_n$ 为第 $n$ 次振动时的振幅，$\overline{T}$ 为阻尼振动周期的平均值。此值可以测出 10 个摆轮振动周期值，然后取其平均值。一般阻尼系数需测量 2～3 次。

4. 受迫振动——测定受迫振动的幅频特性和相频特性曲线

(1) 在主菜单选择"受迫振动"，按下"OK"键进入受迫振动实验界面，电机以 20%的初始转速开始转动。

(2) 移动光标，选择"阻尼电流"，并按下"OK"键，通过"调节旋钮"设置阻尼电流为 300 mA，并按"OK"键确认。

(3) 移动光标，选择"电机转速"，并按下"OK"键，通过"调节旋钮"设置电机转速为 60%左右。

(4) 按下"计时/暂停"按钮,单光电门开始记录转盘的单个与十个周期,双光电门开始记录摆轮的单个和十个周期,并记录前一个周期时摆轮的振幅。

(5) 当转盘和摆轮的单个和十个周期的计数一致时(转盘周期=摆轮周期,单个周期×10=10 个周期),摆轮的受迫运动达到稳定状态,此时将闪光灯放置于透明转盘的侧面,按下"闪光"开关,观察频闪时转盘白色反光线的角度,即为此时受迫振动位移与强迫力之间的相位差 $\Delta\varphi$。

(6) 适当调节电机转速,使相位差 $\Delta\varphi$ 控制在 25°左右,待运动状态稳定后,记录下此时摆轮的周期、振幅和相位差。

(7) 适当增加电机转速,使相位差 $\Delta\varphi$ 略增大,并在运动稳定后继续记录摆轮周期、振幅和相位差。在相位从小到大的变化的过程中,在靠近共振点(相位差 90°)时,转速的极小偏差都会引起相位差的极大变化,故需根据情况调整电机转速。为实验方便,可尝试先找到共振点时对应的电机转速,再改变电机转速测量出不同转速下对应的数据。本实验建议共取 9 组以上数据(共振点 1 组,共振点前后各 4 组,于相位差 25°到 155°间较均匀地分布)。

5. 测量不同阻尼下的阻尼振动和受迫振动,研究其幅频特性和相频特性的变化规律

(1) 回到"阻尼振动"实验界面,修改阻尼电流大小,重新进行阻尼振动实验(由于主机只能记录最近一次保存的阻尼振动实验数据,因此在进行新的实验前,确保已经将上一次的数据妥善记录)。

(2) 按本次设置的阻尼电流大小,重新进行受迫振动实验。

(3) 建议阻尼电流大小设置范围为"285~315 mA",可根据每台仪器性能的不同,适当选择阻尼电流值:

① 当阻尼电流为 300 mA 时,若共振振幅为 260°~310°,则可选择 300 mA 上下各一个阻尼值;

② 若 300 mA 的共振振幅大于 310°,则选择两个大于 300 mA 的阻尼值;

③若 300 mA 的共振振幅小于 260°,则选择两个小于 300 mA 的阻尼值。

在选择合适的阻尼电流时,注意不要让共振振幅超过 320°,以免撞击到限位铁圈。

**【数据处理】**

1. 摆轮振幅 $\theta$ 与系统固有振动周期 $T_0$ 关系(表 3.7.1)

**表 3.7.1 振幅周期频率记录表**

| 振幅/° | | 周期/s | | 频率/Hz | |
|---|---|---|---|---|---|
| $\theta_1$ | | $T_1$ | | $\omega_1$ | |
| $\theta_2$ | | $T_2$ | | $\omega_2$ | |
| $\theta_3$ | | $T_3$ | | $\omega_3$ | |
| $\theta_4$ | | $T_4$ | | $\omega_4$ | |
| $\theta_5$ | | $T_5$ | | $\omega_5$ | |

续表3.7.1

| 振幅/° | | 周期/s | | 频率/Hz | |
|---|---|---|---|---|---|
| $\theta_6$ | | $T_6$ | | $\omega_6$ | |
| $\theta_7$ | | $T_7$ | | $\omega_7$ | |
| $\theta_8$ | | $T_8$ | | $\omega_8$ | |
| $\theta_9$ | | $T_9$ | | $\omega_9$ | |
| $\theta_{10}$ | | $T_{10}$ | | $\omega_{10}$ | |
| $\bar{\theta}_i=$ | | $\overline{T}_i=$ | | $\bar{\omega}_i=$ | |

2. 阻尼系数 $\beta$ 的计算

利用式(3.7.11)对所测数据(表 3.7.2)按逐差法处理,求出 $\beta$ 值。$\theta_i$ 为第 $i$ 次振动时的振幅。

表 3.7.2　$\beta$ 计算记录表

| 振幅/° | | 周期/s | | 振幅/° | | 周期/s | | $\ln\dfrac{\theta_i}{\theta_{i+5}}$ |
|---|---|---|---|---|---|---|---|---|
| $\theta_0$ | | $T_0$ | | $\theta_5$ | | $T_5$ | | |
| $\theta_1$ | | $T_1$ | | $\theta_6$ | | $T_6$ | | |
| $\theta_2$ | | $T_2$ | | $\theta_7$ | | $T_7$ | | |
| $\theta_3$ | | $T_3$ | | $\theta_8$ | | $T_8$ | | |
| $\theta_4$ | | $T_4$ | | $\theta_9$ | | $T_9$ | | |
| 平均值 | | | | | | | | |

$T=$________ s,由 $5\beta\overline{T}=\ln\dfrac{\theta_i}{\theta_{i+5}}$ 求出 $\beta=$________。

利用表 3.7.2 计算的数据,将计算结果填入表 3.7.3 中。

表 3.7.3　幅频特性和相频特性测量数据记录表

| 电机转速刻度值 | 强迫力矩周期/s | 振幅 $\theta$/° | 弹簧对应固有周期 $T_0$/s | $\varphi$ 计算值 $\tan^{-1}\dfrac{\beta T_0^2 T}{\pi(T^2-T_0^2)}$ | $\dfrac{\omega}{\omega_0}=\dfrac{T_0}{T}$ | $\dfrac{\theta}{\theta_r}$ |
|---|---|---|---|---|---|---|
| | | | | | | |
| | | | | | | |

续表3.7.3

| 电机转速刻度值 | 强迫力矩周期/s | 振幅 $\theta/°$ | 弹簧对应固有周期 $T_0/s$ | $\varphi$ 计算值 $\tan^{-1}\frac{\beta T_0^2 T}{\pi(T^2-T_0^2)}$ | $\frac{\omega}{\omega_0}=\frac{T_0}{T}$ | $\frac{\theta}{\theta_r}$ |
|---|---|---|---|---|---|---|
| | | | | | | |
| | | | | | | |
| | | | | | | |
| | | | | | | |
| | | | | | | |
| | | | | | | |
| | | | | | | |

以 $\omega/\omega_r$ 为横轴，$(\theta/\theta_r)^2$ 为纵轴，作幅频特性 $(\theta/\theta_r)^2$-$\omega/\omega_r$ 曲线；以 $\omega/\omega_r$ 为横轴，相位差 $\varphi$ 为纵轴，作相频特性曲线。

在阻尼系数较小（满足 $\beta^2 \leqslant \omega_0{}^2$）和共振位置附近（$\omega=\omega_0$），由于 $\omega_0+\omega=2\omega_0$，从式(3.7.4)和式(3.7.8)可得出：

$$\left(\frac{\theta}{\theta_r}\right)^2=\frac{4\beta^2\omega_0^2}{4\omega_0^2(\omega-\omega_0)^2+4\beta^2\omega_0^2}=\frac{\beta^2}{(\omega-\omega_0)^2+\beta^2} \tag{3.7.12}$$

据此可由幅频特性曲线求 $\beta$ 值。当 $\theta=\frac{1}{\sqrt{2}}\theta_r$，即 $\left(\frac{\theta}{\theta_r}\right)^2=\frac{1}{2}$ 时，由上式可得：

$$\omega-\omega_0=\pm\beta \tag{3.7.13}$$

此 $\omega$ 对应于 $\left(\frac{\theta}{\theta_r}\right)^2=\frac{1}{2}$ 处两个值 $\omega_1$、$\omega_2$，由此得出：

$$\beta=\frac{\omega_2-\omega_1}{2}\text{（此内容一般不做）} \tag{3.7.14}$$

将此法与逐差法分别求得的 $\beta$ 值作比较并讨论，本实验重点应放在相频特性曲线测量上。

**【误差分析】**

因为本仪器中采用石英晶体作为计时部件，所以测量周期（圆频率）的误差可以忽略不计，误差主要来自阻尼系数 $\beta$ 的测定和无阻尼振动时系统的固有振动频率 $\omega_0$ 的确定，其中后者对实验结果影响较大。

在前面的原理部分中认为弹簧的弹性系数 $k$ 为常数，它与扭转的角度无关。实际上由于制造工艺及材料性能的影响，$k$ 值随着角度的改变而略有微小的变化（3%左右），因而造成在不同振幅时系统的固有频率 $\omega_0$ 有变化。如果取 $\omega_0$ 的平均值，则将在共振点附近使相位差的理论值与实验值相差很大。为此可测出振幅与固有频率 $\omega_0$ 的对应数值，在公式 $\varphi=\tan^{-1}\dfrac{-\beta T_0^2 T}{\pi(T^2-T_0^2)}$ 中，$T_0$ 采用对应于某个振幅的数值代入（可查看自由振荡实验中作出 $\theta$ 与 $T_0$ 的对应表，找出该振幅在自由振荡实验时对应的摆轮固有周期。若此 $\theta$ 值在表中查不到，则可根据对应表 3.7.1 中摆轮的运动趋势，用内插法估计一个 $T_0$ 值），这样可使系统误差明显减小。

## 思考题

1. 在研究受迫振动的实验中，用频闪法测相位差的原理是什么？
2. 为什么能用光电门同时测出摆轮转动的角振幅和周期？

## 附录 1：玻尔共振仪调整方法

玻尔共振仪各部分经校正后，请勿随意拆装改动，电器控制箱与主机有专门电缆相接，不会混淆，在使用前请务必清楚各开关与旋钮功能。

经过运输或实验后若发现仪器工作不正常，需进行调整，具体步骤如下：

(1) 将角度盘指针放在“0”处。

(2) 松连杆上锁紧螺母，然后转动连杆，使摇杆处于垂直位置，然后再将锁紧螺母固定。

(3) 此时摆轮上一条长形槽口(用白漆线标志)应基本上与指针对齐，若发现明显偏差，可将摆轮后面三只固定螺丝略松动，用手握住蜗卷弹簧的内端固定处，另一手即可将摆轮转动，使白漆线对准尖头，然后再将三只螺丝旋紧。一般情况下，只要不改变弹簧的长度，此项调整极少进行。

(4) 若弹簧与摇杆相连接处的外端夹紧螺钉放松，此时弹簧外圈即可任意移动(可缩短、放长)，缩短距离不宜少于 6 cm。在旋紧处拧螺钉时，务必保持弹簧处于垂直面内，否则将明显影响实验结果。

将光电门中心对准摆轮上白漆线(即长狭缝)，并保持摆轮在光电门中间狭缝中自由摆动，此时可打开主机进入受迫振动实验界面，使摆轮作受迫振动，待达到稳定状态时，打开闪光灯开关，此时将看到指针在相位差度盘中有一固定读数，两次读数值在调整良好时一般相差 1°以内(不大于 2°时实验即可进行)。若发现读数相差较大，则可调整光电门位置。当读数相差超过 5°以上时，必须重复上述步骤重新调整。

由于弹簧制作过程中问题，在相位差测量过程中可能会出现指针在相位差读数盘上两端重合较好、中间较差，或中间较好、两端较差现象。

## 附录 2：简单故障排除(表 3.7.4)

**表 3.7.4　故障现象及处理办法**

| 故障现象 | 原因及处理办法 |
| --- | --- |
| “强迫振动”实验无法进行，一直无测量值显示 | 检查刻度盘上的光电门指示灯是否闪烁：<br>(1) 若此指示灯亮，左右移动光电门，会看到指示灯熄灭，再将其调整到合适的不阻碍转盘运动的位置；<br>(2) 若指示灯一直不亮，说明光电门位置偏高，使有机玻璃转盘上的挡光点无法挡光，实验不能进行，调整光电门的高度，直到合适位置即可；<br>(3) 若以上情况都不是，则电缆有断点或有粘连，拆开接上断点或排除粘连即可 |
| “自由振动”或“阻尼振动”实验时无测量值显示 | 检查双光电门的长凹槽，观察光电门是否与摆轮长凹槽位置对齐 |

# 3.8 不良导体导热系数的测量

本实验属于热学实验，通过实验可测量得到待测样品的导热系数，也称为热导率。热量的传递方式主要有三种，分别是热传导、热对流和热辐射。其中，热传导是固体中主要的热传递方式，在工程热物理、材料科学等领域都有着非常重要的意义。

导热系数是衡量在热传导过程中物体传热快慢的物理量。导热系数大，说明该物质传热快，称为良导体；反之，导热系数小，传热就慢，称为不良导体。测量导热系数的方法较多，总的来讲可以分为两类，即稳态法和动态法。本实验采用稳态法来测量不良导体的导热系数，方法设计巧妙，引人深思。所谓稳态法，是指用热源对样品进行加热，待其内部形成稳定温度分布后再进行测量的一种方法。

**【实验目的】**

1. 掌握用稳态法来测量不良导体的导热系数。
2. 理解热传导过程中热量传递的基本定律。
3. 学习将散热速率替换传热速率进行测量的转化思想。

**【实验仪器】**

YBF-2 型导热系数测定仪(图 3.8.1)、待测样品盘、隔热手套。

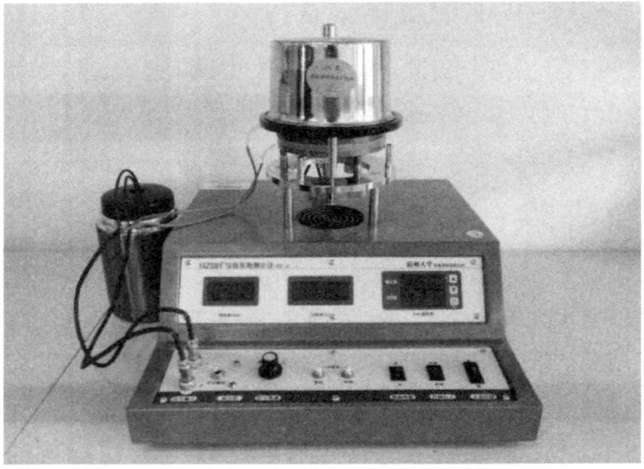

**图 3.8.1** YBF-2 **型导热系数测定仪**

**【实验原理】**

当多个物体相互接触且存在温差，或者单个物体其内部存在温差，那么热量就会由高温部分传递至低温部分，这种现象称为热传导。温度高的地方微观粒子热运动剧烈；反之，温度低的地方其热运动缓和。热传导的微观机制，是通过粒子之间相互碰撞将能量由近及远传递出去。通常金属由于含有自由电子要比非金属传热快，即金属的导热系数大一些。一般地，固体、液体、气体的导热系数呈现依次减小的规律。

实验原理概括来讲，分为两个部分的内容：

第一部分，利用傅里叶热传导定律方程，找到物体内部传热速率与哪些因素有关，这些因素包括材料的导热系数、物体内部的温度梯度以及截面面积。

第二部分，根据实验目标即测得导热系数，把方程中除了导热系数以外的其他数值，通过实验方法和装置的设计变为已知量，这个过程涉及传热速率的转化、样品盘形状的设计等。

下面来看什么是傅里叶热传导定律方程？傅里叶定律是传热学中的一个基本定律，由法国著名科学家傅里叶于 1822 年提出。傅里叶定律的文字表述是：在热传导现象中，单位时间内通过给定截面的热量即传热速率，正比于垂直于该截面方向上的温度梯度和截面面积，热量传递的方向与温度梯度的方向相反。写成数学表达式，即傅里叶热传导定律方程为：

$$\frac{\Delta Q}{\Delta t}=-\lambda\left(\frac{\mathrm{d}T}{\mathrm{d}x}\right)_{x_0}\Delta S \tag{3.8.1}$$

其中，$\frac{\Delta Q}{\Delta t}$为传热速率；$\left(\frac{\mathrm{d}T}{\mathrm{d}x}\right)_{x_0}$ 表示 $x_0$ 处的温度梯度；$\Delta S$ 是截面面积；负号表示热量传递的方向是从高温部分传向低温部分，即与温度梯度的方向相反；比例系数 $\lambda$ 称为导热系数，其值等于相距单位长度的两平面的温差为一个单位时，在单位时间内通过单位面积的热量。导热系数的单位是 $\mathrm{W\cdot m^{-1}\cdot K^{-1}}$，读作瓦每米每开。

如图 3.8.2 所示，发生热传导现象的区域其结构共有三层，由上至下分别为加热铜盘、待测样品盘和散热铜盘。三者贴合紧密，且均为厚度远小于直径的圆柱体。加热铜盘上有加热装置，该装置使加热铜盘源源不断地输出热量。热量向下传入样品盘，再传递到散热铜盘，最后主要由散热铜盘将热量散发出去。这是热量传递的整个过程。

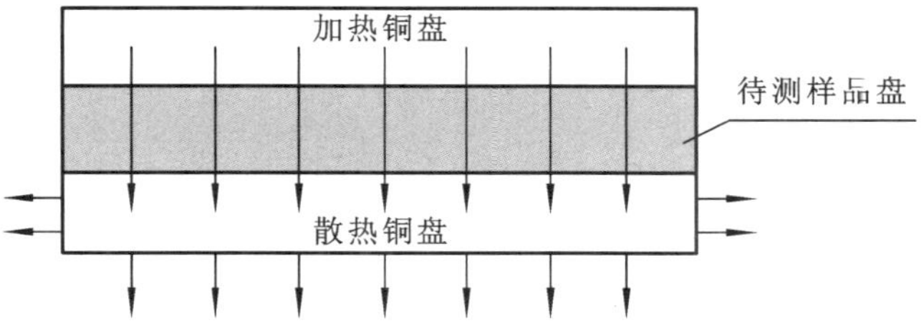


**图 3.8.2 热传导示意图**

令上面的加热铜盘温度为 $T_1$，下面的散热铜盘温度为 $T_2$，样品盘的半径为 $R_p$、厚度为 $h_p$。那么式(3.8.1)中的截面面积 $\Delta S$ 即为样品盘的底面圆面积：

$$\Delta S=\pi R_p{}^2 \tag{3.8.2}$$

将式(3.8.2)代入傅里叶热传导定律方程式(3.8.1)中，得：

$$\frac{\Delta Q}{\Delta t}=-\lambda\left(\frac{\mathrm{d}T}{\mathrm{d}x}\right)_{x_0}\cdot\pi R_p^2 \tag{3.8.3}$$

以样品盘为分析对象，由于它与上下两个铜盘直接接触，那么其上下表面的温度分别可以看作 $T_1$ 和 $T_2$。若样品盘上下表面的温度分布均匀，且由于其厚度 $h_p$ 较小，从侧面散发的热量可以忽略不计。这样式(3.8.3)就可以表示为：

$$\frac{\Delta Q}{\Delta t}=\lambda\cdot\frac{T_1-T_2}{h_p}\cdot\pi R_p^2 \tag{3.8.4}$$

通过分析式(3.8.4)发现，等号右侧的数值可以通过现有的度量工具测量得到，而等号左侧的数值表示的是样品盘内部的传热速率，不方便直接测量。于是，利用稳态法巧妙地将传热速率转化为方便可测的散热速率进行测量。所谓稳态，是指 $T_1$、$T_2$ 达到稳定时的状态，此时样品盘内部的传热速率等于散热铜盘向周围散发热量的速率，把 $T_1$ 记作 $T_{10}$，$T_2$ 记作 $T_{20}$，可得：

$$\frac{\Delta Q}{\Delta t}=\left.\frac{\Delta q}{\Delta t}\right|_{T_2=T_{20}} \tag{3.8.5}$$

式中 $\left.\frac{\Delta q}{\Delta t}\right|_{T_2=T_{20}}$——稳态时散热铜盘的散热速率。

在实验过程中，通过测量散热铜盘在稳态温度 $T_{20}$ 附近的冷却速率测得 $\left.\frac{\Delta q}{\Delta t}\right|_{T_2=T_{20}}$。当达到稳态时，取出样品盘，使加热铜盘直接接触散热铜盘给其加热，此时散热铜盘的温度 $T_2$ 会升高，即高于稳态时的温度 $T_{20}$。一段时间后停止加热，散热铜盘自然冷却温度降低，$T_2$ 呈现逐渐减小的变化趋势直至降低到 $T_{20}$ 以下。测量 $T_2$ 随时间的变化关系 $\frac{\Delta T_2}{\Delta t}$，那么其冷却速率即为 $cm\frac{\Delta T_2}{\Delta t}$。其中，$c$ 是黄铜的比热容，$m$ 是散热铜盘的质量。通过数据处理，就可以计算得到散热铜盘在稳态温度附近的冷却速率为 $\left.cm\frac{\Delta T_2}{\Delta t}\right|_{T_2=T_{20}}$。

因为散热铜盘在冷却过程中多了一个上表面进行散热，所以测得的冷却速率偏大，需要进行修正。修正系数为热传导过程中实际散热面积与冷却过程中散热面积之比，因此稳态时散热铜盘的散热速率 $\left.\frac{\Delta q}{\Delta t}\right|_{T_2=T_{20}}$ 与冷却速率 $\left.cm\frac{\Delta T_2}{\Delta t}\right|_{T_2=T_{20}}$ 的关系可表示为：

$$\left.\frac{\Delta q}{\Delta t}\right|_{T_2=T_{20}}=\left.cm\frac{\Delta T_2}{\Delta t}\right|_{T_2=T_{20}}\cdot\frac{\pi R_2^2+2\pi R_2h_2}{2\pi R_2^2+2\pi R_2h_2} \tag{3.8.6}$$

式中 $R_2$，$h_2$——散热铜盘的半径和厚度。

将式(3.8.6)代入式(3.8.5)，再代入式(3.8.4)中，整理得到待测样品盘的导热系数 $\lambda$ 为：

$$\lambda=\frac{h_p}{\pi R_p^2(T_{10}-T_{20})}\cdot\frac{cm(R_2+2h_2)}{2R_2+2h_2}\cdot\left.\frac{\Delta T_2}{\Delta t}\right|_{T_2=T_{20}} \tag{3.8.7}$$

注意，若实验过程中采用热电偶测温，那么其输出值为电压值，在后续的数据处理过程中可近似用电压值代替温度值进行计算。

**【实验步骤】**

1. 用游标卡尺测量待测样品盘的半径 $R_p$、厚度 $h_p$，以及散热铜盘的半径 $R_2$、厚度 $h_2$。用天平测量散热铜盘的质量 $m$。

2. 安装实验装置。首先确认仪器电源已关闭，然后将待测样品盘放置在加热铜盘和散热铜盘之间，保证三盘上下对齐且贴合紧密。同时，上、下两个铜盘的测温孔均朝向外侧，热电偶热端的插入深度应保持一致。在保温杯中缓慢注入冰水混合物，使热电偶的冷端完全浸入其中。

3. 加热并判定稳态。打开仪器电源，将加热铜盘的目标温度设定为 80 ℃，通常选择自动加热，保证实验室温度基本稳定且无空气流动。当加热铜盘、散热铜盘的热电偶输出值 $V_1$、$V_2$ 基本稳定时，即认为系统达到稳态，记录此时加热铜盘的热电偶输出值 $V_{10}$ 和散热铜盘的热电偶输出值 $V_{20}$。

4. 测量散热铜盘的冷却速率。戴好防护手套，将样品盘取出，使加热铜盘直接接触散热铜盘给其加热，散热铜盘的温度会高于其稳态时对应的温度。然后移走加热铜盘，使散热铜盘自然冷却，测量其冷却速率。

5. 实验完毕，关闭电源，倒出冰水混合物，整理实验仪器。

**【数据处理】**

1. 以 $V_{20}$ 为中心选取 10 组 $V_2$ 值，采用逐差法计算 $\left.\frac{\Delta V_2}{\Delta t}\right|_{V_2=V_{20}}$。

2. 计算待测样品盘的导热系数 $\lambda$。

3. 计算导热系数的不确定度 $\Delta\lambda$。

**【注意事项】**

1. 注意仪器上的防护罩不要打开，以防触电。

2. 热传导区域温度较高，为防止烫伤，操作前需要戴好防护手套。

3. 加热铜盘的目标温度不宜设置太高，以免发生危险。

4. 热电偶的冷热两端要插入铜盘内部，且深度保持一致，否则会影响测温精度。

5. 实验应在室内温度基本稳定且无风的条件下进行，否则将影响控温效果。

6. 安装实验装置前应关闭电源，以防触电。

## 思考题

1. 样品盘的形状为什么要设计成厚度远小于直径？

2. 本次实验是通过什么方式来测量样品盘内部的传热速率的？

3. 同一物体在不同温度下的导热系数一样吗？为什么？

# 3.9 混合法测量冰的熔解热

熔解是组成物质的粒子由规则排列向不规则排列转变的过程。破坏晶体的点阵结构需要能量，因此，晶体的熔解过程中虽然吸收能量，但其温度却保持不变。在一定的压强下，晶体物质的固态和液态平衡共存的温度，称为该晶体物质在此压强下的熔点。单位质量的某种晶体熔化成同温度的液体时所吸收的热量称为该晶体的熔解热。混合法是热学实验的一种常用方法，其基本依据是热平衡原理，即将高温物体与低温物体混合放进一个绝热容器中，组成一个孤立系统，当系统达到热平衡时，高温物体放出的热量等于低温物体吸收的热量。

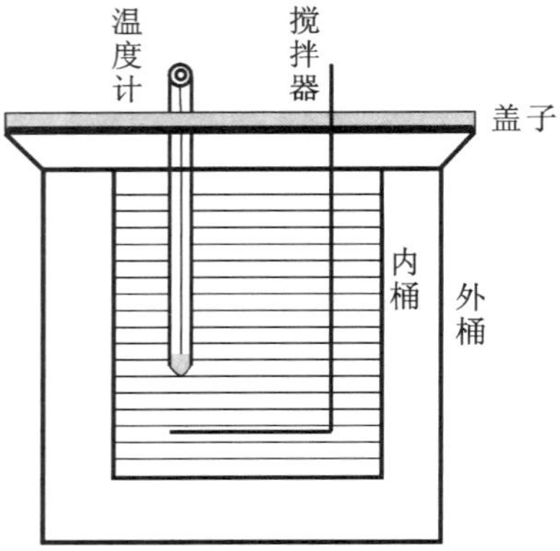

图 3.9.1　量热器

## 【实验目的】

1. 掌握用混合法测定冰的熔解热。
2. 掌握消除系统与外界热交换影响量热的方法。

## 【实验用具】

量热器(图 3.9.1)、物理天平、温度控制器、冰块、秒表、加热炉、量筒、温度计、纱布。

## 【实验原理】

本实验是根据热平衡原理，将一定量的冰放入一定量的水中进行混合，由水温的变化求得冰的熔解热。

量热器的内桶由良导体做成，内桶中放水、温度计、搅拌器及待测物体(冰)，以上物质构成了本次实验的实验系统。内桶放置于一绝热架上，外筒用绝热盖盖住，因此空气与外界的对流很小。同时，空气是不良导体，内外桶间由于热传导传递的热量便可以减至很小。同时由于内桶的外壁及外筒的内外壁都电镀得十分光亮，使得它们不易于发射或吸收辐射热量。这样的量热器可以使实验系统近似于一个孤立的系统。

设量热器中原有质量为 $M$、温度为 $T_1$ 的水，现将质量为 $m$、温度为 0 ℃的冰投入其中，冰全部熔解后，平衡时的温度为 $T_2$，那么冰由熔解至升温至 $T_2$ 时所吸收的总热量为 $mL+mcT_2$，其中，$L$ 为冰的熔解热，$c$ 为水的比热容，$c=4.18$ J/(g · ℃)。

设量热器与搅拌器由同一材料制成，总质量为 $M_1$，比热容为 $c_1$(这里忽略温度计的影响)，则量热器、搅拌器和水由温度 $T_1$ 降至温度 $T_2$ 过程中，总共放出的热量为：

$$(Mc+M_1c_1)\cdot(T_1-T_2) \tag{3.9.1}$$

如果不考虑量热器与外界的热交换，则根据热平衡原理有：

$$(Mc+M_1c_1)\cdot(T_1-T_2)=mL+mcT_2 \tag{3.9.2}$$

于是冰的熔解热为：

$$L=\frac{1}{m}(Mc+M_1c_1)\cdot(T_1-T_2)-cT_2 \tag{3.9.3}$$

由于量热器与周围环境总会有一些热交换发生，所以实验中有关温度的测量就需要考虑系统误差的影响，具体措施有两个：一是在实验过程中采用补偿法加以限制；二是在测量结果处理中利用作图法加以修正。

1. 补偿限制法

补偿限制法的依据是牛顿冷却定律。该定理指出，在温差不太大时，系统向周围散失热量的速率与温差成正比。设 $T$ 和 $\theta$ 分别是系统和环境的温度，于是，当 $T>\theta$ 时，系统向外散热；当 $T<\theta$ 时，系统从环境吸热。如果取系统的初温 $T_1>\theta$，系统的终温 $T_2<\theta$，并使环境温度 $\theta$ 位于 $T_1$、$T_2$ 的中值附近，那么系统对环境的吸热和放热几乎前后抵消，从而消除了系统与外界热交换所引起的系统误差。

2. 作图修正法

图 3.9.2 为实验系统的温度变化曲线，$AB$ 段为投入冰块之前水的温度变化(近似为直线)，$BC$ 段为冰块投入之后的熔化曲线，$CD$ 段则为冰块全部熔解之后水的温度变化(近似为直线)，$B$、$C$ 两点为温度计实际测得的投冰前后的系统初末温度。如果将 $AB$、$DC$ 分别延长，然后选取一条与时间轴垂直的垂线，分别与两延长线交于 $E$ 和 $F$，与曲线 $BC$ 交于 $G$，并使面积 $S_{BEG}$ 与 $S_{GFC}$ 近似相等(一般目测即可)。这样外推得到的 $E$ 点与 $F$ 点对应的温度就相当于热交换进行得无限快(系统与外界的热交换趋于无限小)时系统的初温 $T_1$ 和末温 $T_2$，从而使结果得到修正。

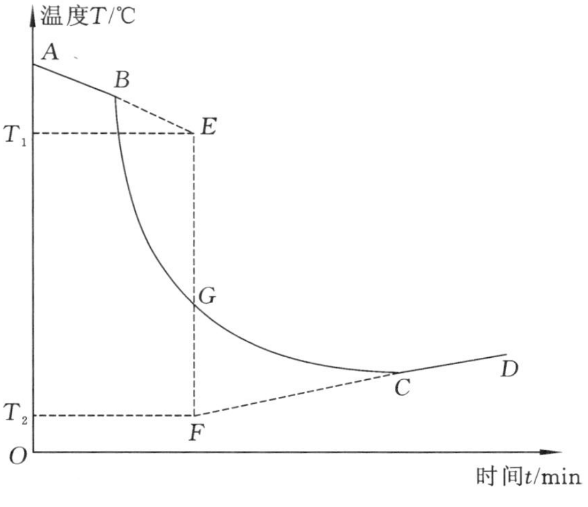


**图 3.9.2 实验系统的温度变化曲线**

**【实验内容】**

1. 用天平称出量热器内桶及搅拌器的质量 $M_1$。

2. 在内桶中注入高于室温 10 ℃左右的水，约为内桶容积的 1/2，称量其总质量 $M_1+M$，求出所取水的质量 $M$。

3. 安装好仪器装置，开始搅拌量热器内桶中的水，并观察水温随时间的变化，每隔 30 s 读一次温度，记录 5～6 个实验点。

4. 用干布或吸水纸吸干冰表面的水，用木夹迅速将冰投入内桶的水中(注意不要溅出水花)，同时记下混合系统水的初温 $T_1$ 及时间 $t$。继续进行搅拌，每隔 15 s 记录一次温度，直至系统温度降至末温 $T_2$。

5. 继续搅拌并观察水温随时间的 $t$ 的变化，每隔 30 s 记录一次，记录 5～6 个实验点。

6. 将内桶取出并称量其总质量 $M_1+M+m$，并求出冰的质量 $m$。

7. 将仪器擦干，整理复原。

**【数据处理】**

1. 作系统温度随时间变化的曲线图，并对初温和末温进行修正。

2. 根据公式计算冰的熔解热。

3. 根据不确定度传递公式计算 $L$ 的不确定度$u_L$，并将结果表示为 $L=L\pm u_L$ 的形式。

## 思 考 题

1. 冰块投入量热器内桶时，若冰块外面附有水，将会对实验结果有何影响？

2. 整个实验过程中为什么要不停地轻轻搅拌？试分别说明投入冰块前后搅拌的作用。

# 3.10 示波器的原理与使用

示波器是一种用途非常广泛的电子测量仪器，它是将电信号转变为图像的仪器，方便人们测量、分析电信号。得益于传感器的广泛应用，可以很方便地将非电学量（如温度、位移、速度、压力、光强等）转化为电学量，从而扩大了示波器的使用范围。

## 【实验目的】

1. 了解示波器的基本结构和工作原理。
2. 学习示波器的基本操作，通过示波器观察电信号的波形，测量电信号的参数。
3. 学习调节信号发生器，用李萨如图形测量未知信号的频率。

## 【实验器材】

数字示波器（图 3.10.1）、信号发生器（图 3.10.2）。

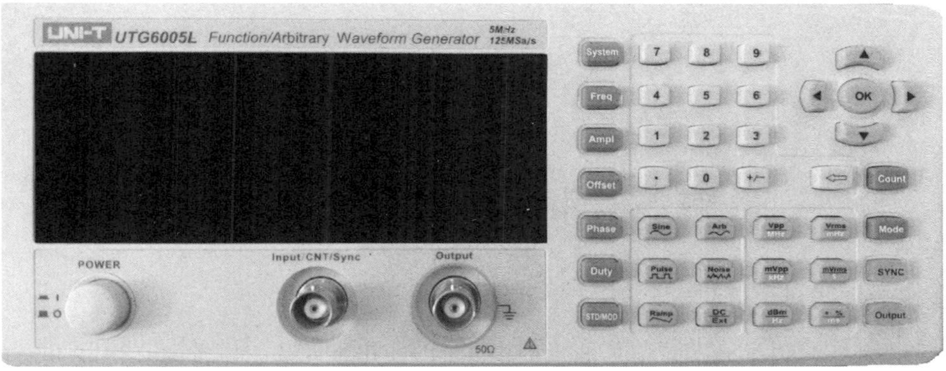


图 3.10.1 数字示波器

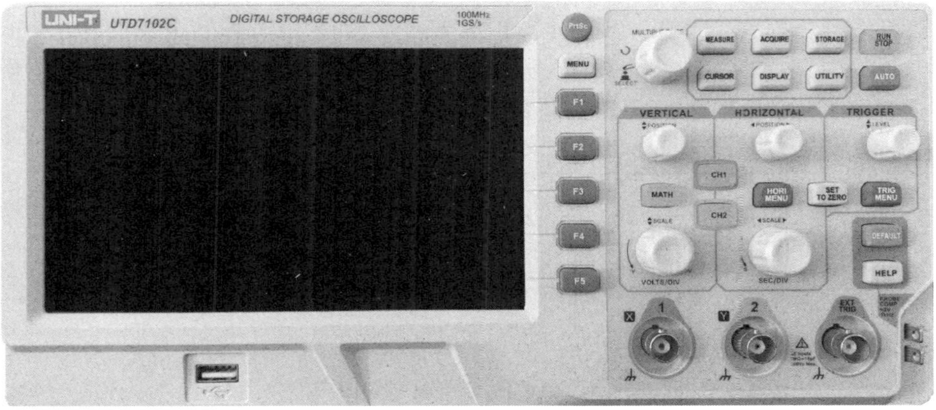


图 3.10.2 信号发生器

## 【实验原理】

### 一、示波器的结构及工作原理

按照示波器的基本结构分类，可将示波器分为模拟示波器和数字（存储）示波器，两者的结构虽然不同，但基本功能相同。

1. 模拟示波器

模拟示波器的全称叫作阴极射线示波器或电子射线示波器（图 3.10.3）。模拟示波器具有多种类型或型号，它们在结构上都包含几个基本的部分：示波管、水平放大器、竖直放大器、扫描发生器、触发同步和直流电源等。

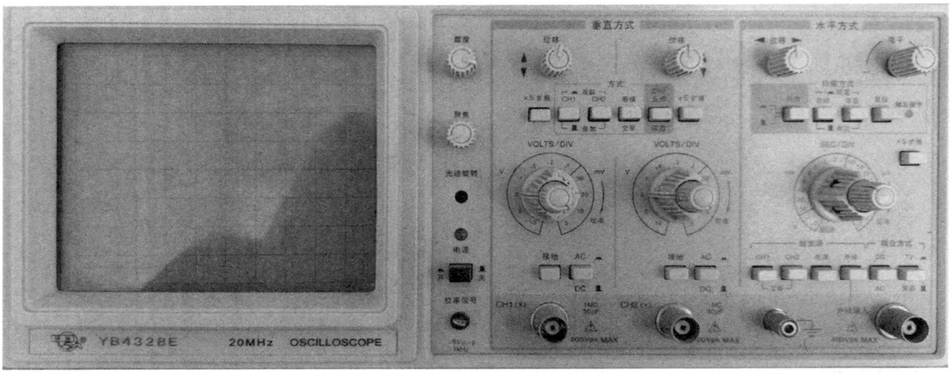


图 3.10.3　模拟示波器

(1) 示波管（图 3.10.4）

示波管是一种用于显示电信号波形的电子器件，其原理基于电子束在电场和磁场的作用下发生偏转和扫描，从而在荧光屏上形成波形。从灯丝到阳极半板的整体称为电子枪，用以发射电子。当电子枪被加热发出电子束后，经电场加速打在荧光屏上形成一个亮点，电子束在到达荧光屏之前要经过两对相互垂直的电偏转板，如果没有偏转电场的作用，电子束将打在荧光屏的中央；如果施加了偏转电场，电子束（亮点）的位置就会发生偏移。电子是由灯丝 F 和阴极 K 产生的，栅极 G 用以控制每秒钟到达荧光屏的电子个数，以调节光点的亮度，

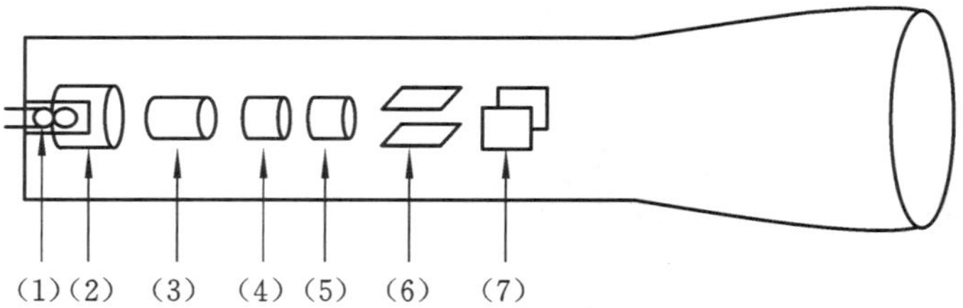


图 3.10.4　示波管示意图

(1)灯丝 F；(2)阴极 K；(3)栅极 G；

(4)(5)第一、第二阳极板 $A_1$、$A_2$；

(6)纵偏（$Y_1$ 轴、$Y_2$ 轴两块偏转板）；(7)横偏（$X$ 轴偏转板）

相当于辉度调节钮。第一、二阳极板 $A_1$、$A_2$ 的作用和光学中的透镜相似，使电子聚焦在荧光屏上，相当于聚焦调节钮和辅助聚焦钮，而第二阳极板还可以使电子加速。

（2）扫描、整步装置

示波器显示波形的基本原理对了解和使用示波器是非常重要的。由示波器偏转板的作用可知，只有在偏转板上加有电压时，电子束的方向才会在偏转板的作用下发生偏转，从而使荧光屏上的亮点位置跟着变化。在一定范围内，亮点的位移与偏转板上所加电压成正比。

① 示波器的扫描

如果在 $Y$ 轴偏转板上加一个随时间成周期变化的正弦波电压，而横偏（$X$ 轴偏转板）不加任何电压，则在荧光屏上的亮点在垂直方向上做正弦振动，我们看到的是一条垂直的亮线，要在荧光屏上展现出正弦波形就需要将光点沿 $X$ 轴展开，即需要在 $X$ 轴偏转板上加一随时间线性变化的电压 $V_X$，此电压称为扫描电压。

扫描电压的特点：从 $-V_X$ 开始（$t=t_0$）随时间成正比增加到 $V_X$（$t_0<t<t_1$），然后又突然地返回到 $-V_X$（$t=t_1$），再从头开始随时间成正比地增加到 $V_X$（$t_1<t<t_2$），以后重复前述过程。扫描电压随时间变化的关系如同锯齿一样，故称为锯齿波电压（图 3.10.5），如果单独把锯齿波电压加在 $X$ 轴偏转板上，而 $Y$ 轴偏转板上不加信号电压，那么只能看到一条水平的亮线，称为扫描线，又称时间基线。要想看见纵偏电压的波形，必须加上横偏电压。把纵偏电压的垂直亮线展开的过程称为扫描。扫描分为线性和非线性扫描。线性扫描能把纵偏电压如实地描绘出来，非线性扫描描绘出来的波形将不是原来的波形。

假设在纵偏加一正弦电压的同时在 $X$ 轴偏转板上加有扫描电压 $V_X$，则电子束将受到垂直和水平电场力的作用，在这两个场作用下，电子束既有 $Y$ 方向偏转又有 $X$ 方向偏转，即光点参与两种运动，$Y$ 轴方向做正弦振动，$X$ 轴方向做匀速运动。如果屏上的光点沿着 $X$ 轴匀速移动了 $V_Y$ 一个周期后，能立刻跳回起始位置，再重复 $X$ 轴的直线运动，即扫描电压和正弦电压的周期完全一致，则荧光屏显示的图形将是一个完整的正弦波，当 $V_X$ 的周期为 $V_Y$ 的 $n$ 倍，则荧光屏上显示 $n$ 个正弦波，如图 3.10.6 所示。

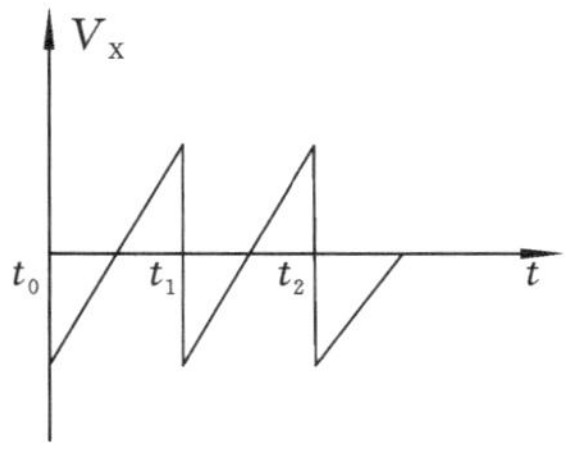

图 3.10.5 锯齿波

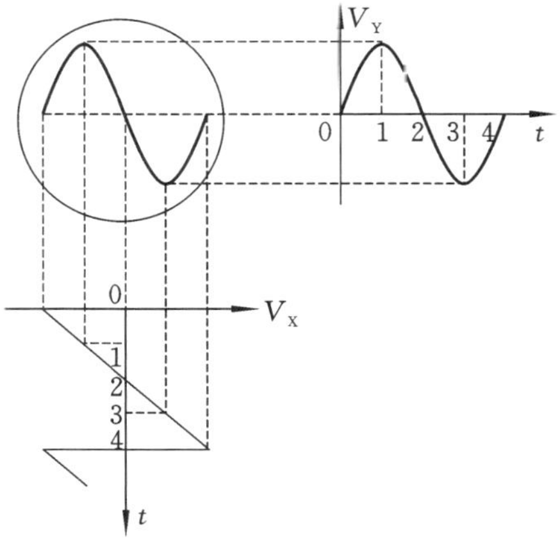

图 3.10.6 正弦波形

② 整步装置

由于产生纵偏电压和横偏电压的振荡器是相互独立的振荡器，它们之间的频率不会自然满足整数比，所以示波器的锯齿形扫描电压频率必须调节，使它的频率大体上满足 $F_Y/F_X=n$，但只靠人工调节是不够的，特别是待测电压的频率越高调节就越难。为了解决这一问题，示波器内部加装了自动频率跟踪装置，称为“整步”。在人工调节接近满足 $F_Y/F_X=n$ 的条件下，再加入整步的作用，扫描电压的周期就能够准确等于待测电压周期的整数倍，从而获得稳定的波形。

2. 数字(存储)示波器

数字示波器由输入信号放大器电路、触发电路、A/D 转换电路、中央处理器(CPU)、数据存储器(RAM)、液晶显示器(LCD)、I/O 接口电路等组成。

在结构上，数字示波器与模拟示波器差异较大，但是两者所能实现的基本功能相同。

## 二、用李萨如图形测频率

如果纵偏加正弦电压，横偏也加正弦电压，那么得出的图形就是李萨如图形，如表 3.10.1 所示。$F_Y$、$F_X$ 分别表示纵偏和横偏电压的频率，$N_X$ 代表 $X$ 方向的切线和图形相切的切点数，$N_Y$ 代表 $Y$ 方向的切线和图形相切的切点数，则有：

$$\frac{F_Y}{F_X}=\frac{N_X}{N_Y} \tag{3.10.1}$$

**表 3.10.1　李萨如图形**

| 李萨如图形 |  |  | 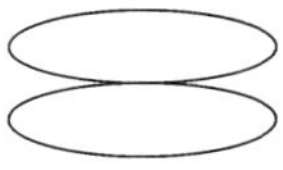 | 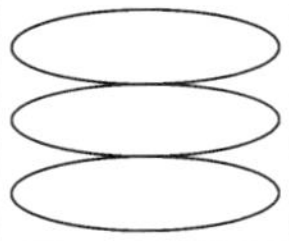 |  | 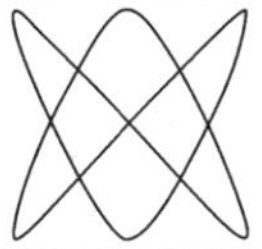 |
|---|---|---|---|---|---|---|
| $N_X$ | 1 | 1 | 1 | 1 | 2 | 3 |
| $N_Y$ | 1 | 1/2 | 2 | 3 | 3/2 | 2 |
| $N_X:N_Y$ | 1∶1 | 2∶1 | 1∶2 | 1∶3 | 4∶3 | 3∶2 |

从李萨如图形中可以总结出如下规律：如果作一个包围李萨如图形的方框，当李萨如图形与方框相切时，横边上的切点数 $N_X$ 与竖边上的切点数 $N_Y$ 之比等于 $Y$ 轴和 $X$ 轴输入信号的频率之比，即 $F_Y/F_X=N_X/N_Y$。若李萨如图形不闭合，图形的端点与边框相切时，应把一个端点计为 1/2 个切点。这样，利用李萨如图形就能方便地比较两信号的频率。在已知其中一个信号频率的情况下，通过李萨如图形就可以算出另一个待测信号的频率，这是一种测量振动频率的重要方法。

**【实验步骤】**

1. 在显示屏上调出“水平线”

将信号线插入 CH2(Y)接口，打开示波器的电源，按下 DEFAULT 键，并按下 SELECT

键，恢复为默认扫描模式。

2. 观察信号波形

指导教师输入信号后，按下 AUTO 按钮，自动识别信号。调节 POSITION 旋钮（VERTICAL、HORIZONAL）及 SCALE 旋钮（VERTICAL、HORIZONAL），调整图形在竖直方向、水平方向的位置及大小，方便观察信号波形。

3. 测量信号的相关参数

按照数字示波器的使用方法，测量观测信号的相关参数。

4. 观察李萨如图形

在上述步骤的基础上，将信号发生器的信号线连接到示波器的 CH1(X)接口。按下示波器上的 HORI MENU 键，按下功能键 F3，将显示模式调节为 $X$-$Y$ 模式。打开信号发生器，调节信号频率并输出信号。

5. 利用李萨如图形测未知信号的频率

实验时规定将实验者身边的信号发生器的输入信号频率设为 $F_X$，作为已知频率；待测量的电压接入示波器的"CH2"输入端，其频率 $F_Y$ 作为待测量频率。调节身边的信号发生器的信号输出频率，使示波器屏上出现需要的李萨如图形，记下水平方向和竖直方向的切点数 $N_X$、$N_Y$，然后根据公式计算待测信号频率 $F_Y$。

**【数据处理】**

1. 观察波形，记录信号相关参数（表 3.10.2）

表 3.10.2 信号相关参数

| | | | |
|---|---|---|---|
| 图形 | | | |
| 名称 | | | |
| 电压($Y$) | | | |
| 周期($X$) | | | |

2. 测量未知信号频率（表 3.10.3）

表 3.10.3 未知信号频率

| 项目＼次数 | 1 | 2 | 3 | 4 | 5 | 6 |
|---|---|---|---|---|---|---|
| 图形 | | | | | | |
| $F_X$/Hz | | | | | | |
| $\frac{N_X}{N_Y}$ | | | | | | |
| $F_Y$/Hz | | | | | | |

3. 数据处理

(1) 算出测量值 $F_{\mathrm{Y}}$ 的平均值 $\overline{F}_{\mathrm{Y}}$：

$$\overline{F}_{\mathrm{Y}}=\frac{1}{n}\sum_{i=1}^{n}F_{\mathrm{Y}_i} \tag{3.10.2}$$

(2) 计算误差 $\sigma(\overline{F}_{\mathrm{Y}})$ ：

$$\sigma(\overline{F}_{\mathrm{Y}})=\sqrt{\frac{\sum_{i=1}^{n}(F_{\mathrm{Y}_i}-\overline{F}_{\mathrm{Y}})^2}{n(n-1)}} \tag{3.10.3}$$

(3) 结果：

$$F_{\mathrm{Y}}=\overline{F}_{\mathrm{Y}}\pm\sigma \tag{3.10.4}$$

## 思考题

1. 试比较数字示波器与模拟示波器的区别与联系。
2. 如何调整李萨如图形的位置及大小?

# 3.11 模拟法测绘静电场

在工程技术中，经常会碰到一些不易被测试或测试条件不足的物理量，这时，往往采用模拟法来进行测量。如对飞行器的性能进行测试，利用运动的相对性原理，把飞行器固定在风洞内进行鼓风，根据模拟飞行器的飞行来测试其有关性能。又如水库大坝，设计其闸门后，在施工前需在实验室内按一定比例对模型有关参数进行模拟测试。

模拟法本质上是用一种易于实现、便于测量的物理状态或过程，模拟不易实现、不便测量的状态或过程，只要这两种状态或过程有一一对应的两组物理量，并且它们所满足的数学形式基本相同即可。例如在静电场传递中，一些带电体对另一些带电体的作用，它是物质存在的一种形式。一般说来，静电测量要比直流电测量复杂。尽管稳恒电流场与静电场是本质上不同的物理现象，但是在一定条件下导电介质中稳恒电流场与静电场的描述具有类似的数学方程，因而可以用稳恒电流场来模拟静电场。

在科学实验中常需要了解各种电极或带电体周围的静电场，但在多数情况下很难求出电场分布的解析解，大都采用实验的方法来确定静电场的分布。本实验仪就是采用模拟法来描绘静电场，即用稳恒电流场模拟描绘静电场。

仿制所要研究的电极，用模拟实验方法研究静电场分布，在电子管、示波管、显像管和电子显微镜等电子束器件的设计和研究中，具有实用意义。

**【实验目的】**

1. 了解模拟法描绘静电场的理论依据。
2. 学会用模拟法研究静电场、在导电纸上描绘静电场分布的方法。
3. 描绘几种静电场的等位线，并根据等位线画出电力线。
4. 加深对静电场、稳恒电流场的了解。

**【实验仪器】**

THME-3 型静电场描绘实验仪如图 3.11.1 所示。

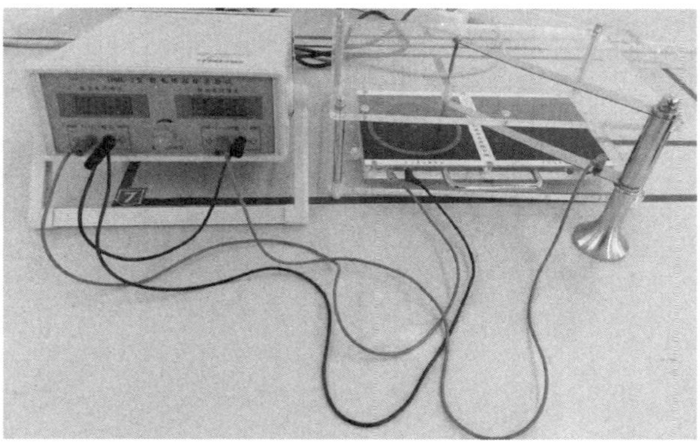

**图 3.11.1** THME-3 型静电场描绘实验仪

## 【实验原理】

### 1. 模拟法描绘静电场的理论依据

带电体在其周围空间所产生的电场，可用电场强度 $E$ 和电位 $U$ 的空间分布来描述。为了形象地表示电场的分布情况，常采用等位面和电力线来描述电场。电力线是按空间各点电场强度的方向顺次连成的曲线，等位面是电场中电位相等的各点所构成的曲面。电力线和等位面是相互正交的，有了等位面的图形就可以画出电力线，反之亦然。我们所说的测量静电场，指的是测绘出静电场中等位面和电力线的分布图形，它是了解电场中一些物理现象或控制带电粒子在电磁场中运动所必须解决的问题，对科研和生产都是十分有用的。

但是直接对静电场进行测量是相当困难的。首先静电场不会有电流存在，这样一来磁电式电表就失去了效用；其次是仪器和测量探针引入静电场时，必将在静电场的作用下出现感应电荷，而感应电荷产生的电场与原电场叠加，必使原电场发生畸变，得到的结果必然严重失真。所以，直接测量是不可行的，只有采取间接的方法仿造另一个场，使它与原静电场相似，当用探针对这种模拟场进行测量时，它不受干扰，就可间接测量被模拟的静电场。

用模拟法描绘静电场的方法之一是用电流场代替静电场，本实验即采用稳恒电流场模拟描绘静电场。由电磁学理论可知，电解质（或水液）中稳恒电流场与电介质（或真空）中静电场具有相似性。

当空间中不存在自由电荷时，各向同性介质中静电场满足下列微分方程及边界条件：

$$\left.\begin{array}{l}\nabla\times\boldsymbol{E}=0;D_{1t}=D_{2t}\\\nabla\cdot\boldsymbol{D}=0;D_{1n}=D_{2n}\end{array}\right\}\tag{3.11.1}$$

式中　$\boldsymbol{D}$——电位移矢量；

　　　$\boldsymbol{E}$——电场强度矢量。

下标中 $n$ 表示法向，$t$ 表示切向，1、2 代表边界两边的介质。$\boldsymbol{D}$ 和 $\boldsymbol{E}$ 的关系为：

$$\boldsymbol{D}=\varepsilon\boldsymbol{E}=\varepsilon_r\varepsilon_0\boldsymbol{E}\tag{3.11.2}$$

式中　$\varepsilon$——介质介电系数；

　　　$\varepsilon_0$——真空介电系数；

　　　$\varepsilon_r$——介质的相对介电系数。

在静电场的无源区域中，电场强度矢量 $\boldsymbol{E}$ 满足：

$$\oiint\boldsymbol{E}\cdot\mathrm{d}\boldsymbol{S}=0\qquad\oint\boldsymbol{E}\cdot\mathrm{d}\boldsymbol{l}=0\tag{3.11.3}$$

各向同性导电介质中稳恒电流场满足下列微分方程及边界条件：

$$\left\{\begin{array}{l}\nabla\cdot\boldsymbol{J}=0;J_{1n}=\boldsymbol{J}_{2n}\\\nabla\times\boldsymbol{E}=0\end{array}\right.$$
$$\boldsymbol{E}_{1t}=\boldsymbol{E}_{2t}\tag{3.11.4}$$

式中　$\boldsymbol{J}$——电流密度矢量。

$\boldsymbol{J}$ 和 $\boldsymbol{E}$ 的关系为：

$$\boldsymbol{J}=\sigma\boldsymbol{E} \tag{3.11.5}$$

式中 $\sigma$——各向同性导电介质的电导率。

在电流场的无源区域中，电流密度矢量 $\boldsymbol{J}$ 满足：

$$\oint\boldsymbol{J}\cdot\mathrm{d}\boldsymbol{l}=0 \tag{3.11.6}$$

由式(3.11.3)和式(3.11.6)可看出，静电场中电场强度矢量 $\boldsymbol{E}$ 和电流场中电流密度矢量 $\boldsymbol{J}$ 所遵循的物理规律具有相同的数学形式，所以这两种场具有相似性。在相似的场源分布和相似的边界条件下，它们的解的表达式具有相同的数学模型。

模拟法测定静电场的理论依据是因为静电场与稳恒电流场这两种场所遵循的物理规律具有完全相同的数学形式。表 3.11.1 所示为静电场和稳恒电流场所遵循的物理规律。比较两组方程可知，$\boldsymbol{D}$、$\boldsymbol{E}$、$\varepsilon$ 与 $\boldsymbol{J}$、$\boldsymbol{E}$、$\sigma$ 呈一一对应关系，因而我们就可用在导电介质中分布的电流场来模拟相应电解质中的静电场，当静电场中的导体与稳恒电流场中的电极形状相同，并且边界条件相同时，静电场在介质中的电位分布与稳恒电流场在介质中的电位分布完全相同，所以可以用稳恒电流场来模拟静电场，这是本实验的理论依据。

**表 3.11.1 静电场与稳恒电流场数学方程**

| 静电场 | 稳恒电流场 |
|---|---|
| $\boldsymbol{D}=\varepsilon\boldsymbol{E}$ | $\boldsymbol{J}=\sigma\boldsymbol{E}$ |
| $\oiint\boldsymbol{D}\cdot\mathrm{d}\boldsymbol{S}=0$ | $\oiint\boldsymbol{J}\cdot\mathrm{d}\boldsymbol{S}=0$ |
| $\oint\boldsymbol{E}\cdot\mathrm{d}\boldsymbol{l}=0$ | $\oint\boldsymbol{E}\cdot\mathrm{d}\boldsymbol{l}=0$ |
| $U_{ab}=\int_a^b\boldsymbol{E}\cdot\mathrm{d}\boldsymbol{l}$ | $U_{ab}=\int_a^b\boldsymbol{E}\cdot\mathrm{d}\boldsymbol{l}$ |

电流场中有许多电位彼此相等的点，测出这些电位相等的点，描绘成面就是等位面，这些面也是静电场中的等位面。当等位面变成等位线，根据电力线和等位线正交的关系，即可画出电力线，这些电力线上每一点的切线方向就是该点电力线的方向，这就可以用等位线和电力线形象地表示静电场的分布。

2. 同轴带电圆柱面电场的模拟

现在用同轴带电圆柱面具体说明稳恒电流场和静电场的相似性。

(1) 静电场

设同轴圆柱面是“无限长”的，内、外半径分别为 $R_1$ 和 $R_2$，电荷线密度为 $+\lambda$ 和 $-\lambda$，圆柱面间介质的介电系数为 $\varepsilon$，如图 3.11.2 所示。

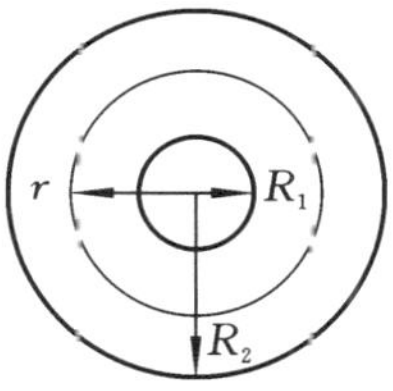

**图 3.11.2 模拟同轴带电圆柱体电极板**

根据高斯定理，同轴圆柱面间的电场强度 $E$ 为：

$$E=\frac{\lambda}{2\pi\varepsilon r} \tag{3.11.7}$$

式中 $r$——圆柱面间任一点距轴心的距离。

若取外圆柱面的电位为零,则内圆柱面的电位 $V_0$ 就是两圆柱面间的电位差:

$$V_0=\int_{R_1}^{R_2}E\,\mathrm{d}r=\int_{R_1}^{R_2}\frac{\lambda}{2\pi\varepsilon}\cdot\frac{\mathrm{d}r}{r}=\frac{\lambda}{2\pi\varepsilon}\ln\frac{R_2}{R_1}\tag{3.11.8}$$

在两圆柱面间任一点 $r(R_1\leqslant r\leqslant R_2)$ 的电位 $V(r)$ 是:

$$V(r)=\frac{\lambda}{2\pi\varepsilon}\ln\frac{R_2}{r}\tag{3.11.9}$$

比较上两式,可得:

$$V(r)=V_0\frac{\ln\left(\dfrac{R_2}{r}\right)}{\ln\left(\dfrac{R_2}{R_1}\right)}\tag{3.11.10}$$

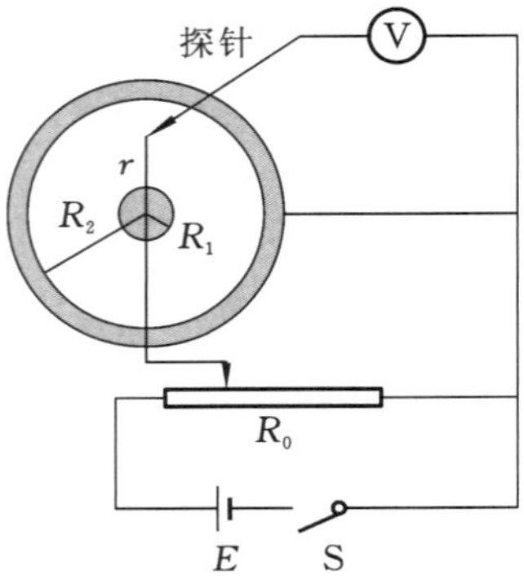


图 3.11.3　电流场电路图

(2) 电流场

为了计算电流场的电位差,先计算两圆柱面间的电阻,然后计算电流,最后计算两点间的电位差。如图 3.11.3 所示,设导电介质厚度为 $t$,电阻率为 $\rho$,则任意半径 $r$ 到 $r+\mathrm{d}r$ 圆柱面间电阻为:

$$\mathrm{d}R=\rho\frac{\mathrm{d}r}{S}=\frac{\rho}{2\pi t}\cdot\frac{\mathrm{d}r}{r}\tag{3.11.11}$$

将式(3.11.11)积分得到半径为 $r$ 到半径为 $R_2$ 圆柱面间电阻为:

$$R_{rR2}=\frac{\rho}{2\pi t}\int_{r}^{R2}\frac{\mathrm{d}r}{r}=\frac{\rho}{2\pi t}\ln\left(\frac{R_2}{r}\right)\tag{3.11.12}$$

同理,可得半径为 $R_1$ 到半径为 $R_2$ 圆柱面间电阻为:

$$R_{12}=\frac{\rho}{2\pi t}\int_{R1}^{R2}\frac{\mathrm{d}r}{r}=\frac{\rho}{2\pi t}\ln\left(\frac{R_2}{R_1}\right)\tag{3.11.13}$$

则从内圆柱面到外圆柱面间的电流为:

$$I_{12}=\frac{V_0}{R_{12}}=\frac{2\pi t}{\rho\ln\left(\dfrac{R_2}{R_1}\right)}\tag{3.11.14}$$

半径为 $r$ 圆柱面电位为:

$$V(r)=I_{12}R_{rR2}=\frac{R_{rR2}}{R_{12}}V_0\tag{3.11.15}$$

将式(3.11.12)、式(3.11.13)代入式(3.11.15),得:

$$V(r)=V_0\frac{\ln\left(\frac{R_2}{r}\right)}{\ln\left(\frac{R_2}{R_1}\right)} \tag{3.11.16}$$

比较式(3.11.10)和式(3.11.16),可知静电场与电流场的电位分布是相同的。

以上是外界条件相同的静电场与电流场的电位分布相同的一个实例。电极形状复杂的静电场用解析法计算是很困难的,甚至是不可能的,这时用电流场模拟静电场将体现出更大的优越性。

现在要设计一稳恒电流场来模拟同轴带电圆柱面电场,其要求为:(1)设计的电极与带电圆柱面电极相似,尺寸可以按比例并具有相同的边界条件;(2)导电介质的电阻率比电极要大得多,并且各向同性且均匀分布。当两个电极间施加电压时,其中间形成一稳恒电流场。设径向电流为 $I$,则电流密度为 $j=I/2\pi r\delta$,这里导电介质厚度取 $\delta$。根据欧姆定律的微分形式 $J=\sigma E$ 可得:

$$E=\frac{I}{2\pi\sigma r\delta} \tag{3.11.17}$$

显然电流场的形式与静电场相同,都是与 $r$ 成反比,因此两极间电位差与式(3.11.8)相同,电位分布与式(3.11.10)相同。在本实验中,$R_1=1$ cm,$R_2=10$ cm,$V_0=10$ V,由式(3.11.10)可得等位线分布公式为:

$$r=R_2\left(\frac{R_2}{R_1}\right)^{\frac{V(r)}{V_0}} \tag{3.11.18}$$

3. 模拟两根带电直导线的静电场(选做)

4. 电场描绘方法

在用模拟法描绘静电场的实际过程中,由于电场强度这个物理量较难测量,而测定电位(标量)比测定场强(矢量)容易实现,因此可先测定等电位线,然后根据等电位线与电力线的正交关系就可以描绘出电力线分布图。

**【实验装置】**

本实验用 THME-3 型静电场描绘实验仪来测量电流场中各点的电位。描绘仪由 0~12 V 可调电源、高阻抗输入数字电压表、电极板、探针等组成,如图 3.11.4 所示。下面对各部分分别进行介绍。

1. 电极板

电极板是将不同形状的金属电极固定在导电玻璃板上制成,导电玻璃是在普通玻璃上镀覆一层均匀厚度的导电薄膜制成。电极与导电玻璃之间采用低电阻导电橡胶以保证电极与导电玻璃之间良好的电接触。电极板的一侧装有两个电压输入插座,可分别与电源的两极相连。导电玻璃的反面有方格坐标,可用于正确记录等位线的坐标点。

2. 探针

探针由一表针组成,为保证探针与导电玻璃之间良好的电接触,在表针测试端头部套有

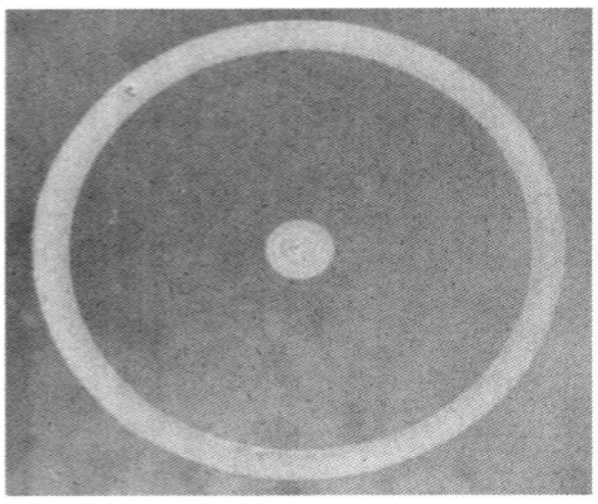

(a)

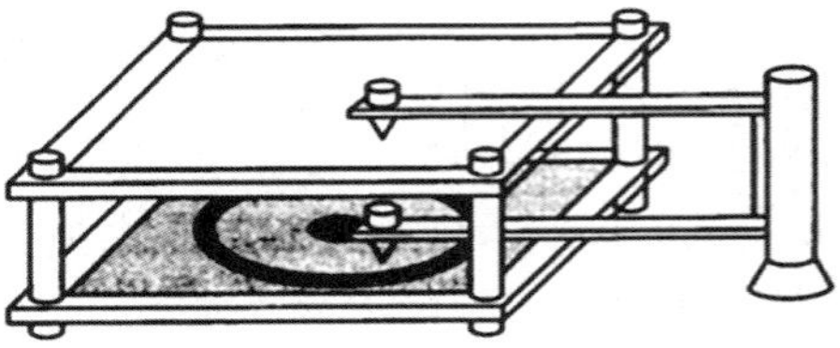

(b)

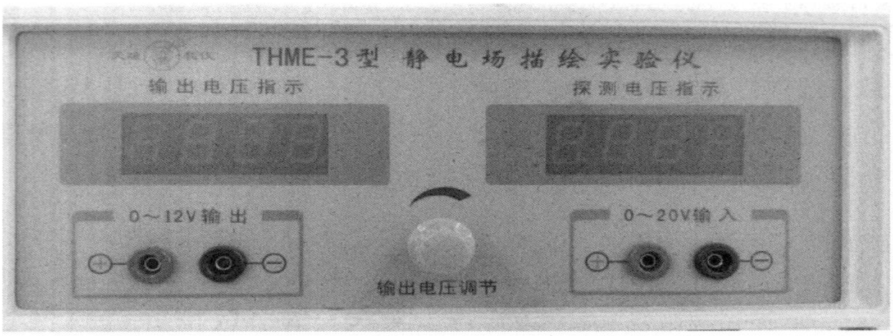


(c)

**图 3.11.4　静电场描绘实验装置**

(a)柱形电极板;(b)探针;(c)静电场描绘实验仪

一导电橡胶探头,实验时应保证探针与玻璃有良好软接触,同时应避免重压,否则容易造成导电橡胶探头破裂。

3. 描绘仪电源

描绘仪电源可提供 0～12 V 连续可调的稳定电压并由数字表头显示其电压值。实验时将电源电压输出连接到电极板的电压输入端,探针连接到测试表头输入端,电极加电压后,将探针在导电玻璃表面移动,测试电压表就会显示对应坐标点的电位值。测等电位线时,先设定一个电位值(如 1 V、2 V、…),然后右手握住探针在导电玻璃表面平稳移动,在方格纸上记录相同电位的坐标点,连接相应的等电位点就形成等位线。取不同的电位设定值,重复以上操作步骤,则可得到不同电位值的等位线。根据等位线与电力线正交的原理,即可由等位线得到相应电力线的分布图。

**【实验内容与步骤】**

1. 描绘两个同轴带电圆柱面电场的等位线和电力线

(1) 取两个同轴带电圆柱面电极板,接入电源。

(2) 取两极间的电位差为 10 V,分别记录 1 V、3 V、5 V、7 V 等位线各点的坐标。每条等位线至少取 4 个等电位点,测量并填入表 3.11.2 中。

(3) 将电位相等的点连成光滑的曲线即成为一条等位线,共描绘 4 条等位线。

(4) 根据电力线与等位线正交的关系画出相应的电力线分布图。

(5) 用式(3.11.17)计算各条等势面的半径 $r$,然后与记录的坐标相比较,并求相对误差。

**表 3.11.2 测量等势面的半径 $r$**

| | $r$ | | | | $\overline{r_i}$ |
|---|---|---|---|---|---|
| $r_{7V}$ | | | | | |
| $r_{5V}$ | | | | | |
| $r_{3V}$ | | | | | |
| $r_{1V}$ | | | | | |

2. 描绘两根带电直导线的电极间的等位线和电力线(选做)

(1) 取两根带电直导线的电极板,接入电源。

(2) 取电位差 $V_0=10\ \text{V}$,记录 $V=2\ \text{V}$、$4\ \text{V}$、$6\ \text{V}$、$8\ \text{V}$ 等电位线各点的坐标。每条等电位线至少取 10 个等电位点。

(3) 分别描绘各等电位线和电力线。

**【数据处理及误差】**

利用公式 $U=U_r=\dfrac{U_a}{\ln\dfrac{R_2}{R_1}}\ln\dfrac{R_2}{r}$ 分别计算 $U_{7V}$、$U_{5V}$、$U_{3V}$、$U_{1V}$;

利用公式 $E_r=\dfrac{U_a}{\ln\dfrac{R_2}{R_1}}\cdot\dfrac{1}{r}$ 分别计算 $E_{7V}$、$E_{5V}$、$E_{3V}$、$E_{1V}$;

计算误差:$\Delta=|U_{i理}-U_{i测}|$,$\delta=\dfrac{\Delta}{U_{i理}}$。

**【注意事项】**

1. 实验桌桌面要光滑水平,保证实验过程中上下针同轴移动座能自由移动,否则会影响实验结果。

2. 实验时在自由移动上下针同轴移动座的过程中,要保证铜针上的导电橡胶头和电极板接触良好。若导电橡胶头因长期使用而磨损或变形,须及时更换,并根据需要适当调节导电橡胶头的高度。

3. 描绘用 A4 纸应放置 3~5 张,防止长期使用过程中不锈钢针损坏有机玻璃上层板。

4. 电极板上涂有特殊导电材料,导电均匀,切勿直接用金属针或其他硬质物体在其上滑动或触碰,否则会损坏导电材料,改变电极板的电阻率和导电均匀性,影响实验结果。

## 思考题

1. 用稳恒电流场模拟静电场的理论依据是什么？

2. 电力线与等位线有何关系？电力线起于何处？止于何处？

3. 等位线的疏密说明了什么？

4. 实验时电源电压取不同值，等位线的形状是否发生变化？电场强度和电位是否发生变化？

# 3.12 电学元件伏安特性的研究

本实验属于电学实验。电阻和二极管是电子电路里面基本的电学元件，本实验通过测量二者的伏安特性，对线性和非线性电学元件的伏安特性产生直观的认识。测量过程中，需根据实际情况选择相应的实验方法，即电流表内接法或外接法。实验方法作为产生系统误差的原因之一，具有可预测性、单向性和重复性等。本实验里的滑动变阻器主要用作分压，注意其连线方式及滑动端的安全位置。

**【实验目的】**

1. 掌握电阻及二极管的伏安特性。
2. 掌握用伏安法测量时的接线方法。
3. 学习万用表等仪器的使用。
4. 了解滑动变阻器作为分压器使用时的工作原理。

**【实验仪器】**

直流稳压电源、滑动变阻器、毫安表、电压表、万用表、换向开关、待测电阻、二极管、导线，如图 3.12.1 所示。

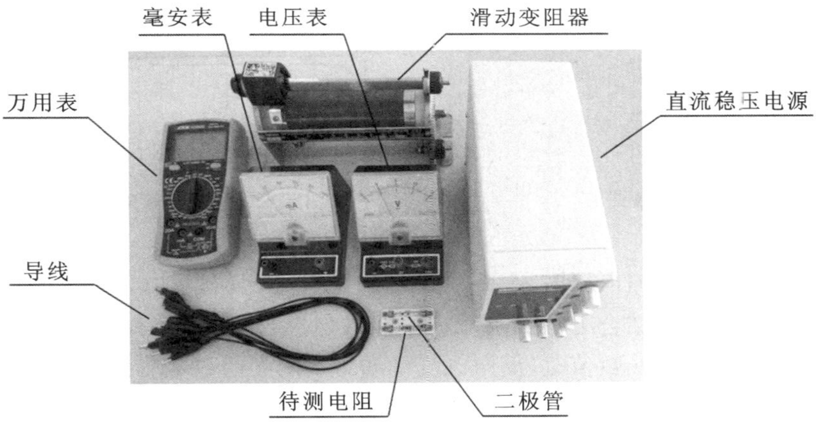


**图 3.12.1 实验仪器示意图**

**【实验原理】**

1. 电学元件伏安特性的简介

在某一电学元件两端施加直流电压，其内部就会有电流通过，通过元件的电流与端电压之间的关系称为该元件的伏安特性。一般以电压为横坐标、电流为纵坐标作出曲线，这条曲线就称为该元件的伏安特性曲线。

（1）电阻

电阻通常分为固定电阻、可调电阻、敏感电阻三大类。其中，固定电阻是最常用的，可分为碳膜电阻、金属膜电阻、线绕电阻等。通常情况下，通过电阻的电流与加在其两端的电压呈线性变化关系，即伏安特性为一条直线，这类元件称为线性元件，如图 3.12.2 所示。

（2）二极管

二极管是由 P 型和 N 型半导体构成的，二者交界处称为 PN 结。半导体材料主要有硅、锗、硒等。

如图 3.12.3 所示，当二极管两端加正向电压时，若电压值小于死区电压（通常硅管为 0.5～0.8 V，锗管为 0.1～0.3 V），那么外电场不能克服 PN 结内电场对多数载流子的扩散运动的阻力，二极管呈现大阻值状态。此时，正向电流非常小，几乎为零。若电压值超过死区电压，二极管呈现小阻值状态，电流会随着电压的增加而急剧增加，此时二极管导通。二极管长时间工作所允许的最大正向电流，称为最大整流电流。超过该值，二极管会因发热而损坏。

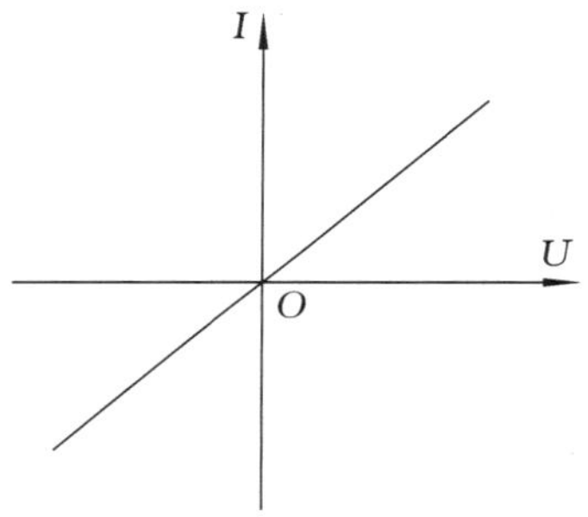


**图 3.12.2　电阻的伏安特性曲线**

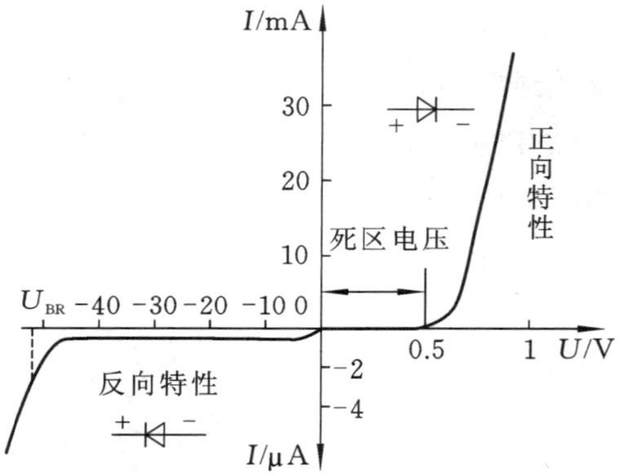


**图 3.12.3　二极管的伏安特性曲线**

当二极管两端施加反向电压时，在一定区域内随着电压的增加，反向电流一直很小，此时二极管处于截止状态。结合上述施加正向电压的情况，二极管具有单向导电性。当反向电压继续增加直至超过某一数值时，反向电流呈现突然增大的趋势。此时，二极管通常会被击穿而损坏，该点对应的电压值称为反向击穿电压。

通过二极管的电流与加在其两端的电压不呈线性关系变化，即伏安特性为一曲线，这类元件称为非线性元件。

2. 滑动变阻器的分压式接法

滑动变阻器是常用的电学元器件，它可以通过改变“接入电路部分电阻丝长度”来改变电阻值，从而起到控制电路的作用，较常见的接法有限流式、分压式、自身并联式等。限流式接法中，滑动变阻器只需接一上一下两个接线柱，也就是只有部分电阻接入电路。通过改变滑动端位置，即可改变接入电路的阻值，对电路中的电流进行限制，这是我们之前经常用到的接法。

本实验中，滑动变阻器采用的是分压式接法，如图 3.12.4 所示。在分压电路中，滑动变阻器 $R$ 的两个固定端 $A$、$B$ 分别接入直流电源 $E$ 的正负极，滑动端 $C$ 和任一固定端作为分压的两个输出端接至负载电阻 $R_L$。$CB$ 间的分电压 $U$ 可以看成是一个新的直流电源输出，且大小会随着滑动端 $C$ 的位置的改变而改变。例如，滑动端 $C$ 由 $B$ 端向 $A$ 端滑动，分压 $U$ 会由 0 增加到 $E$。在这种接法中，滑动变阻器也被称为分压器。当分压输出 $U$ 最小（在这里为 0 时），滑动端 $C$ 对应的位置称为分压器的安全位置，即为图 3.12.4 中 $B$ 端的位置。

令滑动变阻器 $BC$ 间的阻值为 $R_{BC}$，根据欧姆定律可得分压 $U$ 为：

$$U=\frac{R_{BC}R_L}{RR_L+(R-R_{BC})R_{BC}}E \tag{3.12.1}$$

由式(3.12.1)可知，当负载电阻阻值 $R_L \gg R$ 时，$U=\frac{R_{BC}}{R}E$，即分压 $U$ 与阻值 $R_{BC}$ 成正比。在调节电路时，随着滑动端由 $B$ 至 $A$ 移动距离的增加，分压 $U$ 近似线性增加。如图 3.12.5 所示，随着 $R_L/R$ 值的减小，曲线变得越来越弯曲，这会导致当滑动端由 $B$ 至 $A$ 滑动时，分压 $U$ 刚开始增加缓慢而又在接近 $A$ 端时急剧增加，不利于电路的调节。因此，在分压式接法中，滑动变阻器的规格通常依据外接负载阻值大小以及电压表内阻等因素进行选用。

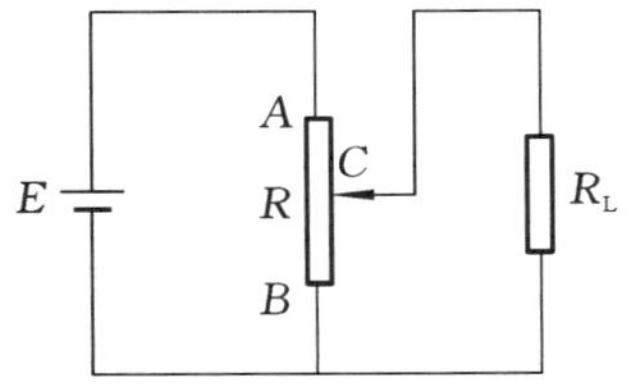


**图 3.12.4　分压电路示意图**

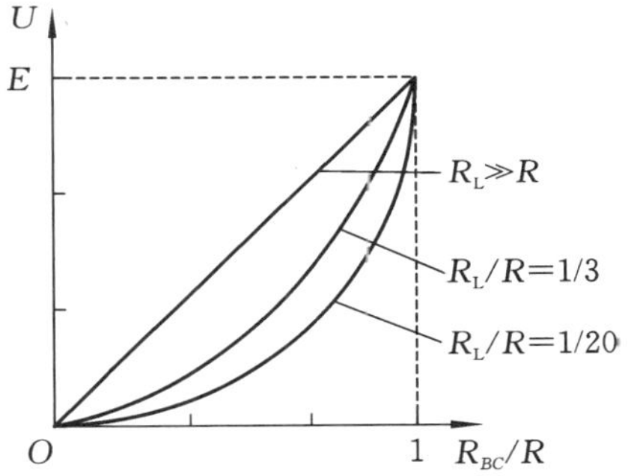


**图 3.12.5　分压特性示意图**

3. 电流表内外接法的比较与选择

(1) 电流表内接法

电流表内接时，如图 3.12.6(a)所示，电流表测量的是实际通过待测电阻 $R_L$ 的电流 $I$，而电压表测量值可以近似看作待测电阻两端电压 $U_L$ 与电流表两端电压 $U_G$ 之和，即：

$$U=U_L+U_G \tag{3.12.2}$$

这样，电流表测量值准确，而电压表测量值偏大。根据欧姆定律可得，待测电阻测量值 $R_{测}$ 为：

$$R_{测}=\frac{U}{I}=R_L+R_G \tag{3.12.3}$$

式中　$R_L$——待测电阻阻值；

$R_G$——电流表内阻阻值。

可见，$R_{测} > R_L$，测量结果偏大。为了减小系统误差，通常 $R_L \gg R_G$ 时，选用电流表内接法。有时为了更准确地判断，也可当 $R_L > \sqrt{R_G R_V}$ 时选用内接法，其中 $R_V$ 是电压表内阻阻值。

(2) 电流表外接法

电流表外接时，如图 3.12.6(b)所示，电压表测量的是待测电阻两端实际的电压值，而电流表测量值可近似看作通过待测电阻与电压表的电流之和。此时，电压表测量值准确，而电流表测量值偏大。根据欧姆定律 $R_L = \frac{U}{I}$ 可知，用该方法测量得到的电阻值会偏小。为了减小系统误差，当 $R_L \ll R_V$ 或 $R_L < \sqrt{R_G R_V}$ 时，选择电流表外接法。

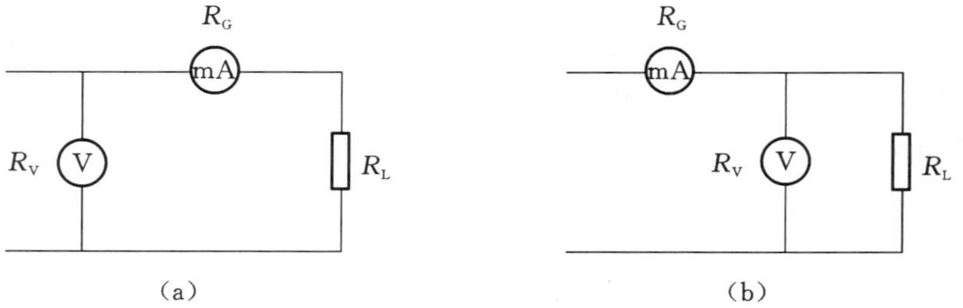


**图 3.12.6 实验方法的比较**

(a)电流表内接法；(b)电流表外接法

## 【实验步骤】

1. 用伏安法测电阻的伏安特性

(1) 用万用表判断待测电阻的大概值，根据所提供的元件确定测量电路，并画出测量电路图。

(2) 调节直流稳压电源 $E = 10$ V。

(3) 根据测量电路图，将直流稳压电源、滑动变阻器、毫安表、电压表、待测电阻用导线进行连接。注意辨别滑动变阻器滑动端的安全位置，以及选择电压表上合适的量程。

(4) 调节滑动变阻器，使电流表读数依次显示为表 3.12.1 中的电流值，记录对应的电压表数值，完成该表。

2. 用伏安法测二极管的伏安特性

(1) 用万用表判断二极管的正负极性，确定测量电路，并画出测量电路图。

(2) 调节直流稳压电源 $E = 3$ V。

(3) 根据测量电路图，将直流稳压电源、滑动变阻器、毫安表、电压表、二极管用导线进行连接。注意辨别滑动变阻器滑动端的安全位置，以及选择电压表上合适的量程。

(4) 调节滑动变阻器，使电流表读数依次显示为表 3.12.2 中的电流值，记录对应的电压表数值，完成该表。

## 【数据处理】

表 3.12.1 电阻的伏安特性

| 电流/mA | 0 | 10 | 20 | 30 | 40 | 50 | 60 | 70 |
|---|---|---|---|---|---|---|---|---|
| 电压/V | | | | | | | | |

表 3.12.2 二极管的伏安特性

| 电流/mA | 0 | 1 | 2.5 | 5 | 10 | 15 | 20 | 30 | 50 |
|---|---|---|---|---|---|---|---|---|---|
| 电压/V | | | | | | | | | |

### 1. 用伏安法测电阻伏安特性的数据处理要求

（1）画出测量电路图。

（2）在坐标纸上绘出电阻的伏安特性曲线。

（3）用最小二乘法计算电阻阻值。

### 2. 用伏安法测二极管伏安特性的数据处理要求

（1）画出测量电路图。

（2）在坐标纸上绘出二极管的伏安特性曲线。

## 【注意事项】

1. 了解待测元件的规格，确保施加在它上面的电压和通过它的电流均不超过额定值。

2. 了解测量时所需其他仪器的规格，不得超过其量程或使用范围。

3. 在调节直流稳压电源输出时要缓慢旋转，注意输出不宜过大。

4. 理解滑动变阻器作为分压器使用时的安全位置，注意电路通电前要保证滑动端处于安全位置。

## 思考题

1. 在用导线连接线路时，按照什么顺序连接更快更准确？

2. 伏安特性曲线的斜率代表什么？

3. 如何用伏安法测量电流表或电压表的内阻？

# 3.13　自组单臂电桥测量电阻

电桥是一种应用十分广泛的测量工具，可以用来测量电阻、电容、阻抗等，其主要用途是较为精确地测量电阻。按照桥路分类，可以分为直流和交流两类。交流电桥可以用来测量电容、自感、互感等；直流电桥主要分为单电桥（惠斯登电桥）和双电桥（开尔文电桥），主要用来测量电阻。两种电桥的测量范围不同，单电桥可测量 10～108 Ω 范围内的电阻，双电桥可测量 10 Ω 以下的低电阻。惠斯登电桥是电桥中最简单的一种，是掌握其他电桥的基础。

**【实验目的】**

1. 掌握惠斯登电桥测电阻的原理和方法。
2. 学会用自装敞开式电桥测电阻，掌握携带式直流单电桥的使用方法。
3. 了解电桥灵敏度概念，学习对测量电路系统误差的简单校正。

**【实验仪器】**

电阻箱、滑线式变阻器、指针式检流计、自制直流单电桥、直流稳压电源。

**【实验原理】**

惠斯登电桥是最常用的直流电桥。所谓电桥，就是由四个电阻组成一个四边形，每一个电阻充当一个边，四边形的对角线称为桥路。在其中一个桥上连接电源，另一个桥上连接一个检流计，其基本电路如图 3.13.1 所示。

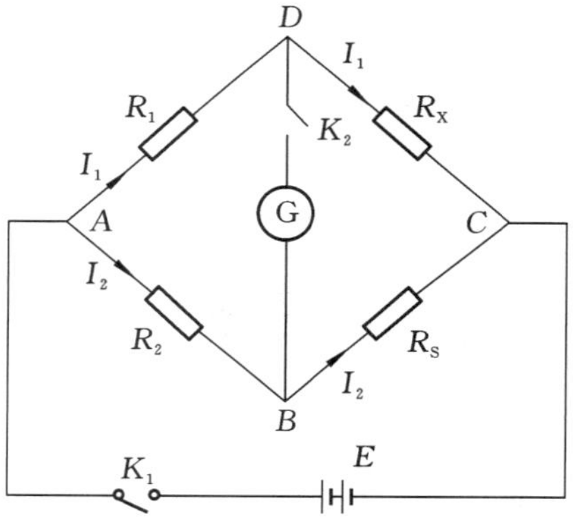


**图 3.13.1　惠斯登电桥基本电路**

其中 $R_1$、$R_2$ 称为比率臂，$R_S$ 为比较臂，$R_X$ 为待测电阻。E 为电源，G 为检流计，$K_1$ 为电路电源开关，$K_2$ 为检流计保护开关。当合上开关 $K_1$ 时，各臂及桥上都可能有电流流过，但如果通过调整各个桥臂上电阻的阻值（一般是通过调整 $R_S$ 的阻值），使得桥路 $BD$ 中没有电流流过（检流计指零），即电桥达到平衡状态，此时，$B$、$D$ 两点的电位相等，则根据欧姆定律有：

$$U_{AD}=U_{AB} \tag{3.13.1}$$

$$U_{DC}=U_{BC} \tag{3.13.2}$$

即

$$I_1 \cdot R_1=I_2 \cdot R_2 \tag{3.13.3}$$

$$I_1 \cdot R_X=I_2 \cdot R_S \tag{3.13.4}$$

所以

$$\frac{R_1}{R_X}=\frac{R_2}{R_S} \tag{3.13.5}$$

即

$$R_X=\frac{R_1}{R_2} \cdot R_S=K \cdot R_S \tag{3.13.6}$$

其中 $K$ 称为比率臂比值或倍率，而式(3.11.5)为电桥平衡的充分必要条件。由此可知，如果已知 $R_1$、$R_2$ 和 $R_S$，则可由上式求出未知电阻 $R_X$，这就是可以用直流电桥测电阻的依据。同时，也说明了使用电桥测电阻的条件——必须使电桥达到平衡状态。另外，如果将 $R_1$、$R_2$ 和 $R_S$ 制造成阻值很精确的标准电阻，则由上式求出的结果也将非常准确，这就是用电桥测电阻准确度高的原因。因此可以说，用惠斯登电桥测电阻的基本思想是：将未知电阻直接同标准电阻相比较，来得到测量结果。

调整电桥达到平衡状态的方法有两种：保持比较臂 $R_S$ 不变而调整比率臂比值 $K$；取比率臂比值 $K$ 为某一定值而调整比较臂 $R_S$。一般多采用后一种方法。

由于 $R_1$、$R_2$ 的阻值可能存在制造上的误差，使所选的 $K$ 值与实际不符合而产生的系统误差，可以用互换法来消除：当取倍率 $K_1$ 时，电桥达到平衡后，有：

$$R_{X_1}=K_1 \cdot R_{S_1} \tag{3.13.7}$$

如将 $R_X$ 与 $R_S$ 互换位置或将 $R_1$、$R_2$ 的位置互换，则有：

$$K=\frac{1}{K_1} \tag{3.13.8}$$

再次调整电桥达到平衡，则：

$$R_{X_2}=\frac{1}{K_1} \cdot R_{S_2} \tag{3.13.9}$$

由于

$$R_X=R_{X_1}=R_{X_2} \tag{3.13.10}$$

所以

$$R_X=\sqrt{R_{S_1} \cdot R_{S_2}} \tag{3.13.11}$$

一般规定，与未知电阻 $R_X$ 串联的电阻除以与比较臂 $R_S$ 串联的电阻为倍率 $K$，在应用互换法时，应保持 $R_1$、$R_2$ 的阻值不变。

在实验中电桥是否平衡是依据检流计有无偏转来判定的，但检流计的灵敏度总是有限的。当我们选取电桥的 $R_1=R_2$，并且在检流计的指针指零时，可得 $R_X=R_0$。如果此时将 $R_0$ 作微小改变 $\Delta R_0$（改变 $R_X$ 效果相同，但实际上 $R_X$ 是不能改变的），电桥就会失去平衡，从而应有一个微小的电流 $I_g$ 流过检流计，如果它小到不能使检流计发生可以觉察的偏转，我们会认为电桥仍然是平衡的，因而得出 $R_X=R_0+\Delta R_0$，$\Delta R_0$ 就是检流计灵敏度不够而引起的 $R_X$ 的测量误差 $\Delta R_X$。对此，引入电桥的灵敏度 $S$ 予以说明，其定义为：

$$S=\frac{\Delta n}{\dfrac{\Delta R_0}{R_0}} \tag{3.13.12}$$

$\Delta R_0$ 是电桥平衡后对 $R_0$ 的微小改变量，而 $\Delta n$ 则是电桥偏离平衡所引起的检流计指针偏转的格数，分母 $\Delta R_0/R_0$ 表示 $R_0$ 的相对改变。$S$ 的单位是格，它表示 $R_0$ 改变 1% 可使检流计指针偏转的格数。$S$ 值愈大，检流计的灵敏度愈高。$S$ 的大小与检流计的结构性质、测量的阻值的大小和外加电动势都有关。

**【实验步骤】**

1. 将稳压电源调节到 5 V 后关闭。

2. 按实际连线图接好线路，取 $R$ 为最大，$R_0=9000\ \Omega$。

3. 先合开关 $K_1$，再点接开关 $K_2$，调整 $R_S$ 值，使检流计指针不偏转。记下 $R_S$ 值，并填入表 3.13.1 中。

4. 将 $R_1$ 和 $R_2$ 位置对调，重复上述步骤，直至将表格填满。

**表 3.13.1　$R_S$ 值**

| 测量次数 | 1 | 2 | 3 | 4 | 5 | 6 | 平均值 |
|---|---|---|---|---|---|---|---|
| $R_{S_1}/\Omega$ | | | | | | | |
| $R_{S_2}/\Omega$ | | | | | | | |

**【数据处理】**

$R_X$ 的数学模型：

$$R_X=\sqrt{R_{S_1}\cdot R_{S_2}}$$

$R_X$ 的最佳估值：

$$R_{\overline{X}}=\sqrt{\overline{R}_{S_1}\cdot\overline{R}_{S_2}}=\_\_\_\_\_\_$$

$R_{S_1}$ 的 A 类标准不确定度：

$$S_{\bar{S}_1}=\frac{S_{S_1}}{\sqrt{n}}=\_\_\_\_\_\_\left[\text{其中 } S_{S_1}=\sqrt{\frac{\sum(R_{S_{1i}}-\overline{R_{S_1}})^2}{n-1}}\right]$$

B 类标准不确定度：

$$u_a=\frac{U}{2}=0.5\quad(\text{仪器的 } U=1.0\ \Omega)$$

合成标准不确定度：

$$u_c(R_{S_1})=\sqrt{S^2_{\overline{R_{S_1}}}+u_a}=\_\_\_\_\_\_$$

传递系数：

$$\frac{\partial f}{\partial R_{S_1}}=\frac{1}{2}\sqrt{\frac{R_{S_2}}{R_{S_1}}}=\_\_\_\_\_\_$$

$R_{S_2}$ 的 A 类标准不确定度：

$$S_{\bar{S}_2}=\frac{S_{S_2}}{\sqrt{n}}=\_\_\_\_\_\_\left(\text{其中 } S_{S_2}=\sqrt{\frac{\sum(R_{S_{2i}}-\overline{R_{S_2}})^2}{n-1}}\right)$$

B 类标准不确定度：

$$u_a=\frac{U}{2}=0.5\quad(\text{仪器的 } U=1.0\ \Omega)$$

合成标准不确定度：

$$u_c(R_{S_2})=\sqrt{S^2_{\overline{R_{S_2}}}+u_a}=\_\_\_\_\_\_$$

传递系数：

$$\frac{\partial f}{\partial R_{S_2}}=\frac{1}{2}\sqrt{\frac{R_{S_1}}{R_{S_2}}}=\_\_\_\_\_\_$$

$R_X$ 的合成标准不确定度：

$$u_c(R_X)=\sqrt{\left[\frac{\partial f}{\partial R_{S_1}}u(R_{S_1})\right]^2+\left[\frac{\partial f}{\partial R_{S_2}}u(R_{S_2})\right]^2}=\_\_\_\_\_\_$$

$R_X$ 的展伸不确定度：

$$U=Ku_c(R_X)=\_\_\_\_\_\_$$

测量结果表达式：

$$R_X=\overline{R}\pm U=\_\_\_\_\_\_\ \Omega(K=2、P=95\%)$$

## 思考题

1. 电桥法测量电阻的原理是什么？如何判断电桥平衡？
2. 如何理解电桥的灵敏度？如何能够提高电桥的灵敏度？
3. 用惠斯登电桥测电阻，比率臂应怎样选取才能保证测量有较高的准确度？
4. 试分析滑线变阻器 $R_n$ 在测量中所起的作用。
5. 若将惠斯登电桥中的电池和检流计互换位置，电桥的平衡条件是否改变？为什么？

# 3.14 电位差计的使用

补偿法是电磁测量的一种基本方法。电位差计就是利用补偿原理来精确测量电动势或电位差的一种精密仪器,其突出优点是在测量电学量时,它不从被测量电路中吸取任何能量,也不影响被测电路的状态和参数,所以在计量工作和高精度测量中被广泛利用。

电位差计又叫电位计,有多种类型,其中十一线电位差计是一种教学仪器,其结构简单、直观性强,便于学习和掌握;而箱式电位差计是测量电位差的专用仪器,其使用方便、测量准确、稳定性好,在科学实验和工业生产中经常用到。

电位差计用途很广,不但可以用来精确测量电动势、电压,与标准电阻配合可以精确测量电流、电阻和功率等,还可以用来校准精密电表和直流电桥等直读式仪表,有些电器仪表厂用它来确定产品的准确度和定标,而且在非电参量(如温度、压力、位移和速度等)的电测法中也占有极其重要的地位。电位差计不仅能用于直流电路,也可用于交流电路,因此在工业测量自动控制系统的电路中得到普遍应用。

**【实验目的】**

1. 学习和掌握电位差计的补偿工作原理、结构和特点。

2. 学习用十一线式电位差计来测量未知电动势或电位差的方法和技巧。

3. 培养学生正确连接电学实验线路、分析线路和实验过程中排除故障的能力。

**【实验仪器】**

1. 直流电位差计实验仪,实验仪集成了 4.5 V 直流稳压电源,1.0186 V 标准电动势,$E_{x1}$、$E_{x2}$ 两个待测电动势,数字检流计 G,0~999 Ω 可调变阻器(电阻箱),保护电阻 $R_p$ 等。

2. 滑线式十一线电位差计。

**【实验原理】**

1. 补偿原理

在直流电路中,电源电动势在数值上等于电源开路时两电极的端电压。因此,在测量时要求没有电流通过电源,测得电源的端电压即为电源的电动势。如果直接用伏特表去测量电源的端电压,由于伏特表总要有电流通过,而电源具有内阻,因而不能得到准确的电动势数值,所测得的电位差值总是小于电位差真值。为了准确地测量电位差,必须使分流到测量支路上的电流等于零,直流电位差计就是为了满足这个要求而设计的。

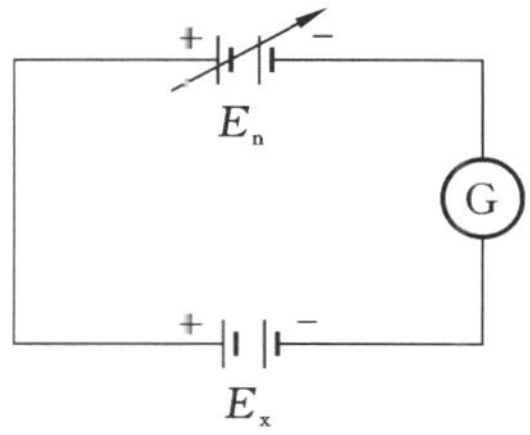

图 3.14.1 补偿原理

补偿原理就是利用一个电压或电动势去抵消另一个电压或电动势,其原理可用图 3.14.1 来说明。两个电源 $E_n$ 和 $E_x$ 正极对正极、负极对负极,其中 $E_n$ 为可调标准电源电动势,$E_x$ 为待测电源电动势,中间串联一个检流计 G 构成闭合回路。如果要测电源

$E_x$ 的电动势，可通过调节电源 $E_n$，使检流计读数为 0，电路中没有电流，此时表明电动势值 $E_x=E_n$，$E_x$ 两端的电位差和 $E_n$ 两端的电位差相互补偿，这时电路处于补偿状态。若已知补偿状态下电动势值 $E_n$ 的大小，就可确定 $E_x$，这种利用补偿原理测电位差的方法称为补偿法，该电路称为补偿电路。由上可知，测量 $E_x$，关键在于如何获得可调节的标准电源，并要求这个电源：(1)便于调节；(2)稳定性好，能够迅速读出其准确的数值。

2. 电位差计原理

根据补偿法测量电位差的实验装置称为电位差计，其测量原理可分别用图 3.14.2 和图 3.14.3 来说明。图 3.14.2 为电位差计定标原理图，其中 $ABCD$ 为辅助工作回路，由电源 $E$、限流电阻 $R$、11 m 长粗细均匀电阻丝 $R_{AB}$ 串联成一闭合回路；$MN$ 为补偿电路，由待测电源 $E_n$ 和检流计 G 组成。电阻箱 $R$ 用来调节回路工作电流 $I$ 的大小，通过调节电流 $I$ 可以调整每单位长度电阻丝上电位差 $V_0$ 的大小，$M$、$N$ 为电阻丝 $R_{AB}$ 上的两个活动触点，可以在电阻丝上移动，以便从 $R_{AB}$ 上取适当的电位差来与测量支路上的电位差补偿，它相当于补偿电路图 3.14.1 中的 $E_n$，即提供了一个可变电源。当回路接通时，根据欧姆定律可知，电阻丝 $R_{AB}$ 上任意两点间的电压与两点间的距离成正比，因此可以改变 $MN$ 的间距，使检流计 G 读数为 0，此时 $MN$ 两点间的电压就等于待测电动势 $E_x$。

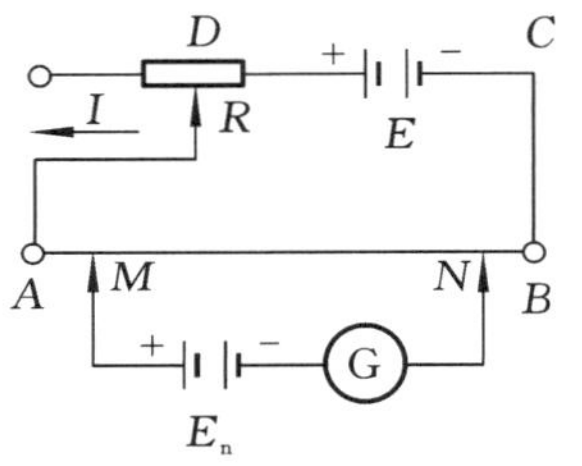


**图 3.14.2　电位差计定标原理图**

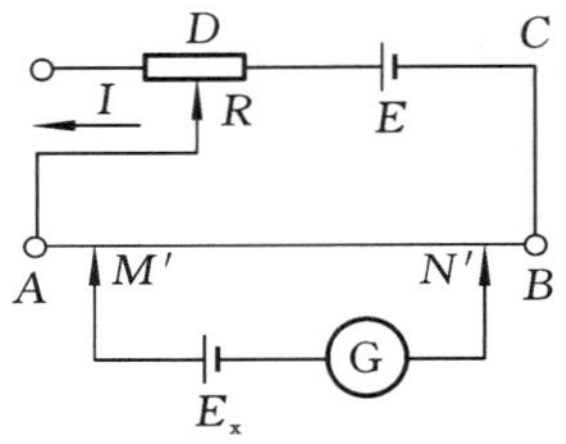


**图 3.14.3　电位差计测量线路图**

要测量电动势(电位差)$E_x$，必须分两步进行：

(1) 定标

利用标准电源 $E_n$ 高精确度的特点，使得工作回路中的电流 $I$ 能准确地达到某一标定值 $I_0$，这一调整过程叫电位差计的定标。

本实验采用滑线式十一线电位差计，电阻 $R_{AB}$ 是 11 m 长粗细均匀电阻丝。根据定标原则，按图 3.14.2 连线，移动滑动触头 $M$、$N$，将 $M$、$N$ 之间的长度固定在 $L_{mn}$ 上，调节工作电路中的电阻 $R$，使补偿回路中的定标回路达到平衡，即流过检流计 G 的电流为零，此时：

在工作过程中，$ABCD$ 中工作电流保持不变，因电阻 $R_{AB}$ 是均匀电阻丝，令

$$E_n=V_{mn}=I_0R_{mn}=I_0\frac{\rho}{S}L_{mn} \tag{3.14.1}$$

则有：

$$E_x=V_0L_{mn},V_0=\frac{\rho}{S}I_0 \tag{3.14.2}$$

很明显 $V_0$ 是电阻丝 $R_{AB}$上单位长度的电压降，称为工作电流标准化系数，单位是V/m。在实际操作中，只要确定了 $V_0$，也就完成了定标过程。

由式(3.14.2)可知，当 $V_0$ 保持不变时(即 $ABCD$ 中工作电流保持不变)，可以用电阻丝 $MN$ 两点间的长度 $L_{mn}$(力学量)来反映待测电动势 $E_x$(电学量)的大小。为此，必须确定 $V_0$ 的数值。为使读数方便起见，取 $V_0$ 为 0.1 或 0.2、…、1.0(单位为 V/m)等数值。由于 $V_0=\frac{\rho}{S}I_0$，而且电阻丝阻值稳定，所以只有调节 $ABCD$ 中工作电流 $I_0$ 的大小，才能得到所需的 $V_0$ 值，这一过程通常称作"工作电流标准化"。

(2) 测量 $E_x$

测量待测电动势 $E_x$ 的过程与工作电流标准化的过程正好相反。

当上面定标结束后，按图 3.14.3 所示连线，调节 $M'$、$N'$之间长度 $L_{m'n'}$，使 $M'$、$N'$两点间电位差 $V_{m'n'}$等于待测电动势 $E_x$，达到补偿，此时流过检流计 G 的电流为零，即：

$$E_x=V_{m'n'}=I_0\frac{\rho}{S}L_{m'n'}$$

结合式(3.14.2)得：

$$E_x=V_0L_{m'n'} \tag{3.14.3}$$

下面用例子说明定标和测量过程，标准电源 $E_n=1.0186$ V，取 $V_0=0.10000$ V/m。

定标：为了保证 $R_{AB}$单位长度上的电压降 $V_0=0.10000$ V/m，则要使电位差计平衡的电阻丝长度 $L_{mn}=\frac{E_n}{V_0}=10.1860$ m，调节限流电阻 $R$ 使 $V_{mn}=E_n$，即检流计 G 的电流为 0，此时 $R_{AB}$上的单位长度电压降就是 0.10000 V/m 了。

测量：经过定标的电位差计就可用来测量待测电位差，调节 $L_{m'n'}$，使 $V_{m'n'}$ 和 $E_x$ 达到补偿，即 $E_x=V_{m'n'}=V_0L_{m'n'}$，若 $L_{m'n'}=14.864$ m，则 $E_x=0.10000\times14.864=1.4864$(V)

3. 电位差计的优缺点

十一线电位差计测量的准确度主要取决于下列因素：

(1) 11 m 电阻丝每段长度的准确性和粗细的均匀性；

(2) 标准电源的准确度；

(3) 检流计的灵敏度；

(4) 工作电流的稳定性。

用电位差计测量电位差具有下述优点：

(1) 准确度高，仅依赖于标准电阻、检流计、标准电源。因为本实验仪精密电阻丝 $R_{AB}$很均匀准确，标准电源的电动势准确稳定，检流计很灵敏，而且是数字式，读数方便，故可作为标准仪器来校验电表。

(2) 测量范围宽广，灵敏度高，可测量小电压或电压的微小变化。

(3) "内阻"高，不影响待测电路，避免了伏特计测量电位差时总要从被测电路上分流的缺点。由于采用电位补偿原理，测量时不影响待测电路原来的状态，而用伏特表测量电压时总要从被测电路上分出一部分电流，从而改变了待测电路原来的状态，伏特表内阻越低，这种影响就越大。当采用电位差计测量时，补偿回路中电流为零（当然不是绝对的，检流计灵敏度越高，越接近于零），因此对待测电路的影响可以忽略不计。

缺点：电位差计在测量过程中，其工作条件易发生变化（如辅助回路电源 $E$ 不稳定、可变电阻 $R$ 变化等），所以在测量时为保证工作电流标准化，每次测量都必须经过定标和测量两个基本步骤，且每次达到补偿都要进行细致的调节，所以操作相对烦琐、费时。

**【仪器介绍】**

本实验利用的是十一线电位差计，如图 3.14.4 所示，它具有结构简单、直观、便于分析讨论等优点，适宜学生用来做实验。其中电阻丝 $R_{AB}$ 长 11 m，往复绕在木板的十一个接线插孔 1、2、…、11 上，每两个插孔间电阻丝长为 1 m，插头 M 可选插入孔 1、2、…、11 中任一孔，电阻丝 $R_{BO}$ 附在带有毫米刻度的米尺上，触头 N 可在它上面滑动。

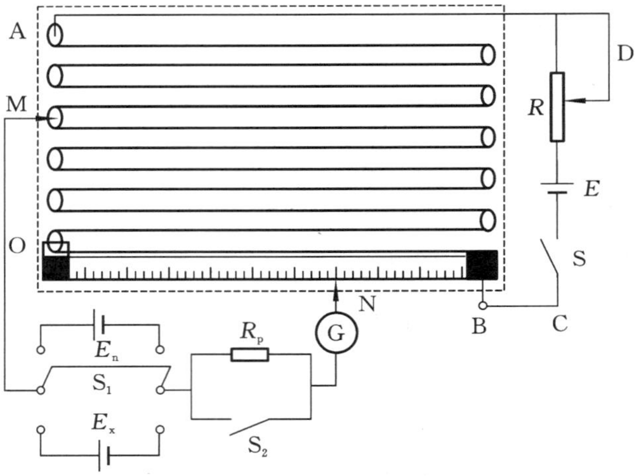


**图 3.14.4　十一线电位差计线路图**

电路中标准电源 $E_n$ 和检流计 G 都不能通过较大电流，但在测量时，可能因接头 MN 之间的电位差 $V_{mn}$ 和 $E_n$（或 $E_x$）相差较大而使标准电源和检流计中通过较大电流，因此在回路中串接一只大电阻 $R_p$，但这样就降低了电位差计的灵敏度，即可能接头 MN 之间电位差 $V_{mn}$ 和 $E_n$（或 $E_x$）还没有完全平衡，由于大电阻 $R_p$ 的存在而使检流计无明显偏转。因此，在电位差计平衡后，还应合上 $S_2$ 以提高电位差计的灵敏度，由于电阻 $R_p$ 起保护标准电源和检流计的作用，故称为保护电阻。

**【实验内容】**

1. 按图 3.14.4 所示连接线路，$R$ 为电阻箱，注意电源正负极的连接。

2. 定标。取 $V_0=0.1000$ V/m。将 MN 间长度 $L_{mn}$ 固定在 10.186 m 处，断开 $S_2$，将 $S_1$ 倒向 $E_n$，合上 S。调整 $R$ 使检流计大致指零，合上 $S_2$ 并反复调整 $R$，直到检流计再次指零。此时，$V_0=0.1000$ V/m。

3. 测量未知电动势值 $E_x$。断开 $S_2$，将 $S_1$ 倒向 $E_x$，合上 S。调整 MN 间长度 $L_{mn}$，使检流计大致指零，合上 $S_2$ 并反复调 MN 之间距离，直到检流计再次指零，记下此时 $L_{mn}$，则待测电池电动势 $E_x = V_0 L_{mn}$。

4. 取 $V_0 = 0.2000\ \text{V/m}$，则取 $L_{mn} = 5.093\ \text{m}$；重复实验步骤 2、3。

**【电位差计的应用】**

电位差计所具有的优点，使得它在测量高精度电压方面得到广泛应用。

1. 测量各种电动势，特别是微小电动势。例如温差电偶的温差电动势、各种电解液、电极组成的化学电池电动势，霍尔元件的霍尔电动势等。

2. 校准伏特计。另配一个大小合适、输出可调的待测电动势，将伏特计并联在待测电动势两端，调节待测电动势输出电压，同时记录直流电位差计和伏特计的读数 $E_x$ 和 $V$，则 $\Delta V = E_x - V$，$\Delta V\text{-}V$ 曲线即为伏特计的校正曲线。

**【注意事项】**

1. 十一线电位差计实验板上的电阻丝不要任意去拨动，以免影响电阻丝的长度和粗细均匀。

2. 本实验仪中的标准电源不允许通过大电流，否则将使电动势下降，与标准值不符。

3. 不允许用一般电压表或多用表去测量它的电动势，更不允许把它作为电源使用，否则会损坏该标准电源。

## 思考题

1. 叙述电位补偿的原理及其特点。画出十一线电位差计的实验线路图，并简述其测量步骤。

2. 为什么要进行电位差计工作电流标准化的调节？$V_0$ 值的物理意义是什么？$V_0$ 值选取的根据是什么？当工作电流标准化后，在测量 $E_x$ 时，电阻箱为什么不能再调节？

3. 使电位差计能达到电位补偿的必要条件是什么？为什么？若工作电源电动势小于待测电源电动势，将产生什么结果？为什么？

4. 检流计的灵敏度对电位差计测量的准确度有什么影响？

5. 电位差计实验中如果电流计总是偏向一边而不能补偿，请分析一下故障有几种可能？如何检查和排除故障？

6. 当用定标好的电位差计来测量时，如发现其量程不够大，应如何处理？

# 3.15　密立根油滴实验

密立根油滴实验是物理学发展史上一个非常著名的经典物理实验。美国著名物理学家密立根(Robert A. Millikan)经历多年设计并完成了这个实验，证明了任何带电物体所带的电量都是最小电荷“基本电荷”的整数倍，用实验的方法证明了电荷的不连续性，并精确地测出了基本电荷值 $e$ 的数值。

**【实验目的】**

1. 学习用油滴实验测量电子电荷的原理和方法。
2. 验证电荷的不连续性，并测量电子电荷量的数值。
3. 通过实验中对仪器的调整、油滴的选择、跟踪、测量以及数据处理等，培养学生坚韧不拔的精神和严肃、认真、一丝不苟的科学态度。

**【实验仪器】**

密立根油滴仪一台(COC MOD-6)(图 3.15.1)、监视器一台(图 3.15.2)、喷雾器一个。

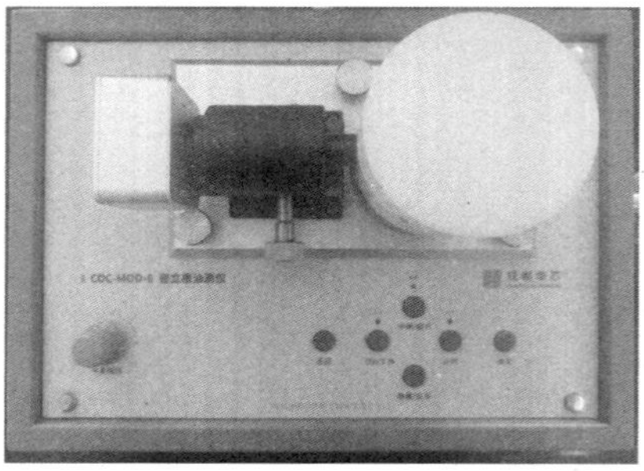

图 3.15.1　密立根油滴仪

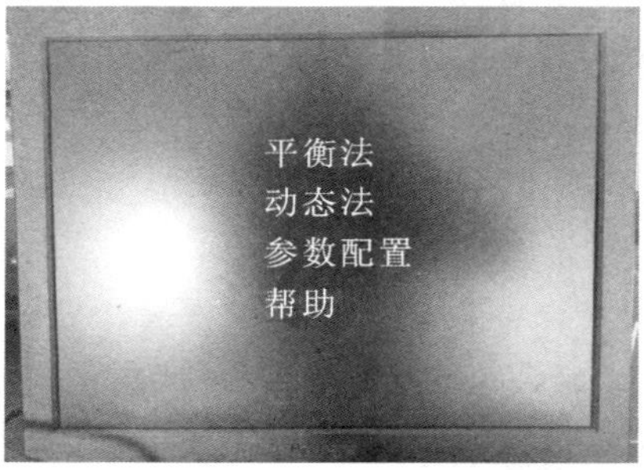


图 3.15.2　监视器界面

**【实验原理】**

密立根油滴实验测量基本电荷的基本设计思想是使带电油滴在两金属极板之间处于受力平衡状态。

用喷雾器将油滴喷入两个金属板之间，油滴与空气摩擦生电。当两块金属板加有电压 $U$ 时，在带电油滴所处的均匀电场 $E$ 中，设电场力 $qE$ 方向与重力方向相反，如果极板工作电压大于平衡电压，油滴以速度 $v_r$ 匀速上升，黏滞阻力向下。在有电场时受力情况如图 3.15.3 所示，则有：

$$qE=mg+Kv_r \tag{3.15.1}$$

当两极板电压为 0 V 时，油滴不受电场力作用；由于油的密度远远大于空气的密度，故空气对油滴的浮力忽略不计；空气是黏滞流体，故油滴受重力和黏滞阻力的作用，由斯托克

斯定律,黏滞阻力与物体运动速度成正比,则有:

$$mg=Kv_{g} \tag{3.15.2}$$

式中 $m$——油滴质量;

$g$——重力加速度;

$v_g$——油滴匀速下落的速度;

$K$——比例系数。

油滴在无电场时受力情况如图 3.15.4 所示。

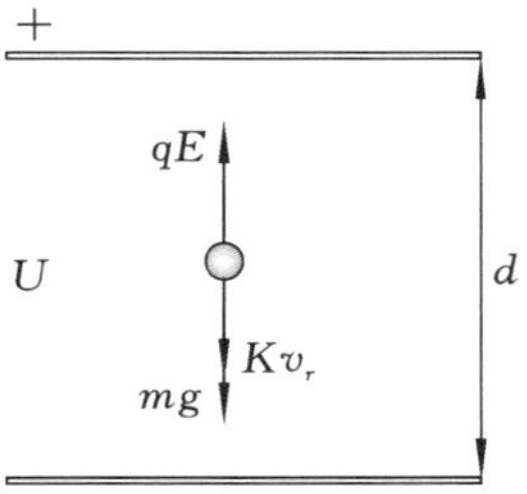


图 3.15.3 电场中油滴受力示意图

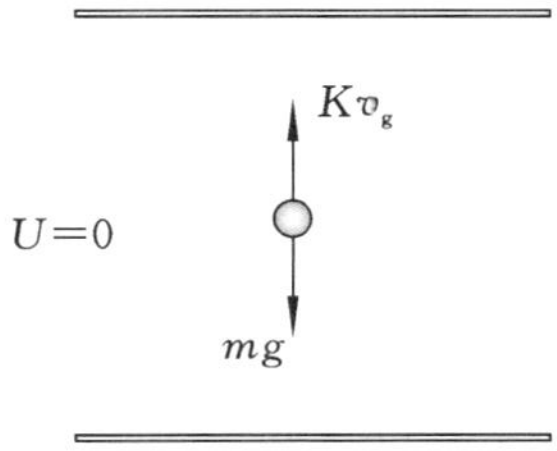


图 3.15.4 重力场中油滴受力示意图

由式(3.15.1)和式(3.15.2)消去比例系数 $K$,可解出 $q$ 为:

$$q=\frac{mg}{Ev_{g}}(v_{g}-v_{r}) \tag{3.15.3}$$

由式(3.15.3)可以看出,要测量油滴上电荷量 $q$,需要分别测出物理量 $m$、$E$、$v_g$、$v_r$。

由喷雾器喷出的油滴的半径 $r$ 是亚微米数量级,直接测量其重量 $m$ 是困难的,为此需设法消去 $m$,而代之以容易测量的量。设钟表油密度为 $\rho$,于是半径为 $r$ 的油滴的重量为:

$$m=\frac{4}{3}\pi r^{3}\rho g \tag{3.15.4}$$

由斯托克斯定律,黏滞流体(此处为空气)对球形运动物体的阻力与物体速度成正比,其比例系数 $K=6\pi\eta r$,此处的 $\eta$ 为空气黏度,$r$ 为物体半径。于是可将式(3.15.4)及 $K=6\pi\eta r$ 代入式(3.15.1),可得出:

$$r=9\sqrt{2}\left(\frac{\eta^{3}}{\rho g}\right)^{\frac{1}{2}}\frac{1}{E}\left(1+\frac{v_{r}}{v_{g}}\right)v_{g}^{\frac{3}{2}} \tag{3.15.5}$$

因此,如果测出 $v_r$、$v_g$ 和 $E$ 宏观量即可得到 $q$ 值($\eta$、$\rho$、$g$ 参数均为已知)。

考虑到油滴的直径与空气分子的间隙相当,空气已不能看成连续介质,其空气黏度 $\eta$ 需修正为 $\eta'$,即:

$$\eta'=\frac{\eta}{1+\frac{b}{pr}} \tag{3.15.6}$$

此处 $p$ 为空气压强，$b$ 为修正常数，$b=0.00823\ \mathrm{N/m}$，因此式(3.15.5)可修正为：

$$r=9\sqrt{2}\left(\frac{\eta^{3}}{\rho g}\right)^{\frac{1}{2}}\frac{1}{E}\left(1+\frac{v_{\mathrm{r}}}{v_{\mathrm{g}}}\right)v_{\mathrm{g}}^{\frac{3}{2}}\left[\frac{1}{1+\dfrac{b}{pr}}\right]^{\frac{3}{2}} \tag{3.15.7}$$

实验中常常固定油滴运动的距离 $H$，通过测量油滴下落 $H$ 距离所需要的运动时间 $t$ 来求得其运动速度 $v$，电场强度用下式表示：

$$E=\frac{U}{d} \tag{3.15.8}$$

式中 $d$——平行平板间的距离，为已知；

$U$——两极板之间的电压。

本实验采用平衡测量法。平衡法要点是使油滴在均匀电场中静止在某一位置，在重力场中做匀速运动。当油滴在电场中平衡时，油滴在两极板间受到的电场力 $qE$、重力 $mg$ 达到平衡，从而静止在某一位置，$v_{\mathrm{r}}=0$。油滴在重力场中作匀速向下运动时：

$$v_{\mathrm{r}}=\frac{H}{t_{\mathrm{r}}}=0,v_{\mathrm{g}}=\frac{H}{t},$$

将此条件及式(3.15.8)代入式(3.15.7)中可得出：

$$q=\frac{18\pi}{\sqrt{2\rho g}}\left[\frac{\eta H}{t_{\mathrm{g}}\left(1+\dfrac{b}{pr}\right)}\right]^{\frac{3}{2}}\frac{d}{U} \tag{3.15.9}$$

其中 $r=\left[\dfrac{9\eta H}{2g\rho t_{\mathrm{g}}}\right]^{\frac{1}{2}}$。

可见测量油滴电量 $q$，只要直接测出油滴在电场中的平衡电压 $U$ 及在重力场中匀速下落的速率 $v_{\mathrm{g}}$ 即可，其他参数均可由仪器给定。

**【实验步骤】**

1. 调整仪器

(1) 水平调整

调整实验仪主机的调平螺钉旋钮(俯视时，顺时针平台降低，逆时针平台升高)，直到水准泡正好处于中心。将实验平台调平，使平衡电场方向与重力方向平行，以免引起实验误差。极板平面是否水平决定了油滴在下落或提升过程中是否发生左右漂移。

(2) 喷雾器调整

将少量钟表油缓慢地倒入喷雾器的储油腔内，使钟表油湮没于提油管下方，油不要太多，以免实验过程中不慎将油倾倒至油滴盒内堵塞落油孔。

(3) 打开仪器及监视器开关，开机后主界面显示如图 3.15.5 所示。从主界面选择“平衡法”即可。

| | | |
|---|---|---|
| 平衡法 0 | | $V$： 0 V |
| | | $t$： 0.00 s |
| | | $U$： 0 V |
| | | |
| | | |
| | | |
| | | |
| | | |
| | | |
| | | |
| 1.5 | | |

**图 3.15.5 监视器显示界面图**

2. 选择适当的油滴并练习控制油滴(以平衡法为例)

(1) 怎样选择合适的油滴

根据油滴在电场中受力平衡公式$\frac{qU}{d}=\frac{4\pi r^3\rho g}{3}$以及多次实验的经验，当油滴的实际半径在 0.5～1 μm 时最为适宜。若油滴过小，布朗运动影响明显，平衡电压不易调整，时间误差也会增加；若油滴过大，下落太快，时间相对误差增大，且油滴带多个电子的概率增加，故最好能找到带 1～5 个电子的油滴为宜。

操作方法：按键分别为“工作”“平衡”状态，平衡电压调为约 400 V。喷入油滴，调节调焦旋钮，使屏幕上显示大部分油滴，可见带电多的油滴迅速上升出视场，不带电的油滴下落出视场，约 10 s 后油滴减少。选择那种上升缓慢的油滴作为暂时的目标油滴，切换“0 V/工作”键，这时极板间的电压为 0 V，在暂时的目标油滴中选择下落速度为 0.2～0.5 格/s 的作为最终的目标油滴，调节调焦旋钮使该油滴最小最亮。

(2) 平衡电压的确认

目标油滴聚焦到最小最亮后，仔细调整平衡时的“电压调节”使油滴平衡在某一格线上，等待一段时间(大约两分钟)，观察油滴是否飘离格线。若油滴始终向同一方向飘离，则需重新调整平衡电压；若其基本稳定在格线或只在格线上下做轻微的布朗运动，则可以认为油滴达到了力学平衡，这时的电压就是平衡电压。

(3) 控制油滴的运动

将油滴平衡在屏幕顶端的第一条格线上，将工作状态按键切换至“0 V”，指示灯熄灭，此时上、下极板同时接地，电场力为零，油滴在重力、浮力及空气阻力的作用下作下落运动。油滴先是经过一段变速运动，然后变为匀速运动，但变速运动的时间非常短(小于 0.01 s，与计时器的精度相当)，所以可以认为油滴是立即匀速下落的。当油滴下落到有“0”标记的格线时，立刻按下“计时”键，计时器开始记录油滴下落的时间；待油滴下落至有距离“1.5”标记的格线时，再次按下计时键，计时器停止计时（计时位置如图 3.15.6 所示），此时油滴停止下落。“0 V/工作”按键自动切换至“工作”，“平衡/提升”按键处于“平衡”，可以通过“确认”键将此次测量数据记录到屏幕上。将“平衡/提升”按键切换至“提升”，这时极板电压在原平衡电压的基础上增加约 200 V 的电压，油滴立即向上运动，经过“1.5”格线时开始计时，待油滴到达“0”格线时停止计时，切换至“平衡”，找平衡电压，进行下一次测量。

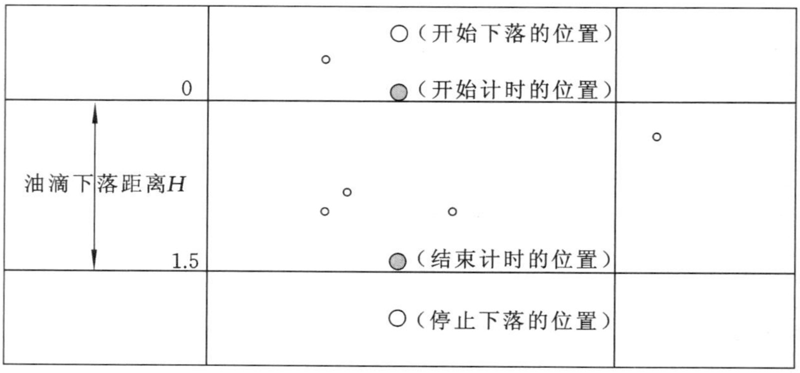


**图 3.15.6　平衡法计时位置示意图**

3. 正式测量（平衡法）

（1）开启电源，进入实验界面，将工作状态按键切换至“工作”，红色指示灯点亮；将“平衡/提升”按键置于“平衡”。

（2）将平衡电压调整为 400 V 左右，通过喷雾口向油滴盒内喷入油雾，此时监视器上将出现大量运动的油滴。选取合适的油滴，仔细调整平衡电压 $U$，通过使其平衡在起始（最上面）格线上。

（3）将“0 V/工作”状态按键切换至“0 V”，此时油滴开始下落，当油滴下落到有“0”标记的格线时，立即按下“计时”键，开始记录油滴的下落时间 $t$。

（4）当油滴下落至有距离标记的格线时（例如 1.5），立即按下“计时”键停止计时，按下“0 V/工作”按键自动切换至“工作”。等待 1～2 s 后，通过“确认”按键将这次测量的平衡电压和匀速下落时间结果同时记录在监视器屏幕上。

（5）将“平衡/提升”按键置于“提升”，油滴将向上运动，当回到高于“0”标记格线时，将“平衡/提升”键切换至平衡状态，油滴停止上升，重新调整平衡电压[注意：如果此处的平衡电压发生了突变，则该油滴得到或失去了电子，这次测量不能作数，应从步骤(2)开始重新找油滴]。

（6）重复步骤(3)(4)(5)，并将数据（平衡电压 $U$ 及下落时间 $t_g$）记录到屏幕上。当 5 次测量完成后，可按下“隐藏/显示”按钮，显示出记录的实验数据（注意：油滴在实验过程中，因蒸发可能会导致平衡电压需要微调，故找油滴时的平衡电压并非一直不变，需要在实验过程中时刻注意并微调）。

（7）重复步骤（2）（3）（4）（5），共找 3 颗油滴，并测量每颗油滴的电荷量 $q_i$。

相关实验数据记录到表 3.15.1 中。

**【数据记录】**

**表 3.15.1 平衡法测量油滴电量实验数据表**

环境温度：　　　　　　　　　　　　　　　　　仪器编号：

| 油滴序号 | 油滴实验次数 | 平衡电压 $U$/V | 下落时间 $t_g$/s | 油滴电量 $q$ $\times10^{-19}$/C | 电子个数 $n_i=\frac{q_i}{e_0}$ | 电子电量 $e_i=\frac{q_i}{n_i}\times10^{-19}$/C | 相对误差 /% |
|---|---|---|---|---|---|---|---|
| 1 | 1 | | | | | | |
| | 2 | | | | | | |
| | 3 | | | | | | |
| | 4 | | | | | | |
| | 5 | | | | | | |
| 均值及结果 1 | | | | | | | |
| 2 | 1 | | | | | | |
| | 2 | | | | | | |
| | 3 | | | | | | |
| | 4 | | | | | | |
| | 5 | | | | | | |
| 均值及结果 2 | | | | | | | |
| 3 | 1 | | | | | | |
| | 2 | | | | | | |
| | 3 | | | | | | |
| | 4 | | | | | | |
| | 5 | | | | | | |
| 均值及结果 3 | | | | | | | |

**【数据处理】**

1. 依据 $r=\left(\frac{9\eta H}{2g\rho t_g}\right)^{\frac{1}{2}}$ 计算出每颗油滴的半径 $r$。参数代入后可得 $r=4.285529\times10^{-19}\sqrt{\frac{1}{t_g}}$，

将测出的每颗油滴下落时间的平均值$\overline{t_g}$代入即可算出油滴半径 $r$ 的平均值。

2. 计算每颗油滴的电量。将 $r$、$U$、$t_g$ 平均值代入油滴电量公式中计算出 $q$ 值：

$$q=\frac{18\pi}{\sqrt{2\rho g}}\left[\frac{\eta H}{t_g\left(1+\frac{b}{pr}\right)}\right]^{\frac{3}{2}}\frac{d}{U}$$

3. 油滴所带电子个数 $n_i$。$n_i=\frac{q_i}{e_0}$（电子电荷 $e_0=1.6\times10^{-19}$ C），对商四舍五入取整数，则每颗油滴所测量的基本电荷为 $e_i=\frac{q_i}{n_i}$。

4. 求出 3 颗油滴测量的平均值。

$$\overline{e_{总}}=\frac{\sum_{i=1}^{3}e_i}{3}=\frac{e_1+e_2+e_3}{3}=\_\_\_\_\_\_\_\_=\_\_\_\_\_\_\_\_\times10^{-19}\text{C}$$

5. 计算出相对误差（$e_0=1.6\times10^{-19}$ C）。

$$E=\frac{|e_{总}-e_0|}{e_0}\times100\%=\_\_\_\_\_\_\_\_=\_\_\_\_\_\_\_\_\%$$

**【注意事项】**

1. CCD 盒、紧定螺钉、摄像镜头的机械位置不能变更，否则会对成像角度造成影响。
2. 仪器使用环境：温度为 0～40 ℃的静态空气中。
3. 注意调整进油量开关，应避免外界空气流动对油滴测量造成影响。
4. 仪器内有高压，避免用手接触电极。
5. 实验前应对仪器油滴盒内部进行清洁，防止异物堵塞落油孔。
6. 注意仪器的防尘保护。

## 思考题

1. 本实验的巧妙构思在哪里？
2. 实验中如何保证油滴做匀速运动？

# 3.16 霍尔效应

置于磁场中的载流体，如果电流方向与磁场垂直，则在垂直于电流和磁场的方向会产生一附加的横向电场，这个现象是霍普斯金大学研究生霍尔于 1879 年发现的，后被称为霍尔效应。

随着半导体物理学的迅速发展，霍尔系数和电导率的测量已成为研究半导体材料的主要方法之一。通过实验测量半导体材料的霍尔系数和电导率，可以判断材料的导电类型、载流子浓度、载流子迁移率等主要参数。若能测量霍尔系数和电导率随温度变化的关系，还可以求出半导体材料的杂质电离能和材料的禁带宽度。

如今，霍尔效应不但是测定半导体材料电学参数的主要手段，而且随着电子技术的发展，利用该效应制成的霍尔器件，由于具有结构简单、频率响应宽（高达 10 GHz）、寿命长、可靠性高等优点，已广泛用于非电量测量、自动控制和信息处理等方面。在工业生产要求自动检测和控制的今天，作为敏感元件之一的霍尔器件，将有更广阔的应用前景。了解这一富有实用性的实验，对日后的工作将有益处。

**【实验目的】**

1. 了解霍尔效应实验原理以及有关霍尔元件对材料要求的知识。
2. 学习用“对称测量法”消除副效应的影响，测量并绘制试样的 $V_H$-$I_s$ 和 $V_H$-$I_M$ 曲线。
3. 确定试样的导电类型、载流子浓度以及载流子迁移率。

**【实验仪器】**

1. TH-H 型霍尔效应实验仪，主要由电磁铁、N 型半导体硅单晶片、样品架、换向开关、测量选择开关组成。
2. TH-H 型霍尔效应测试仪，主要由样品工作电流源、励磁电流源和直流数字毫伏表组成。

**【实验原理】**

霍尔效应从本质上讲是运动的带电粒子在磁场中受洛伦兹力作用而引起的偏转。当带电粒子（电子或空穴）被约束在固体材料中，这种偏转就导致在垂直电流和磁场的方向上产生正负电荷的聚积，从而形成附加的横向电场，即霍尔电场。对于图 3.16.1(a)所示的 N 型半导体试样，若在 $X$ 方向的电极 D、E 上通以电流 $I_s$，在 $Z$ 方向加磁场 $B$，则试样中载流子（电子）将受洛伦兹力：

$$F_g = e\overline{V}B \tag{3.16.1}$$

式中 $e$——载流子（电子）电量；
$\overline{V}$——载流子在电流方向上的平均定向漂移速率；
$B$——磁感应强度。

P 型半导体的情况如图 3.16.1(b)所示。

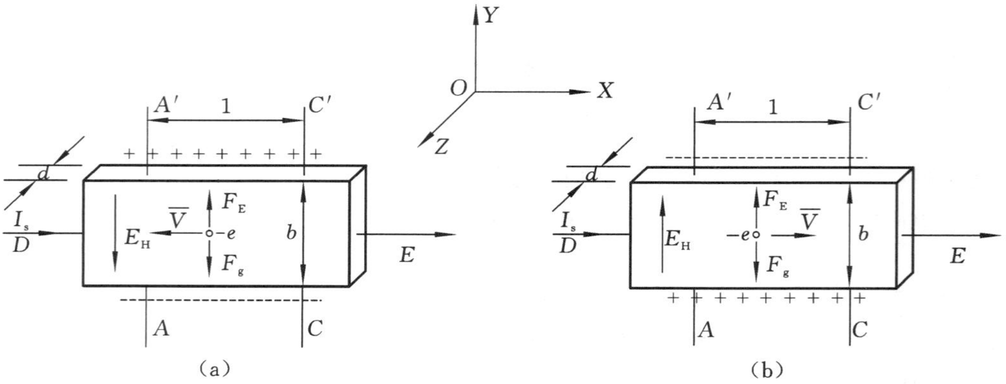


**图 3.16.1　样品示意图**

无论载流子是正电荷还是负电荷，$F_g$的方向均沿 $Y$ 方向，在此力的作用下，载流子发生偏移，则在 $Y$ 方向即试样 $A$、$A'$电极两侧就开始聚积异号电荷，而在试样 A、A′两侧产生一个电位差 $V_H$，形成相应的附加电场 $E$——霍尔电场，相应的电压 $V_H$称为霍尔电压，电极 A、A′称为霍尔电极。电场的指向取决于试样的导电类型。N 型半导体的多数载流子为电子，P 型半导体的多数载流子为空穴。对 N 型试样，霍尔电场逆 $Y$ 方向，P 型试样则沿 $Y$ 方向，有：

$$I_s(X)、B(Z)\quad \begin{matrix} E_H(Y)<0 & (\text{N 型}) \\ E_H(Y)>0 & (\text{P 型}) \end{matrix}$$

显然，该电场是阻止载流子继续向侧面偏移，试样中载流子将受一个与 $F_g$方向相反的横向电场力：

$$F_E = eE_H \tag{3.16.2}$$

其中 $E_H$为霍尔电场强度。

$F_E$随电荷积累增多而增大，当达到稳恒状态时，两个力平衡，即载流子所受的横向电场力 $eE_H$与洛伦兹力$e\overline{V}B$ 相等，样品两侧电荷的积累就达到平衡，故有：

$$eE_H = e\overline{V}B \tag{3.16.3}$$

设试样的宽度为 $b$，厚度为 $d$，载流子浓度为 $n$，则电流强度 $I_s$与 $\overline{V}$ 的关系为：

$$I_s = ne\overline{V}bd \tag{3.16.4}$$

由式(3.16.3)、式(3.16.4)联立可得：

$$V_H = E_H b = \frac{1}{ned}\frac{I_s B}{d} = R_H \frac{I_s B}{d} \tag{3.16.5}$$

即霍尔电压 $V_H$(A、A′电极之间的电压)与 $I_sB$ 乘积成正比，与试样厚度 $d$ 成反比。比例系数 $R_H = \frac{1}{ne}$称为霍尔系数，它是反映材料霍尔效应强弱的重要参数。根据霍尔效应制作的元件称为霍尔元件。由式(3.16.5)可见，只要测出 $V_H$(V)以及知道 $I_s$(A)、$B$(G)和 $d$(cm)，可按下式计算 $R_H$(cm$^3$/C)：

$$R_H = \frac{V_H d}{I_s B} \times 10^2 \tag{3.16.6}$$

上式中的 $10^2$ 是由于磁感应强度 $B$ 用电磁单位(G)而其他各量均采用 C、G、S 实用单位而引入。

注：磁感应强度 $B$ 的大小与励磁电流 $I_M$ 的关系由制造厂家给定并标明在实验仪上。

霍尔元件就是利用上述霍尔效应制成的电磁转换元件，对于成品的霍尔元件，其 $R_H$ 和 $d$ 已知，因此在实际应用中式(3.16.5)常以如下形式出现：

$$V_H = K_H I_s B \tag{3.16.7}$$

其中比例系数 $K_H = \frac{R_H}{d} = \frac{1}{ned}$ 称为霍尔元件灵敏度(其值由制造厂家给出)，它表示该器件在单位工作电流和单位磁感应强度下输出的霍尔电压。$I_s$ 称为控制电流，式(3.16.7)中取 $I_s$ 的单位为 mA，$B$ 的单位为 KGS，$V_H$ 的单位为 mV，则 $K_H$ 的单位为 mV/(mA・KGS)。

$K_H$ 越大，霍尔电压 $V_H$ 越大，霍尔效应越明显。从应用上讲，$K_H$ 愈大愈好。$K_H$ 与载流子浓度 $n$ 成反比，半导体的载流子浓度远比金属的载流子浓度小，因此用半导体材料制成的霍尔元件，霍尔效应明显，灵敏度较高，这也是一般霍尔元件不用金属导体而用半导体制成的原因。另外，$K_H$ 还与 $d$ 成反比，因此霍尔元件一般都很薄，本实验所用的霍尔元件就是用 N 型半导体硅单晶切薄片制成的。

由于霍尔效应的建立所需时间很短($10^{-14} \sim 10^{-12}$ s)，因此使用霍尔元件时用直流电或交流电均可。只是使用交流电时，所得的霍尔电压也是交变的，此时，式(3.16.7)中的 $I_s$ 和 $V_H$ 应理解为有效值。

根据 $R_H$ 可进一步确定以下参数：

1. 由 $R_H$ 的符号(或霍尔电压的正、负)判断试样的导电类型

判断的方法是按图 3.16.1 所示的 $I_s$ 和 $B$ 的方向，若测得的 $V_H = V_{AA'} < 0$(即点 $A$ 的电位低于点 $A'$ 的电位)，则 $R_H$ 为负，样品属 N 型，反之则为 P 型。

2. 由 $R_H$ 求载流子浓度 $n$

由比例系数 $R_H = \frac{1}{ne}$ 得：

$$R_H = \frac{1}{|R_H| e} \tag{3.16.8}$$

应该指出，这个关系式是假定所有的载流子都具有相同的漂移速率得到的，严格一点，考虑载流子的漂移速率服从统计分布规律，需引入 $3\pi/8$ 的修正因子，但影响不大，本实验中可以忽略此因素。

3. 结合电导率的测量，求载流子的迁移率 $\mu$

电导率 $\sigma$ 与载流子浓度 $n$ 以及迁移率 $\mu$ 之间有如下关系：

$$\sigma = ne\mu \tag{3.16.9}$$

由比例系数 $R_H = \dfrac{1}{ne}$ 得 $\mu = |R_H|\sigma$，通过实验测出 $\sigma$ 值即可求出 $\mu$。

根据上式可知，要得到大的霍尔电压，关键是要选择霍尔系数大（即迁移率 $\mu$ 高、电阻率 $\rho$ 亦较高）的材料。因 $|R_H| = \mu\rho$，就金属导体而言，$\mu$ 和 $\rho$ 均很低，而不良导体 $\rho$ 虽高，但 $\mu$ 极小，因而上述两种材料的霍尔系数都很小，不能用来制造霍尔器件。半导体 $\mu$ 高，$\rho$ 适中，是制造霍尔器件较理想的材料，由于电子的迁移率比空穴的迁移率大，所以霍尔器件都采用 N 型材料；其次霍尔电压的大小与材料的厚度成反比，因此薄膜型霍尔器件的输出电压较片状要高得多。就霍尔元件而言，其厚度是一定的，所以实用上采用 $K_H$ 来表示霍尔元件的灵敏度，单位为 mV/(mA T)或 mV/(mA KGS)：

$$K_H = \frac{1}{ned} \tag{3.16.10}$$

## 【实验方法】

### 1. 霍尔电压 $V_H$ 的测量

应该说明，在产生霍尔效应的同时，因伴随着多种副效应，以致实验测得的 $A$、$A'$ 两电极之间的电压并不等于真实的 $V_H$ 值，而是包含着各种副效应引起的附加电压，因此必须设法消除。根据副效应产生的机理可知，采用电流和磁场换向的对称测量法，基本上能够把副效应的影响从测量的结果中消除，具体的做法是 $I_s$ 和 $B$（即 $I_M$）的大小不变，并在设定电流和磁场的正、反方向后，依次测量由下列四组不同方向的 $I_s$ 和 $B$ 组合的 $A$、$A'$ 两点之间的电压 $V_1$、$V_2$、$V_3$ 和 $V_4$，即：

| | | |
|---|---|---|
| $+I_s$ | $+B$ | $V_1$ |
| $+I_s$ | $-B$ | $V_2$ |
| $-I_s$ | $-B$ | $V_3$ |
| $-I_s$ | $+B$ | $V_4$ |

然后求上述四组数据 $V_1$、$V_2$、$V_3$ 和 $V_4$ 的代数平均值，可得：

$$V_H = \frac{V_1 - V_2 + V_3 - V_4}{4}$$

通过对称测量法求得的 $V_H$，虽然还存在个别无法消除的副效应，但其引入的误差甚小，可以忽略不计。

### 2. 电导率 $\sigma$ 的测量

$\sigma$ 可以通过图 3.16.1 所示的 $A$、$C$（或 $A'$、$C'$）电极进行测量，设 $A$、$C$ 间的距离为 $l$，样品的横截面面积为 $S = bd$，流经样品的电流为 $I_s$，在零磁场下，测得 $A$、$C$（$A'$、$C'$）间的电位差为 $V_\sigma$（$V_{AC}$），可由下式求得 $\sigma$：

$$\sigma = \frac{I_s l}{V_\sigma S} \tag{3.16.11}$$

### 3. 载流子迁移率 $\mu$ 的测量

电导率 $\sigma$ 与载流子浓度 $n$ 以及迁移率 $\mu$ 之间有如下关系：

$$\sigma = ne\mu \tag{3.16.12}$$

由比例系数 $R_H = \frac{1}{ne}$ 得：

$$\mu = |R_H \ \sigma \tag{3.16.13}$$

### 4. 实验中霍尔元件的副效应及其消除方法

(1) 不等势电压降 $V_o$。

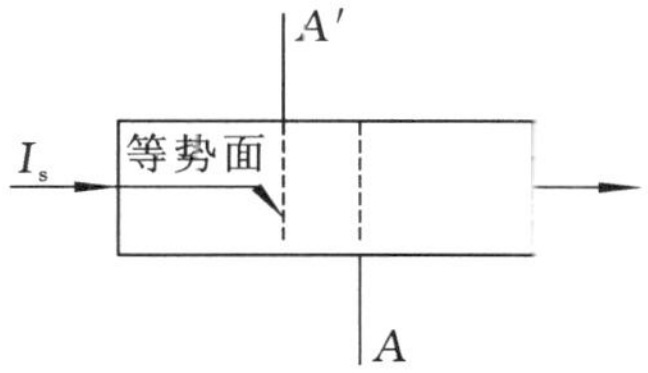


图 3.16.2

如图 3.16.2 所示，由于元件的测量霍尔电压 $A$、$A'$ 两电极不可能绝对对称地焊在霍尔片的两侧，位置不在一个理想的等势面上，因此即使不加磁场，只要有电流 $I_s$ 通过，就有电压 $V_o = I_s r$ 产生，其中 $r$ 为 $A$、$A'$ 所在的两个等势面之间的电阻，结果在测量 $V_H$ 时，就叠加了 $V_o$，使得 $V_H$ 值偏大(当 $V_o$ 与 $V_H$ 同号)或偏小(当 $V_o$ 与 $V_H$ 异号)。由于目前生产工艺水平较高，不等势电压很小，像本实验用的霍尔元件试样 N 型半导体硅单晶切薄片只有几百微伏左右，故一般可以忽略不计，也可以用一支电位器加以平衡。在本实验中，$V_H$ 的符号取决于 $I_s$ 和 $B$ 两者的方向，而 $V_o$ 只与 $I_s$ 的方向有关，与磁感应强度 $B$ 的方向无关，因此 $V_o$ 可以通过改变 $I_s$ 的方向予以消除。

(2) 热电效应引起的附加电压 $V_E$

$\overline{V}$ 如图 3.16.3 所示，由于实际上载流子迁移速率 $v$ 服从统计分布规律，构成电流的载流子速度不同，若速度为 $v$ 的载流子所受的洛伦兹力与霍尔电场的作用力刚好抵消，则速度小于 $v$ 的载流子受到的洛伦兹力小于霍尔电场的作用力，将向霍尔电场作用力方向偏转，速度大于 $v$ 的载流子受到的洛伦兹力大于霍尔电场的作用力，将向洛伦兹力方向偏转。这样使得一侧高速载流子较多，相当于温度较高，另一侧低速载流子较多，相当于温度较低，从而在 $Y$ 方向引起温差 $T_A - T_{A'}$，由此产生热电效应。在 $A$、$A'$ 电极上引入附加温差 $V_E$，这种现象称为埃廷斯豪森效应。这种效应的建立需要一定的时间，如果采用直流电，则由于埃廷斯豪森效应的存在而给霍尔电压的测量带来误差；如果采用交流电，则由于交流变化快使得埃廷斯豪森效应来不及建立，可以减小测量误差，因此在实际应用霍尔元件片时，一般都采用交流电。由于 $V_E \propto I_s B$，其符号与 $I_s$ 和 $B$ 的方向的关系跟 $V_H$ 是相同的，因此不能用改变 $I_s$ 和 $B$ 方向的方法予以消除，但其引入的误差很小，可以忽略。

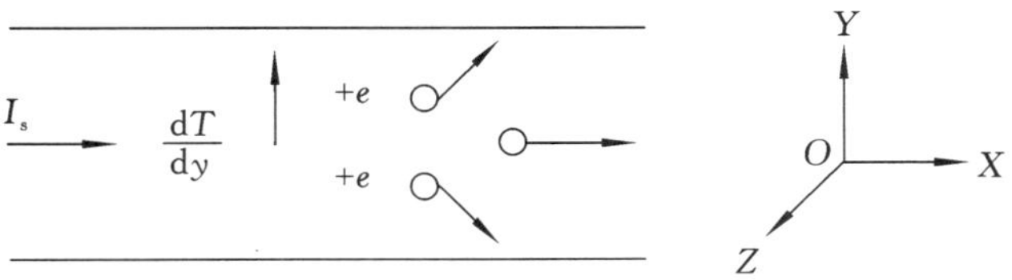


图 3.16.3

(3) 热磁效应直接引起的附加电压 $V_N$

如图 3.16.4 所示，因器件两端电流引线的接触电阻不等，通电后在接点两处将产生不同的焦耳热，导致在 $X$ 方向有温度梯度，引起载流子沿梯度方向扩散而产生热扩散电流，热流 $Q$ 在 $Z$ 方向磁场作用下，类似于霍尔效应在 $Y$ 方向上产生一附加电场 $\varepsilon_N$，相应的电压 $V_N \propto QB$，而 $V_N$ 的符号只与 $B$ 的方向有关，与 $I_s$ 的方向无关，因此可通过改变 $B$ 的方向予以消除。

(4) 热磁效应产生的温差引起的附加电压 $V_{RL}$

如图 3.16.5 所示，图 3.16.3 中所述的 $X$ 方向热扩散电流，因载流子的速度统计分布，在 $Z$ 方向的磁场 $B$ 作用下，和图 3.16.6 中所述的同一道里将在 $Y$ 方向产生温度梯度 $T_A - T_{A'}$，由此引入的附加电压 $V_{RL} \propto QB$，$V_{RL}$ 的符号只与 $B$ 的方向有关，亦能被消除。

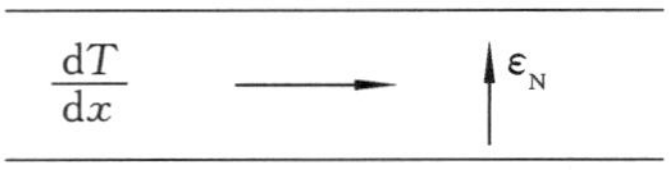


图 3.16.4

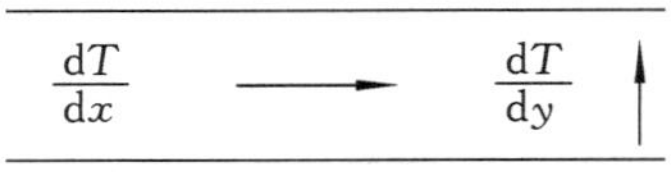


图 3.16.5

综上所述，实验中测得的 $A$、$A'$ 之间的电压除 $V_H$ 外还包含 $V_o$、$V_N$、$V_{RL}$ 和 $V_E$ 各电压的代数和，其中 $V_o$、$V_N$ 和 $V_{RH}$ 均通过 $I_s$ 和 $B$ 换向对称测量法予以消除。具体方法是在规定了电流和磁场正、反方向后，分别测量由下列四组不同方向的 $I_s$ 和 $B$ 的组合的 $A$、$A'$ 之间的电压。

设 $I_s$ 和 $B$ 的方向均为正向时，测得 $A$、$A'$ 之间电压记为 $V_1$，即当 $+I_s$、$+B$ 时：

$$V_1 = V_H + V_o + V_N + V_{RL} + V_E$$

将 $B$ 换向，而 $I_s$ 的方向不变，测得的电压记为 $V_2$，此时 $V_H$、$V_N$、$V_{RL}$、$V_E$ 均改号而 $V_o$ 符号不变，即当 $+I_s$、$-B$ 时：

$$V_2 = -V_H + V_o - V_N - V_{RL} - V_E$$

同理，按照上述分析，当 $-I_s$、$-B$ 时：

$$V_3 = V_H - V_o - V_N - V_{RL} + V_E$$

当 $-I_s$、$+B$ 时：

$$V_4 = -V_H - V_o + V_N + V_{RL} - V_E$$

求以上四组数据 $V_1$、$V_2$、$V_3$ 和 $V_4$ 的代数平均值，可得：

$$V_H + V_E = \frac{V_1 - V_2 + V_3 - V_4}{4}$$

由于 $V_E$ 符号与 $I_s$ 和 $B$ 两者方向关系和 $V_H$ 是相同的，故无法消除，但在非大电流、非强磁场下，$V_H \gg V_E$，因此 $V_E$ 可忽略不计，所以霍尔电压为：

$$V_H = \frac{V_1 - V_2 + V_3 - V_4}{4} \tag{3.16.14}$$

**【实验内容】**

仔细阅读本实验仪使用说明书后，按图 3.16.6 所示连接测试仪和实验仪之间相应的 $I_s$、$V_H$ 和 $I_M$ 各组连线，$I_s$ 及 $I_M$ 换向开关投向上方，表明 $I_s$ 及 $I_M$ 均为正值(即 $I_s$ 沿 $X$ 方向，$B$

沿 $Z$ 方向)，反之为负值。$V_H$、$V_\sigma$切换开关投向上方测 $V_H$，投向下方测 $V_\sigma$。经教师检查后方可开启测试仪的电源。

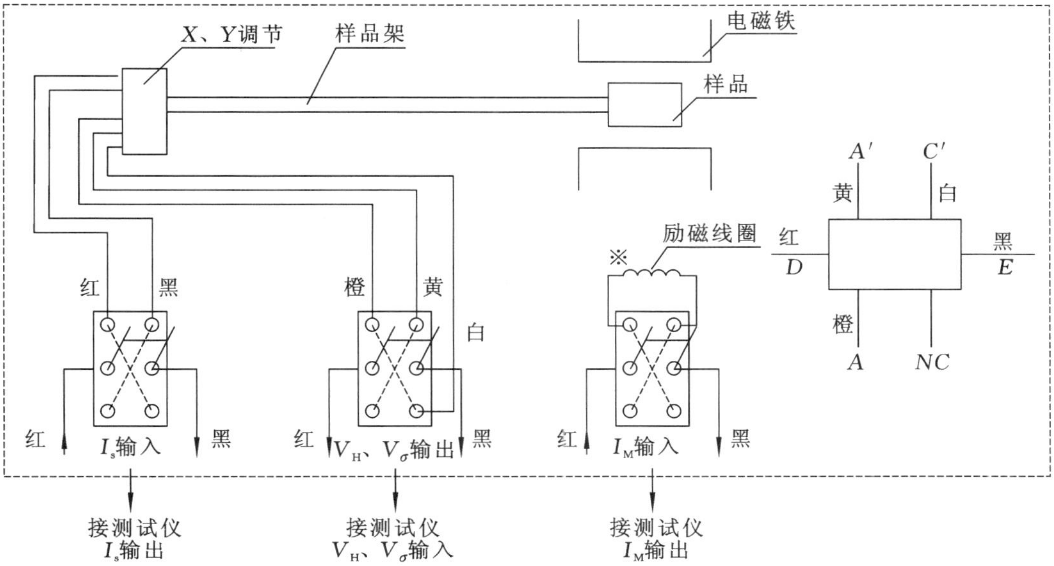


**图 3.16.6 霍尔效应实验仪示意图**

**必须强调指出**：严禁将测试仪的励磁电源“$I_M$输出”误接到实验仪的“$I_s$输入”或“$V_H$、$V_\sigma$输出”处，否则一旦通电，霍尔元件即遭损坏！

为了准确测量，应先对测试仪进行调零，即将测试仪的“$I_s$调节”和“$I_M$调节”旋钮均置于零位，待开机数分钟后若 $V_H$显示不为零，可通过面板左下方小孔的“调零”电位器实现调零，即“0.00”。转动霍尔元件探杆支架的旋钮 $X$、$Y$，慢慢将霍尔元件移到螺线管的中心位置。

1. 测绘 $V_H$-$I_s$ 曲线

将实验仪的“$V_H$、$V_\sigma$”切换开关投向 $V_H$侧，测试仪的“功能切换”置 $V_H$。

保持 $I_M$值不变(取 $I_M$=0.6 A)，$I_s$ 取值 1.00～4.00 mA。测绘 $V_H$-$I_s$ 曲线，记入表 3.16.1 中，并求斜率，代入式(3.16.6)求霍尔系数 $R_H$，代入式(3.16.7)求霍尔元件灵敏度 $K_H$。

**表 3.16.1 测绘 $V_H$-$I_s$ 曲线**

| $I_s$ /mA | $V_1$/mV | $V_2$/mV | $V_3$/mV | $V_4$/mV | $V_H=\frac{V_1-V_2+V_3-V_4}{4}$/mV |
|---|---|---|---|---|---|
| | $+I_s$、$+I_M$ | $+I_s$、$-I_M$ | $-I_s$、$-I_M$ | $-I_s$、$+I_M$ | |
| 0.50 | | | | | |
| 1.00 | | | | | |
| 1.50 | | | | | |
| 2.00 | | | | | |

续表3.16.1

| $I_s$ /mA | $V_1$/mV | $V_2$/mV | $V_3$/mV | $V_4$/mV | $V_H=\frac{V_1-V_2+V_3-V_4}{4}$/mV |
|---|---|---|---|---|---|
| | $+I_s$、$+I_M$ | $+I_s$、$-I_M$ | $-I_s$、$-I_M$ | $-I_s$、$+I_M$ | |
| 2.50 | | | | | |
| 3.00 | | | | | |

2. 测绘 $V_H$-$I_s$ 曲线

实验仪及测试仪各开关位置同上。

保持 $I_s$ 值不变(取 $I_s=3.00$ mA),测绘 $V_H$-$I_s$ 关系曲线,$I_s=3.00$ mA;$I_M$取值 100～500 mA,记入表 3.16.2 中。

表 3.16.2　测绘 $V_H$-$I_s$ 关系曲线

| $I_M$ /mA | $V_1$/mV | $V_2$/mV | $V_3$/mV | $V_4$/mV | $V_H=\frac{V_1-V_2+V_3-V_4}{4}$/mV |
|---|---|---|---|---|---|
| | $+I_s$、$+I_M$ | $+I_s$、$-I_M$ | $-I_s$、$-I_M$ | $-I_s$、$+I_M$ | |
| 100 | | | | | |
| 200 | | | | | |
| 300 | | | | | |
| 400 | | | | | |
| 500 | | | | | |

3. 测量 $V_\sigma$值

将“$V_H$、$V_\sigma$”切换开关投向 $V_\sigma$侧,测试仪的“功能切换”置 $V_\sigma$。

在零磁场下,取 $I_s=2.00$ mA,测量 $V_\sigma$,记入表 3.16.3 中。

表 3.16.3　测量 $V_\sigma$ 并计算

| $V_\sigma$/mV | $I_s$/mA | | |
|---|---|---|---|
| | 0.50 | 1.00 | 1.50 |
| $V_\sigma$ | | | |

注意:$I_s$ 取值不要过大,以免 $V_\sigma$太大,毫伏表超量程(此时首位数码显示为 1,后三位数码熄灭)。

4. 确定样品的导电类型

将实验仪三组双刀开关均投向上方,即 $I_s$ 沿 $X$ 方向,$B$ 沿 $Z$ 方向,毫伏表测量电压为 $V_{AA'}$。

取 $I_s=2$ mA,$I_M=0.6$ A,测量 $V_H$大小及极性,判断样品导电类型。

5. 求样品的 $R_H$、$n$、$\sigma$ 和 $\mu$ 值。

**【注意事项】**

1. 霍尔元件清脆易坏，要注意保护，严防撞击或用手触摸。

2. 霍尔元件的工作电流引线与霍尔电压引线不能搞错，霍尔元件的工作电流和螺线管的励磁电流要分清，否则会烧坏霍尔元件。

3. 记录数据时，为了不使电磁铁过热，应断开励磁电流的换向开关。

## 思考题

1. 试列出计算霍尔系数 $R_H$、载流子浓度 $n$、电导率 $\sigma$ 及迁移率 $\mu$ 的计算公式，并注明单位。

2. 如已知霍尔样品的工作电流 $I_s$ 及磁感应强度 $B$ 的方向，如何判断样品的导电类型？

3. 在什么样的条件下会产生霍尔电压？它的方向与哪些因素有关？

4. 实验中在产生霍尔效应的同时，还会产生哪些副效应？它们与磁感应强度 $B$ 和电流 $I_s$ 有什么关系？如何消除副效应的影响？

# 3.17 等厚干涉——牛顿环和劈尖

当从点光源发出一束光到达薄膜的上表面时，它被分解为反射光和折射光。折射光经下表面的反射和上表面的折射，又回到上表面上方的空间，并与上表面的反射光束相遇发生干涉，这就是薄膜干涉。在实际工作中，这种干涉现象常用来进行检验光学表面的质量和一些基本物理量的测量等，如测量光波的波长，精确地测量长度、厚度和角度，以及检验试件表面的弯曲程度等。牛顿环和劈尖就是其中常见的例子，它们属于用分振幅方法产生的干涉现象，是典型的等厚干涉的实例。

**【实验目的】**

1. 观察等厚干涉现象，了解其特点。
2. 学习用等厚干涉法测量物理量的两种方法。
3. 学习使用读数显微镜测量微小长度。

**【实验仪器】**

牛顿环装置、劈尖装置、读数显微镜、钠光灯等。

**【实验原理】**

1. 牛顿环

牛顿环装置是由一块平面玻璃板 $DOE$ 和放在它上面的一块曲率半径很大的平凸透镜 $AOB$ 组成的，如图 3.17.1 所示。

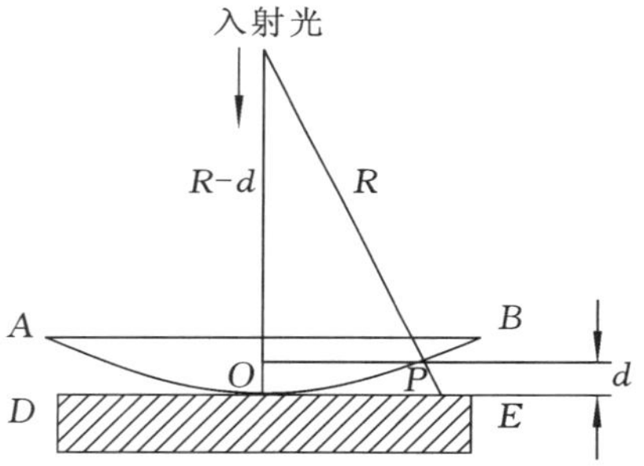

图 3.17.1 牛顿环装置

在透镜凸面与平面玻璃板之间形成一层空气薄层。若以波长为 $\lambda$ 的单色光垂直投射到这种装置上，则由空气薄层上、下表面反射的光波将会发生干涉，它们所经历的光程差为：

$$\Delta = 2d + \frac{\lambda}{2} \tag{3.17.1}$$

式中空气薄层的折射率为 1，$d$ 是考察点 $P$ 处空气层厚度，$\lambda/2$ 是光从疏媒质到密媒质交界面上反射时产生的半波损失。显然干涉图像应该是以接触点 $O$ 为中心的一族同心圆，而且中心是一个暗斑。对应其中的暗环，光程差应满足：

$$\Delta = 2d + \frac{\lambda}{2} = (2k+1)\frac{\lambda}{2} \tag{3.17.2}$$

设 $P$ 点到 $O$ 点的水平距离为 $r$，由图中的几何关系可知：

$$R^2 = r^2 + (R-d)^2 = r^2 + R^2 - 2Rd + d^2 \tag{3.17.3}$$

略去二阶小量以后，有：

$$d = \frac{r^2}{2R} \tag{3.17.4}$$

对第 $k$ 级暗环,其半径由下式决定:

$$r_k^2 = R\lambda k \tag{3.17.5}$$

当波长已知时,只要测出第 $k$ 级干涉暗环的半径,就可以算出透镜的曲率半径 $R$。事实上,牛顿环仪器两接触面之间难免附着灰尘,并且在接触时也难免发生弹性形变,因而接触处不可能是一个几何点,而是一个小圆面,所以近中心处的圆环比较模糊和粗阔,以致难以确切判定环的干涉级数 $k$,即当我们说观测第 $k$ 级干涉环时,$k$ 只是干涉环的序数,而不是其真正的级数,同时我们也很难准确地测出一个环的半径。所以实际测量中通常采用测量两个环的直径的方法。暗环的直径由下式决定:

$$D_k^2 = 4R\lambda k \tag{3.17.6}$$

测量两个暗环的直径,并相减可得:

$$D_m^2 - D_n^2 = 4(m-n)R\lambda \tag{3.17.7}$$

因而透镜的曲率半径可以应用下列公式计算:

$$R = \frac{D_m^2 - D_n^2}{4\lambda(m-n)} \tag{3.17.8}$$

2. 劈尖干涉

如图 3.17.2 所示,将两块光学平板玻璃叠在一起,在一端插入一薄片或者一根细丝等,则在两玻璃板间形成一空气劈尖。当用单色光垂直照射时,和牛顿环一样,在劈尖薄膜上下两表面反射的两束光将发生干涉。

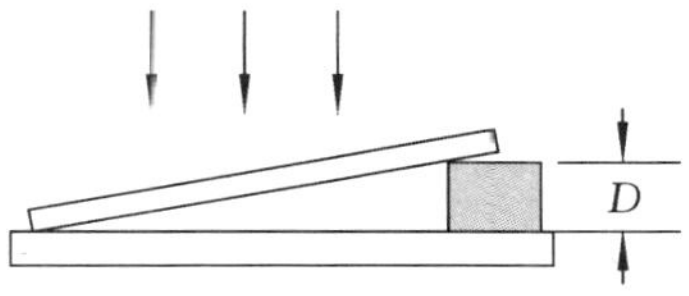

**图 3.17.2　劈尖装置**

当光程差满足下式时,将出现暗条纹:

$$\Delta = 2h + \frac{\lambda}{2} = (2k+1)\frac{\lambda}{2} \tag{3.17.9}$$

设 $\Delta X$ 为第 $k$ 级与第 $k+n$ 级暗条纹间的距离,则根据图 3.17.3 所示的几何关系由下列等式成立:

$$2h_k + \frac{\lambda}{2} = (2k+1)\frac{\lambda}{2} \tag{3.17.10}$$

$$2h_{k+n} + \frac{\lambda}{2} = (2k+2n+1)\frac{\lambda}{2} \tag{3.17.11}$$

$$\Delta h = h_{k+n} - h_k = \frac{n\lambda}{2} \tag{3.17.12}$$

$$\frac{\Delta h}{\Delta X} = \frac{n\lambda}{2\Delta X} = \frac{D}{L} \tag{3.17.13}$$

$$D=\frac{n\lambda L}{2\Delta X} \tag{3.17.14}$$

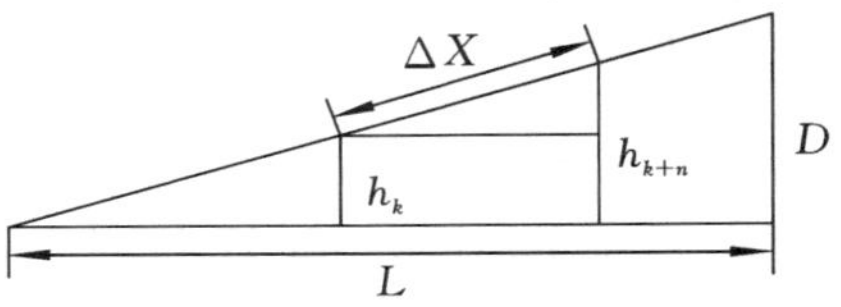


图 3.17.3

只要测量出第 $k$ 级与第 $k+n$ 级条纹间距离 $\Delta X$，两玻璃板交线与所测薄片边缘的距离 $L$（即劈尖的有效长度），薄片的厚度 $D$ 即可由上式计算得出。

**【实验步骤】**

1. 牛顿环

(1) 打开钠光灯预热 5 分钟左右，并转动鼓轮，将读数显微镜镜筒置于主尺中间位置（图 3.17.4）。

(2) 将牛顿环仪放置在显微镜载物台上，并使其对准显微镜筒的光轴。调节显微镜筒下方玻璃片的方位，使光源 S 射来的光恰好垂直向下投射到牛顿环上。这时，沿竖直方向可以在牛顿环仪中心出现环状干涉纹。

(3) 调节显微镜目镜，看清视场中的叉丝，调整叉丝的方位，当转动显微镜手轮移动镜筒时，使竖叉丝与镜筒走向垂直。然后缓缓提升镜筒，使显微镜对牛顿环聚焦，看清干涉环，并使之与叉丝间无视差。

(4) 如果观察到的只是细细的干涉条纹，则需左右移动牛顿环仪方位，使叉丝对准环心。转动鼓轮，观察叉丝是否沿环的直径方向移动。

(5) 从环心开始，将十字叉丝向左（或向右）移动，以竖线扫过的暗环计数，并准确数到第 26 条暗环，然后再回到第 24 环，以避免回程差。从第 24 环开始记录数据，之后每改变 2 级暗环记录一次数据，直至第 6 级暗环，然后继续同方向转动鼓轮，从对侧第 6 级暗环再次开始记录数据，同样每改变 2 级暗环记录一次，直至对侧第 24 级暗环，测量结束（图 3.17.5）。

(6) 根据公式计算出曲率半径 $R$。

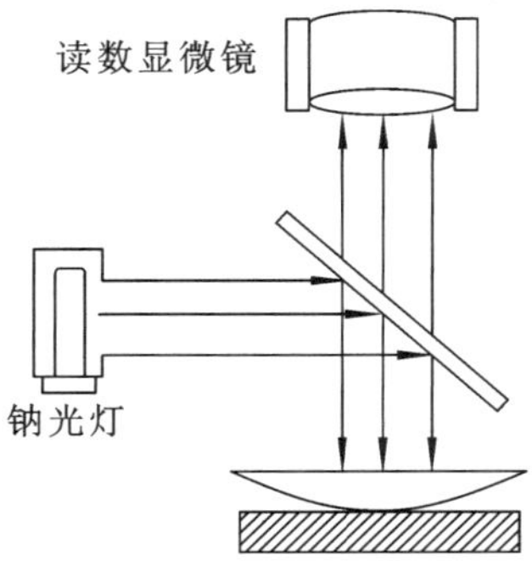


**图 3.17.4　牛顿环实验**

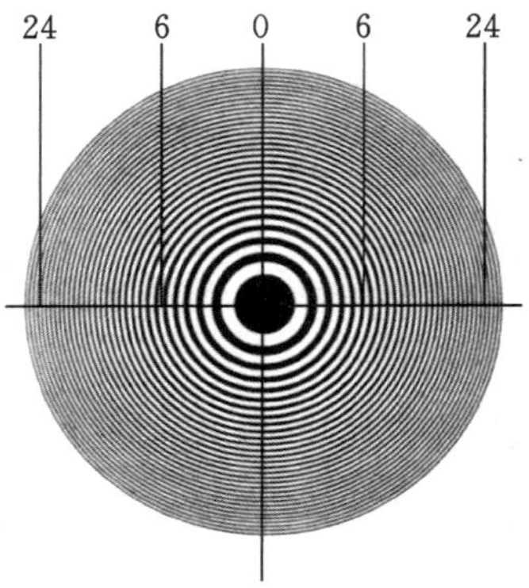


**图 3.17.5　牛顿环**

2. 劈尖

(1) 将劈尖装置放置在显微镜载物台上，调节步骤同牛顿环实验步骤。为获得清晰的平行于交棱的干涉条纹，需反复按压玻璃板，使其接触紧密。对劈尖上表面调焦并调整两平板玻璃的相对位置，即可看到间距相等的直条纹，该条纹应平行于两玻璃板的交线。

(2) 测量条纹间距。转动读数显微镜的鼓轮，使十字叉丝对准某条纹，记下坐标 $x_0$，然后按同一方向继续转动鼓轮，并计数移过的条纹数量，当数到第 10 条条纹时，记下坐标 $x_1$，重复测量 3 组数据。

(3) 根据公式计算出薄片的厚度 $D$。

**【注意事项】**

1. 在整个测量过程中，鼓轮只能沿一个方向转动，不许倒转，稍有倒转，全部数据立即作废，需重新测量。

2. 应尽量在竖直准线对准干涉条纹中央时读数。

## 思考题

1. 测暗环直径时，如果准线交点未通过圆环中心，则测得的是弦长而不是直径，这对 $R$ 的测量结果有无影响？为什么？

2. 在牛顿环实验中，干涉条纹的中心在什么情况下是暗的，什么情况下是亮的？

3. 当用白光照射时能否看到牛顿环和劈尖干涉条纹？此时条纹有何特征？

# 3.18 用分光计测量光衍栅常量

光的衍射具有非常广泛的应用，如光谱分析、晶体结构分析、全息照相、光学信息处理等都涉及光的衍射有关理论。

衍射光栅是一种重要的分光元件，具有非常广泛的应用，它不仅用于光谱分析、晶体结构分析、全息照相，还应用于计量、光学信息处理等方面。光栅分为透射光栅和反射光栅两种。利用透射光进行衍射的称透射光栅，利用反射光进行衍射的称反射光栅。

获得光栅的主要方法有：

(1) 用刻线机在玻璃或镀在玻璃上的铝膜上直接刻画得到；

(2) 用树脂在优质母光栅上复制；

(3) 采用全息照相的方法制作全息光栅。

本实验采用在玻璃上的铝膜上直接刻画得到的透射光栅。

## 【实验目的】

1. 观察光线通过光栅后的衍射现象。
2. 测定光栅常数或钠光光谱线的波长。
3. 进一步熟悉分光计的使用方法。

## 【实验仪器】

分光计、钠光灯、光栅、双面反射镜。

## 【实验原理】

光栅常常用在光谱仪中，本实验用的光栅是透射式平面光栅，它是由一排密集、均匀而又相互平行的狭缝组成的光学元件。设狭缝的宽为 $b$，刻痕的宽为 $a$，则称 $d=a+b$ 为光栅常数，它在光栅的应用中具有非常重要的物理意义。

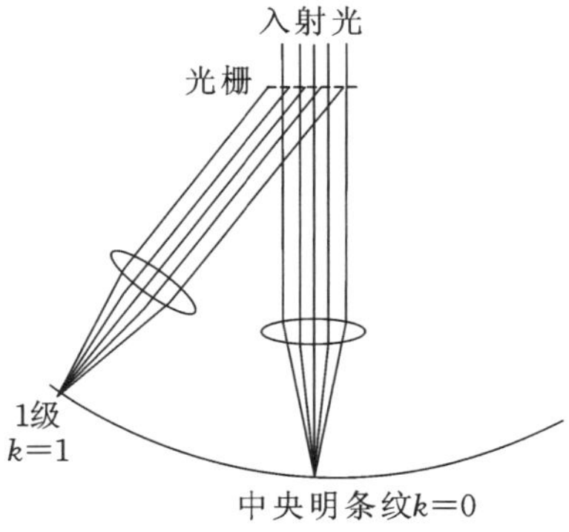


图 3.18.1 平行光垂直射入光栅平面

如图 3.18.1 所示，当一单色平行光垂直射入光栅平面时，根据光栅方程有：

$$d\sin\varphi_k=\pm k\lambda_i \tag{3.18.1}$$

即：

$$\sin\varphi_k=\pm\frac{\lambda}{d}k \tag{3.18.2}$$

式中 $d$——光栅常数；

$\lambda$——入射光的波长；

$k(=1,2,\cdots,n)$——条纹级数；

$\varphi_k$——$k$ 级衍射角。

若入射光不是单色光，则由式(3.18.1)可以看出，光的波长不同，其衍射角 $\varphi_k$ 也不同。把复色光分解为单色光，中央 0 级($k=0,\varphi=0$)处各色光重叠在一起形成白光。

本实验中使用$\lambda$为已知的钠光(其波长为589.3 nm,实际上是589.0 nm和589.6 nm,它们非常靠近,一般取它们的平均值),是单色光,可数出$k$,测出$\varphi_k$,代入式(3.18.1)可算出光栅常数。一般在工程技术中每毫米的刻痕数也叫作光栅常数(本实验就要测算出这一量)。

**【实验内容】**

调节分光计:

包括:(1)望远镜的调节;(2)载物台的调节;(3)平行光管的调节;(4)待测件的调节。

待测件光栅的调节有两点要求:(1)入射线垂直于光栅平面;(2)平行光管的狭缝与光栅刻痕平行。

调节方法:

1. 入射线垂直于光栅平面

照亮平行光管的狭缝,转动望远镜,对准狭缝,使狭缝与望远镜竖直叉丝对齐,固定望远镜。

如图3.18.2所示,放好光栅,转动载物台,拧动载物台水平调节螺丝$S_1$(或$S_3$),使光栅面与望远镜接近垂直,找回反射回来的叉丝像并达到自准(横竖叉丝与横竖叉丝像重合),然后小心固紧载物台。

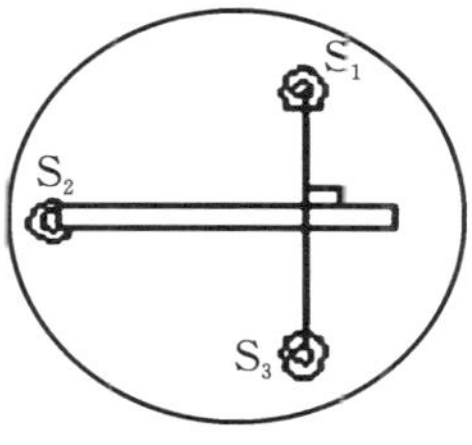


**图 3.18.2 光栅面与望远镜接近垂直**

2. 平行光管狭缝与光栅刻痕平行

松开固定的望远镜,转动望远镜观察左、右各级的谱线,若谱线的高度不一样高,调节$S_2$,使左、右谱线一样高,即可达到光栅刻痕与平行光管狭缝平行。

各衍射角的测量:依次测出$k=-3$、$-2$、$-1$、0、1、2、3各级衍射谱线的张角,并记录于表3.18.1中。

**表 3.18.1 测量光栅常量**

| $k$ | $\varphi_{左}$ | $\varphi_{右}$ | $\varphi_k$ | $d_k$ | $\bar{d}$ |
|---|---|---|---|---|---|
| −3 | | | | | |
| −2 | | | | | |
| −1 | | | | | |
| 0 | | | | | |
| 1 | | | | | |
| 2 | | | | | |
| 3 | | | | | |

**【数据处理】**

1. 利用式(3.18.1)计算出各级衍射谱线张角:

$$\varphi_k=\frac{|\varphi_{k左}-\varphi_{0左}|+|\varphi_{k右}-\varphi_{0右}|}{2} \tag{3.18.3}$$

2. 利用式(3.18.2)计算出各级光栅常数：

$$d_k=\frac{|k\lambda|}{\sin\varphi_k} \tag{3.18.4}$$

3. 计算出 $d$ 的平均值，并要求写出光栅常数的测量结果表达式。

**【注意事项】**

1. 光栅是精密光学元件，严禁用手触摸光栅面。

2. 为了更加精确地测量，必须使谱线和叉丝以及反射叉丝像清晰并消除视差。方法为：转动目镜使叉丝清晰，调节调焦鼓轮(或松开固定目镜组螺丝，前后拔插目镜组)使反射的叉丝像清晰，调节调狭缝的鼓轮(或松开固定狭缝的螺丝，前后拔插狭缝筒)使狭缝清晰，并反复调节，尽可能消除视差。

## 思考题

1. 当测量第二级以上谱线时看到两个靠近的谱线，这是为什么？从理论上应对准哪儿测量？

2. 为什么光栅有色散作用？

3. 为什么调解时让光栅平面与平行光管光轴垂直？

4. 测量时为什么要求中央亮条纹两侧的光谱线等高？

# 3.19 迈克耳孙干涉实验

1801 年，托马斯·杨做出了第一个观察光的干涉现象的实验——光的双缝干涉实验，并成功地测出了红光和紫光的波长，奠定了光的波动性的实验基础。按照经典力学的理论，光既然是一种波动，就一定要靠介质才能传播。于是，人们提出了所谓光的以太假说。为了探测以太的存在，1880 年，迈克耳孙开始筹划用干涉方法测量以太漂移速度的实验。之后，他精心设计了著名的迈克耳孙干涉装置，进行了耐心的测量。不过，直到 1887 年 7 月，他也没能得到理论预期的以太漂移的结果，反而为最终否定以太假说奠定了坚实的实验基础，并且为爱因斯坦建立狭义相对论开辟了道路。后来，人们利用该装置的原理制成了迈克耳孙干涉仪，并用于研究光的精细结构和校准长度。

光的干涉是重要的光学现象，是光的波动性的实验依据。两列频率相同、振动方向相同且相位差恒定的相干光在空间相交区域将会发生相互加强或减弱的现象，即光的干涉现象。可见光的波长虽然很短，但干涉条纹的间距和条纹数却很容易用光学仪器测得。根据干涉条纹数和间距的变化与光程差、波长等的关系式，可以得出微小长度变化和微小角度变化等。因此干涉现象在照相技术、测量技术、平面角检测技术、材料应力及形变研究等领域有着广泛的应用。

迈克耳孙干涉仪是用分振幅的方法实现干涉的光学仪器，它设计巧妙，包含极为丰富的实验思想，在物理学发展历史中具有重大的意义，而且得到了十分广泛的应用。例如，可以观察各种不同几何形状、不同定域状态的干涉条纹；研究光源的时间相干性；测量气体、固体的折射率；进行微小长度测量等。

**【实验目的】**

1. 了解迈克耳孙干涉仪的光学结构及干涉原理，学习其调节和使用方法。
2. 学习一种测定光波波长的方法，加深对等倾等厚干涉的理解。
3. 学习用逐差法处理实验数据。

**【实验仪器】**

迈克耳孙干涉仪（YJ-MG-I 型），如图 3.19.1 所示。

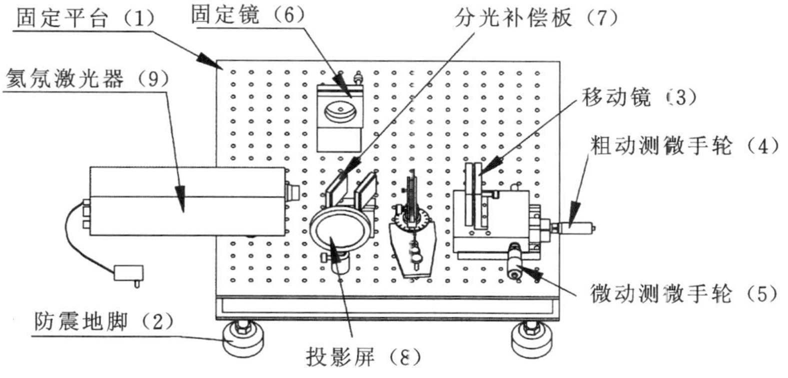


图 3.19.1 迈克耳孙干涉仪结构示意图

**【实验原理】**

1. 迈克耳孙干涉仪

图 3.19.2 所示是迈克耳孙干涉仪实物图，图 3.19.3 所示是迈克耳孙干涉仪的光路示意图，图中 $M_1$ 和 $M_2$ 是在相互垂直的两臂上放置的两个平面反射镜，其中 $M_1$ 是固定的，$M_2$ 由精密丝杆控制，可沿臂轴前、后移动，移动的距离由刻度转盘（由粗读和细读两组刻度盘组合而成）读出。在两臂轴线相交处，有一个与两轴成 45°的平行平面玻璃板 $G_1$，它的第二个平面上镀有半透（半反射）的银膜，以便将入射光分成振幅接近相等的反射光（1）和透射光（2），故 $G_1$ 又称为分光板。$G_2$ 也是平行平面玻璃板，与 $G_1$ 平行放置，厚度和折射率均与 $G_1$ 相同。由于它补偿了光线（1）和（2）因穿越 $G_1$ 次数不同而产生的光程差，故称为补偿板。

图 3.19.2 迈克耳孙干涉仪

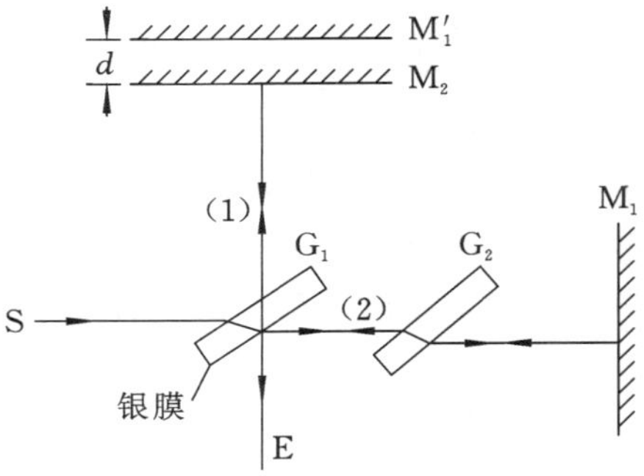


图 3.19.3 迈克耳孙干涉仪的光路示意图

从扩展光源 S 射来的光在 $G_1$ 处分成两部分，反射光（1）经 $G_1$ 反射后向着 $M_2$ 前进，透射光（2）透过 $G_1$ 向着 $M_1$ 前进，这两束光分别在 $M_2$、$M_1$ 上反射后逆着各自的入射方向返回，最后都达到 E 处。因为这两束光是相干光，因而在 E 处的观察者能够看到干涉条纹。

由 $M_1$ 反射回来的光波在分光板 $G_1$ 的第二面上反射时，如同平面镜反射一样，使 $M_1$ 在 $M_2$ 附近形成 $M_1$ 的虚像 $M_1'$，因而光在迈克耳孙干涉仪中自 $M_2$ 和 $M_1$ 的反射相当于自 $M_2$ 和 $M_1'$ 的反射。由此可见，在迈克耳孙干涉仪中所产生的干涉与空气薄膜所产生的干涉是等效的。

当 $M_2$ 和 $M_1'$ 平行时（此时 $M_1$ 和 $M_2$ 严格互相垂直），将观察到环形的等倾干涉条纹。一般情况下，$M_1$ 和 $M_2$ 形成一空气劈尖，因此将观察到近似平行的干涉条纹（等厚干涉条纹）。

2. 单色光波长的测定

用波长为 $\lambda$ 的单色光照明时，迈克耳孙干涉仪所产生的环形等倾干涉圆条纹的位置取决于相干光束间的光程差，而由 $M_2$ 和 $M_1$ 反射的两列相干光波的光程差为：

$$\Delta = 2d\cos i \tag{3.19.1}$$

其中 $i$ 为反射光（1）在平面镜 $M_2$ 上的入射角。对于第 $k$ 级条纹，则有：

$$\Delta = 2d\cos i_k \begin{cases} k\lambda & \text{明纹} \\ (2k+1)\dfrac{\lambda}{2} & \text{暗纹} \end{cases} \tag{3.19.2}$$

当 $M_2$ 和 $M_1'$ 的间距 $d$ 逐渐增大时，对任一级干涉条纹，例如 $k$ 级，必定是以减少 $\cos i_k$ 的值来满足式(3.19.2)的，故该干涉条纹间距向 $i_k$ 变大($\cos i_k$ 值变小)的方向移动，即向外扩展。这时，观察者将看到条纹好像从中心向外"涌出"，且每当间距 $d$ 增加 $\dfrac{\lambda}{2}$ 时，就有一个条纹涌出。反之，当间距由大逐渐变小时，最靠近中心的条纹将一个一个地"陷入"中心，且每陷入一个条纹，间距的改变亦为 $\dfrac{\lambda}{2}$。

因此，当 $M_2$ 镜移动时，若有 $N$ 个条纹陷入中心，则表明 $M_2$ 相对于 $M_1$ 移近了

$$\Delta d = N\frac{\lambda}{2} \tag{3.19.3}$$

反之，若有 $N$ 个条纹从中心涌出来时，则表明 $M_2$ 相对于 $M_1$ 移远了同样的距离。如果精确地测出 $M_2$ 移动的距离 $\Delta d$，则可由式(3.19.3)计算出入射光波的波长。

**【实验内容】**

1. 调整迈克耳孙干涉仪。

(1) 点亮半导体激光器，使较强、均匀的光入射到分光板 $G_1$。

(2) 调节千分尺，移动动镜 $M_2$，使 $M_2$ 到分光板的距离 $M_2G_1$ 与 $M_1G_1$ 接近相等。

(3) 这时在毛玻璃屏可看到两排光点。调节 $M_1$、$M_2$ 背面的调整螺丝，使两排中两个最亮的光点重合。此时 $M_1$ 与 $M_2$ 相互垂直，即 $M_2$ 与 $M_1'$ 相互平行，此时光路系统调整完毕。

2. 观察激光的非定域干涉现象

(1) 调整扩束器，使干涉光束布满整个毛玻璃屏。观察屏上的弧形条纹，改变 $M_2$ 和 $M_1'$ 之间的距离。根据条纹的形状、粗细和密度判断 $d$ 变大还是变小。

(2) 调节 $M_1$ 的两个微动螺丝，使 $M_2$ 与 $M_1'$ 严格平行，观察屏上出现的圆形条纹，如图 3.19.4 所示。

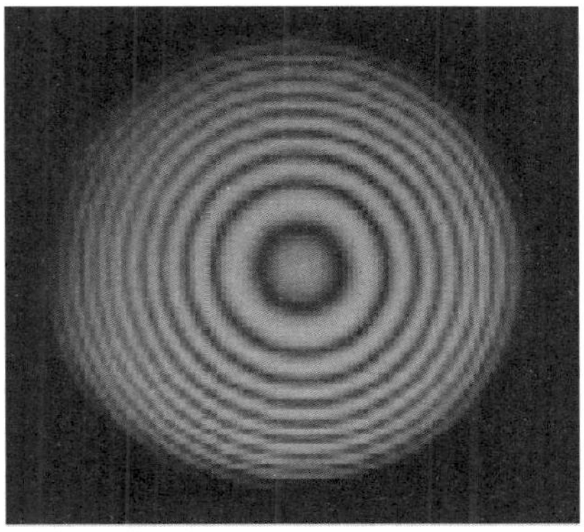

**图 3.19.4　干涉条纹**

3. 测量激光波长

选定某一清晰的区域进行测定，干涉条纹的调节如前所述。

(1) 调节读数装置，测量时转动千分尺，使得干涉条纹呈现"缩"进的状态，记下 $M_2$ 的初始位置。

(2) 在屏上选定此时点作为参考点，每"缩"进 50 个干涉环记一次 $M_2$ 镜的位置，沿同方向转动千分尺手轮。连续记录 $M_2$ 的位置 8 次(在此过程中，千分尺手轮的转向不变)，记录千分尺的读数，将数据记录于表 3.19.1 中，则 $M_2$ 移动的距离由公式 $d = |X_{k+N} - X_k|$ 计

算，用逐差法计算激光波长 $\lambda=\dfrac{2d}{\Delta N}$。

表 3.19.1　迈克耳孙干涉仪的数据记录表格

| $k$ | $X_k$/mm | $k+N$ | $X_{k+N}$/mm | $d=\lvert X_{k+N}-X_k\rvert$/mm |
|---|---|---|---|---|
| 0 | | 200 | | |
| 50 | | 250 | | |
| 100 | | 300 | | |
| 150 | | 350 | | |

**【数据处理】**

1. 采用迈克耳孙干涉仪测量 8 次 $d$。

2. 计算 $d$ 的算术平均值 $\bar{d}$ 及平均标准误差。

算术平均值：

$$\bar{d}=\frac{\sum_{i=1}^{4} d}{4}$$

平均值的标准偏差：

$$\delta_{\bar{d}}=\sqrt{\frac{\sum_{i=1}^{4}(d-\bar{d})^2}{4\times 3}}$$

3. 计算 $\bar{\lambda}$、$\delta_{\bar{\lambda}}$、$E_\lambda$，并写出测量结果。

$$\bar{\lambda}=\frac{2\bar{d}}{200};\qquad \delta_{\bar{\lambda}}=\frac{2}{200}\delta_{\bar{d}}$$

$$\lambda=\bar{\lambda}\pm\delta_{\bar{\lambda}};\qquad E_\lambda=\frac{\delta_{\bar{\lambda}}}{\bar{\lambda}}\times 100\%$$

**【注意事项】**

迈克耳孙干涉仪是精密光学仪器，使用中一定要小心爱护，要认真做到：

1. 切勿用手触摸光学表面，防止唾液溅到光学表面上，更不能移动分光板和补偿板。

2. 调节螺钉和转动手轮时，一定要轻、慢，不允许强扭硬扳。

3. 反射镜背后的粗调螺钉不可旋得太紧，以防止镜面变形。

4. 调整反射镜背后粗调螺钉时，先要把微调螺钉调在中间位置，以便能在两个方向上作微调。实验结束后，应将两个反光镜后面的调整螺丝都放松，以免弹簧长时间变形，失去弹性。

5. 测量过程中，转动手轮只能缓慢地沿一个方向前进（或后退），否则会引起较大的空回误差。

## 思考题

1. 在迈克耳孙干涉仪中是利用什么方法产生两束干涉光的？

2. 如何分辨干涉条纹是等倾干涉还是等厚干涉？如何用迈克耳孙干涉仪来测量等倾干涉、等厚干涉？

3. 调节迈克耳孙干涉仪时看到的亮点为什么是两排而不是两个？两排亮点是怎样形成的？

4. 实验中毛玻璃起什么作用？为什么观察钠光等倾干涉条纹时要用通过毛玻璃的光束照明？

5. 调节钠光的干涉条纹时，如果已使针孔板的主光点重合，但条纹并未出现，试分析可能的原因。

# 第 4 章　综合设计性实验

## 4.1　温度传感器的特性测量

温度是表征物体冷热程度的物理量，是一个非常重要的热学物理量。温度不仅和我们的生活密切相关，而且在科研及生产过程中，温度的变化对实验及生产的结果至关重要，所以温度传感器应用十分广泛。

温度是不能直接加以测量的，它只能借助于冷、热不同的物体之间的热交换以及物体的某些物理性质随冷热程度不同而变化的特性来进行间接测量。世界上第一支温度计是由意大利著名科学家伽利略于 1593 年研制出的气体温度计。大约一百年后，酒精温度计和水银温度计相继问世。到了 1821 年，德国物理学家赛贝发明了热电偶传感器，人类第一次真正地把温度转变成了电信号。随着现代工业技术的发展，人们又相继开发了半导体热电偶传感器、PN 结温度传感器、集成温度传感器、声学温度传感器和光纤温度传感器等各种类型的温度传感器。

测量温度通常都是采用间接测量方法，即利用一些材料或元件的性能随温度变化而变化的特性，通过测量该性能特性，达到测量温度高低的目的。用来测量温度特性的材料性能有**热膨胀**、**电阻**、**热电动势**、**半导体 PN 结特性**、磁导率、介电系数、光学特性、弹性等，其中前四种应用最广。

**【实验目的】**

1. 研究温度传感器的温度特性及其测温原理(Pt100)。
2. 研究常用集成温度传感器(AD590)和 PN 结温度传感器的测温原理，及其温度特性。
3. 研究比较不同温度传感器的温度特性。

**【实验仪器】**

温度传感器特性综合实验仪、数字万用表。

**【实验原理】**

温度传感器是利用一些金属、半导体等材料与温度相关的特性制成的。常用的温度传感器的类型、测温范围和特点见表 4.1.1。本实验将通过测量几种常用的温度传感器的特征物理量随温度的变化，来了解这些温度传感器的工作原理。

**表 4.1.1　常用温度传感器的类型和特点**

| 类型 | 传感器 | 测温范围/℃ | 特点 |
| --- | --- | --- | --- |
| 热电阻 | 铂电阻 | −10～650 | 准确度高，测量范围大 |
| | 铜电阻 | −50～150 | |
| | 镍电阻 | −60～180 | |
| | 半导体热敏电阻 | −50～150 | 电阻率大，温度系数大，线性差，一致性差 |
| 热电偶 | 铂铑-铂(S) | 0～1300 | 用于高温测量、低温测量两大类，必须有恒温参考点（如冰点） |
| | 铂铑-铂铑(B) | 0～1600 | |
| | 镍铬-镍硅(K) | 0～1000 | |
| | 镍铬-康铜(E) | −10～750 | |
| | 铁-康铜(J) | −40～600 | |
| 其他 | PN 结温度传感器 | −50～150 | 体积小，灵敏度高，线性好，一致性差 |
| | IC 温度传感器 | −50～150 | 线性度好，一致性好 |

1. Pt100 铂电阻的测温原理

Pt100 铂电阻是一种利用铂金属导体电阻随温度变化的特性制成的温度传感器。铂的物理、化学性能极其稳定，抗氧化能力强，复制性好，易工业化生产，电阻率较高，因此铂电阻大多用于工业检测中的精密测温和温度标准制定；缺点是高质量的铂电阻（高级别）价格十分昂贵，温度系数偏小，受磁场影响较大。Pt100 铂电阻在 0 ℃时，电阻的阻值为 100 Ω，按 IEC 标准，铂电阻的测温范围为−10～650 ℃。当温度 $t$ 在−10～0 ℃时，其关系式为：

$$R_t=R_0[1+At+Bt^2+Ct^3(t-100)] \tag{4.1.1}$$

当温度在 0～650 ℃时，其关系式为：

$$R_t=R_0(1+At+Bt^2) \tag{4.1.2}$$

式(4.1.1)、式(4.1.2)中 $R_t$、$R_0$ 分别为铂电阻在温度 $t$、0 ℃时的电阻值；$A$、$B$、$C$ 为温度系数，对于常用的工业铂电阻：

$$A=3.91\times10^{-3}/℃$$
$$B=-5.80\times10^{-7}/℃^2$$
$$C=-4.27\times10^{-12}/℃^3$$

当温度在 0～100 ℃时，$R_t$ 可近似线性地表达为；

$$R_t=R_0(1+A_1t) \tag{4.1.3}$$

式中，$A_1$ 为温度系数，近似为 $3.85\times10^{-3}$/℃。Pt100 铂电阻的阻值在 0 ℃时，$R_t=100\ \Omega$；而在 100 ℃时，$R_t=138.5\ \Omega$。

铂热电阻的电阻体是用纯度高达 99.995%～99.9995%、直径为 0.02～0.07 mm 的铂丝，按一定规律绕在云母、石英或陶瓷支架上而制成，用银导线作为引出线。工业用铂热电阻体的结构如图 4.1.1 所示。

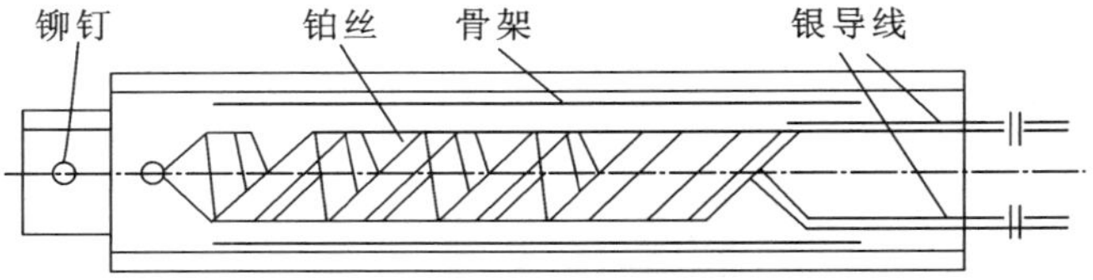


**图 4.1.1　铂热电阻体结构**

2. 热敏电阻温度特性原理(NTC 型)(选做)

热敏电阻是利用半导体电阻阻值随温度变化的特性来测量温度的。按电阻阻值随温度升高而减小或者增大的不同，分为 NTC 型(负温度系数)、PTC 型(正温度系数)和 CTC 型(临界温度)。热敏电阻电阻率大，温度系数大，但其非线性大，置换性差，稳定性差，通常只适用于要求不高的温度测量。热敏电阻特性曲线如图 4.1.2 所示。

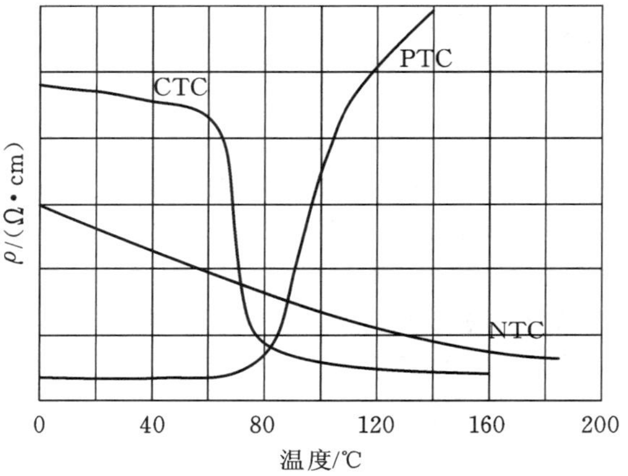


**图 4.1.2　热敏电阻特性曲线图**

在一定的温度范围内(小于 450 ℃)，热敏电阻的电阻 $R_T$ 与温度 $T$ 之间有如下关系：

$$R_T = R_0 e^{B\left(\frac{1}{T}-\frac{1}{T_0}\right)} \tag{4.1.4}$$

式中　$R_T$，$R_0$——温度为 $T$(K)、$T_0$(K)时的电阻值(K 为热力学温度单位)；

$B$——热敏电阻材料常数，一般情况下 $B$ 为 100～6000 K。

对一定的热敏电阻而言，$B$ 为常数，对式(4.1.4)两边取对数，则有：

$$\ln R_T = B\left(\frac{1}{T}-\frac{1}{T_0}\right)+\ln R_0 \tag{4.1.5}$$

由式(4.1.5)可见，$\ln R_T$ 与 $1/T$ 呈线性关系，作 $\ln R_T$-$(1/T)$曲线，用最小二乘法直线拟合，由斜率可求出常数 $B$。

### 3. PN 结传感器工作原理

PN 结温度传感器是利用半导体 PN 结的结电压对温度的依赖性实现温度检测的。实验证明，在一定的电流通过情况下，PN 结的正向电压与温度之间有良好的线性关系。通常将硅三极管 b、c 极短路，用 b、e 极之间的 PN 结作为温度传感器测量温度。硅三极管基极和发射极间正向导通电压 $U_{be}$ 一般约为 600 mV(25 ℃)，且与温度成反比。其优点是线性良好，温度系数约为 −2.3 mV/℃，测温精度较高，测温范围可达 −50～150 ℃。缺点是一致性差，互换性差。

通常 PN 结组成二极管的电流 $I$ 和电压 $U$ 满足下式：

$$I = I_S\left[e^{\frac{qU}{kT}} - 1\right] \tag{4.1.6}$$

在常温条件下，且 $e^{\frac{qU}{kT}} \gg 1$ 时，式(4.1.6)可近似为：

$$I = I_S\, e^{\frac{qU}{kT}} \tag{4.1.7}$$

式中　$q$——$q = 1.602 \times 10^{-19}$；

$k$——$k = 1.381 \times 10^{-23}$ J/K，为玻尔兹曼常数；

$e$——电子电量；

$T$——热力学温度；

$I_S$——反向饱和电流。

正向电流保持恒定条件下，PN 结的正向电压 $U$ 和温度 $t$ 近似满足下列线性关系：

$$U = Kt + U_{go} \tag{4.1.8}$$

式中　$U_{go}$——半导体材料参数；

$K$——PN 结的结电压温度系数。

实验中用恒压源串联 51 kΩ 电阻使流过 PN 结的电流近似为恒流源，电路图如图 4.1.3 所示。

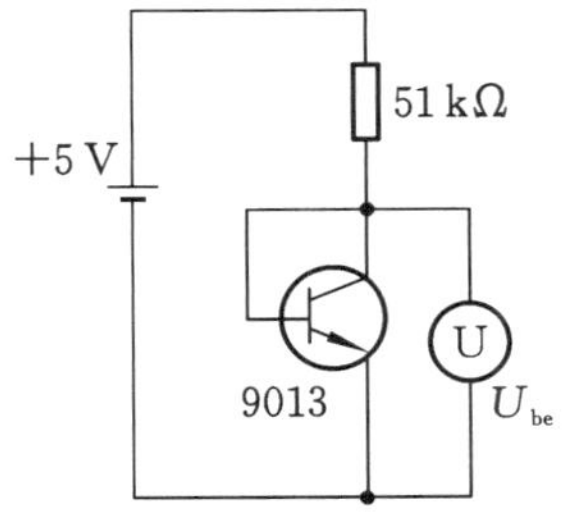


**图 4.1.3**　PN 结温度传感器温度特性测量电路图

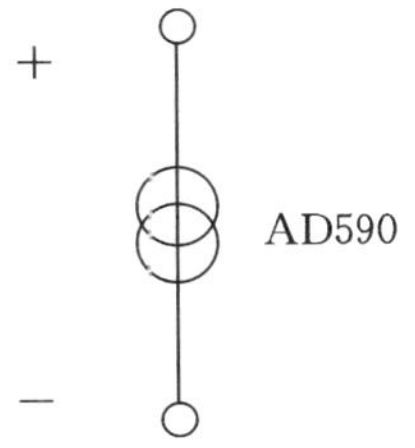


**图 4.1.4**　AD590 电路符号图

### 4. AD590 工作原理

AD590 是一种电流型集成电路温度传感器，其输出电流大小与温度成正比。它的线性度极好，具有准确度高、动态电阻大、响应速度快、使用方便等特点。AD590 是一个二端器件，电路符号如图 4.1.4 所示。

AD590 等效于一个高阻抗的恒流源，其输出阻抗大于 10 MΩ，能大大减小因电源电压变动而产生的测温误差。AD590 工作电压为 +4～+30 V，温度适用范围为 −55～+150 ℃，灵敏度为 1 μA/K，即对应于热力学温度 $T$，每变化 1 K，输出电流变化 1 μA。其输出电流 $I$（μA）与热力学温度 $T$（K）严格成正比。其电流灵敏度表达式为：

$$\frac{I}{T}=\frac{3k}{eR}\ln 8 \qquad (4.1.9)$$

式中 $k$，$e$——玻尔兹曼常数和电子电量；

$R$——内部集成化电阻。

将 $\frac{k}{e}=0.0862$ mV/K、$R=538\ \Omega$ 代入式(4.1.9)中得到：

$$\frac{I}{T}=1.000\ \mu\text{A/K} \qquad (4.1.10)$$

在 $T=0$ K 时，其输出为 273.15 μA（AD590 有几种级别，一般准确度差异在 ±3～5 μA），因此 AD590 的输出电流 $I$ 就代表着被测温度的热力学温度值。AD590 的电流-温度（$I$-$T$）特性曲线如图 4.1.5 所示。

AD590 的输出电流表达式为：

$$I=AT+B \qquad (4.1.11)$$

式中 $A$——灵敏度；

$B$——0 K 时输出电流。

如需显示摄氏温标（℃），则要加温标转换电路，其关系式为：

$$t=T+273.15 \qquad (4.1.12)$$

AD590 温度传感器的准确度在整个测温范围内不大于 ±0.5 ℃，线性极好。用一个电源、一个电阻、一个数字式电压表即可实现温度的测量。由于 AD590 以热力学温度 $K$ 定标，在摄氏温标应用中，应该进行℃的转换，其实验测量电路如图 4.1.6 所示。

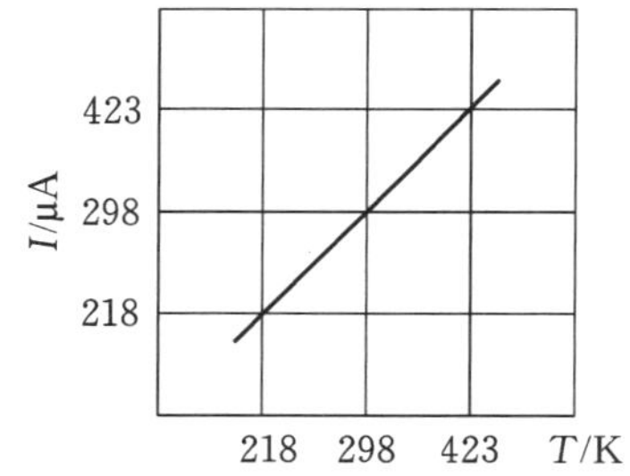


**图 4.1.5** AD590 电流-温度特性曲线图

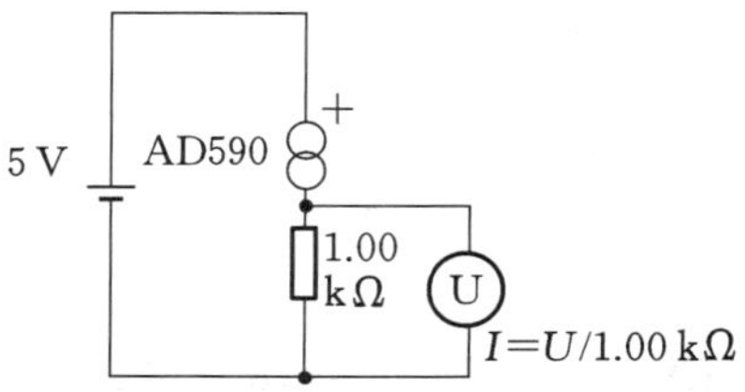


**图 4.1.6** AD590 温度传感器温度特性测量电路图

5. LM35 传感器工作原理（选做）

LM35 是由 National Semiconductor 所生产的集成温度传感器，其输出电压值与摄氏温标呈线性关系，转换公式如 $V_0=10$ mV/℃×$T$ ℃变化，在 0 ℃时其电压输出为 0 V，温度每升高 1 ℃时其电压输出就增加 10 mV。在常温下，LM35 不需要额外的校准处理，其精度就可达到 ±1/4℃的准确率。LM35 的测温范围是 −55～150 ℃。

LM35 温度传感器(标准 $T_0-92$ 工业封装)准确度一般为±0.5 ℃。由于其输出为电压且线性极好,故只要配上电压源、数字式电压表就可以构成一个精密数字测温系统。该传感器输出电压的温度系数 $K_V=10.0$ mV/℃,利用下式可计算出被测温度 $t$(℃):

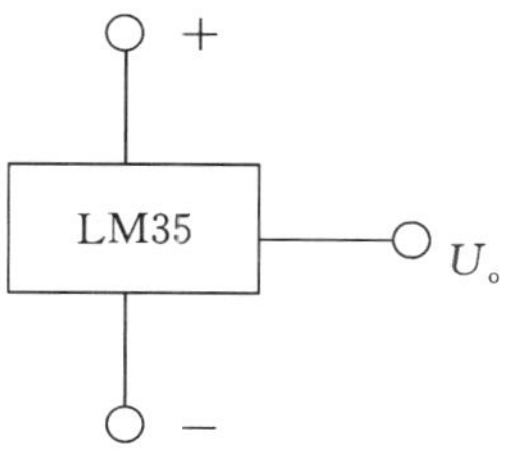

图 4.1.7　LM35 温度传感器的电路符号图

$$U_o=K_V\cdot t$$

即

$$t=\frac{U_o}{10.0\ \text{mV}} \tag{4.1.13}$$

LM35 温度传感器的电路符号如图 4.1.7 所示,$U_o$为输出端。实验测量时只要直接测量其输出端电压 $U_o$,即可知待测量的温度。

**【实验内容】**

1. 将仪器电源线与仪器连接起来。按实验图连接实验装置。

2. 调节 PID 控温表,设置 SV:在表面板上按一下(SET)按键,SV 表头的温度显示个位将会闪烁;按面板上的"▲"或"▼"键调整设置个位的温度;再按"<"键使表头的温度显示十位闪烁,按面板上的"▲"或"▼"键调整设置十位的温度;用同样方法还可设置百位的温度。调好 SV 所需设定的温度后,再按一下(SET)按键即可完成设置。将加热开关选择打到慢速加热,待 30 s 后仪器开始加热,控温表即可自动控制温度。

3. 调节不同温度的值,设定参照步骤 2 进行调节。

4. 降温使用。将加热开关选择打到(断),再将风扇打开。

**实验一:测量 Pt100 电阻传感器的温度曲线**

将 Pt100 电阻传感器插入加热井,传感器输出接 $R_x$ 两端。数字万用表打到欧姆挡,表笔接 $R_x$ 两端,实验连接如图 4.1.8 所示,将数据记录在表 4.1.2 中。

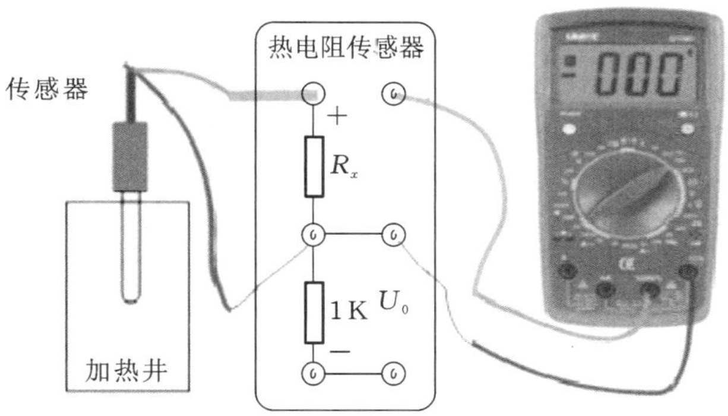

图 4.1.8　Pt100 电阻传感器的电路连接示意图

**实验二:测量 PN 结传感器的温度曲线**

实验连接如图 4.1.9 所示,数字万用表设为电压挡,将数据记录在表 4.1.3 中。

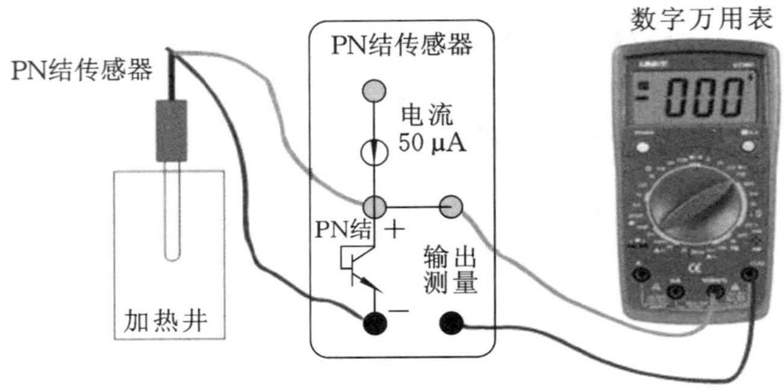


图 4.1.9 PN 结传感器的电路连接示意图

**实验三：测量 AD590 传感器的温度曲线**

实验连接如图 4.1.10 所示，数字万用表设为电压挡，将数据记录在表 4.1.3 中。

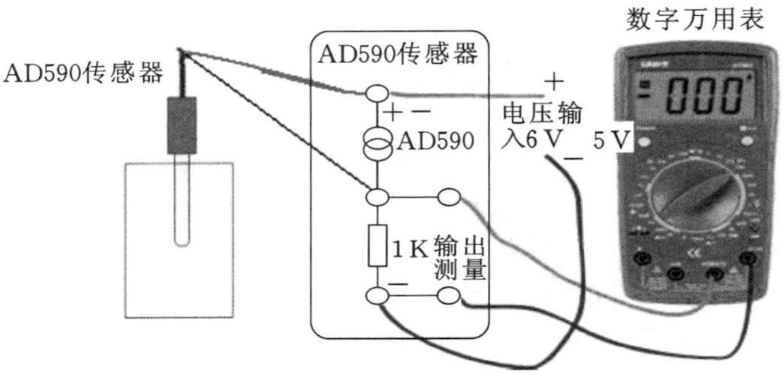


图 4.1.10 AD590 传感器的电路连接示意图

**【数据记录】**

实验相关数据分别记录于表 4.1.2 至表 4.1.4 中。

表 4.1.2 Pt100 铂电阻数据记录 室温______℃

| 序号 | 1 | 2 | 3 | 4 | 5 | 6 | 7 | 8 | 9 | 10 |
|---|---|---|---|---|---|---|---|---|---|---|
| 温度/℃ | 30 | 35 | 40 | 45 | 50 | 55 | 60 | 65 | 70 | 75 |
| $R/\Omega$ | | | | | | | | | | |

表 4.1.3 PN 结正向压降与温度数据记录 室温______℃

| 序号 | 1 | 2 | 3 | 4 | 5 | 6 | 7 | 8 | 9 | 10 |
|---|---|---|---|---|---|---|---|---|---|---|
| 温度/℃ | 30 | 35 | 40 | 45 | 50 | 55 | 60 | 65 | 70 | 75 |
| 电压/V | | | | | | | | | | |

**表 4.1.4　电流型集成温度传感器(AD590)温度特性测量数据记录表**　　室温______℃

| 序号 | 1 | 2 | 3 | 4 | 5 | 6 | 7 | 8 | 9 | 10 |
|---|---|---|---|---|---|---|---|---|---|---|
| 温度/℃ | 30 | 35 | 40 | 45 | 50 | 55 | 60 | 65 | 70 | 75 |
| 电流/A | | | | | | | | | | |

## 思考题

1. 热电偶、热电阻和热敏电阻温度传感器有何区别？
2. 热敏电阻温度传感器在日常生活中的应用有哪些？

# 4.2 分光计的调节和使用

分光计(又名分光测角仪)是用来精确测量角度的仪器。利用分光计对光的反射角、折射角、衍射角测量,以此检验棱镜的棱角是否合格、玻璃砖的两个表面是否平行,计算介质折射率、光波波长等相关的物理量。分光计在使用中所涉及的光学元件共轴调节、共面调节、望远镜及平行光管调节,不仅是正确使用分光计所必需的,也是光学实验需要掌握的基本技能。许多光学仪器(如棱镜光谱仪、光栅光谱仪、分光光度计、单色仪等)的基本结构也是以它为基础的,所以分光计是光学实验中的基本仪器之一。使用分光计时必须经过一系列的精细调整才能得到准确的结果,它的调整技术是光学实验中基本技术之一,必须正确掌握。本实验的目的就在于着重训练分光计的调整技术和技巧,并用它来测量三棱镜的顶角和最小偏向角。

【实验目的】

1. 利用光的反射原理测量棱镜的角度。
2. 利用光的折射原理测量棱镜的最小偏向角,从而计算棱镜玻璃的折射率和色散率。
3. 和光栅配合,做光的衍射实验,测量光波波长。
4. 和偏振片、波片配合,做光的偏振实验等。

【实验仪器】

分光计、平面反射镜、低压汞灯、三棱镜。

【实验原理】

分光计实验仪的外形如图 4.2.1 所示。

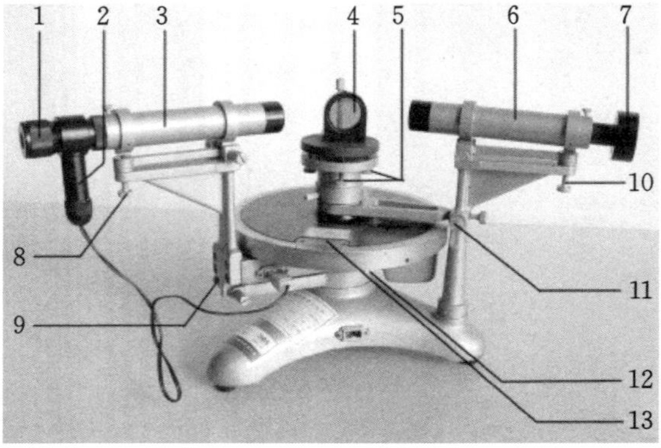


**图 4.2.1　分光计实验仪结构**

1—目镜;2—小灯;3—望远镜筒;4—平行平面镜;5—平台倾斜度调节螺丝;6—平行光管;7—狭缝装置;8—望远镜倾斜度调节螺丝;9—望远镜微调螺丝;10—平行光管微调螺丝;11—度盘微调螺丝;12—望远镜锁紧螺丝;13—游标盘

在底座的中央固定一中心轴,度盘和游标盘套在中心轴上,可以绕中心轴旋转,度盘下端有一推力轴承支撑，使旋转轻便灵活。度盘上刻有 720 等分的刻线，每一格的格值为 30 分，对径方向设有两个游标读数装置，测量时读出两个读数值，然后取平均值，这样可以消除偏心引起的误差。

立柱固定在底座上，平行光管安装在立杆上，平行光管的光轴位置可以通过立柱上的调节螺丝来进行微调，平行光管带有一个狭缝装置，可沿光轴移动和转动，狭缝的宽度在 0.02～2 mm内可以调节。

阿贝式自准直望远镜安装在支臂上，支臂与转座固定在一起，并套在度盘上，当松开止动螺丝时，转座与度盘一起旋转，当旋紧止动螺钉时，转座与度盘可以进行相对转动。旋紧制动架(一)与底座上的止动螺钉时，借助制动架末端上的调节螺钉可以对望远镜进行微调(旋转)。同平行光管一样，望远镜系统的光轴位置也可以通过调节螺钉进行微调。望远镜系统的目镜可以沿光轴移动和转动，目镜的视度可以调节。

自准直望远镜结构如图 4.2.2 所示。

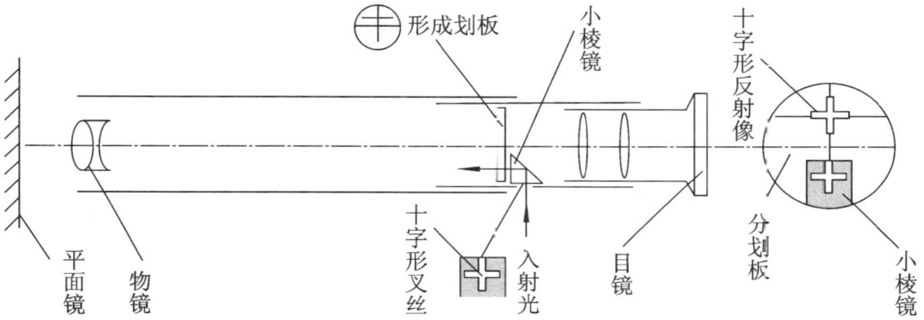


**图 4.2.2　自准直望远镜结构**

载物台套在游标盘上，可以绕中心轴旋转，旋紧载物台锁紧螺钉和制动架与游标盘的止动螺钉时，借助立柱上的调节螺钉可以对载物台进行微调(旋转)。放松载物台锁紧螺钉时，载物台可根据需要升高或降低。调到所需位置后，再把锁紧螺钉旋紧。载物台有三个调平螺钉用来调节，使载物台面与旋转中心线垂直。

**【仪器的调整】**

1. 目镜的调焦

目镜调焦的目的是使眼睛通过目镜能很清楚地看到目镜中分划板上的刻线。

调焦方法：先把目镜调焦手轮旋出，然后一边旋进，一边从目镜中观察，直到分划板刻线成像清晰，再慢慢地旋出手轮，至目镜中像的清晰度将被破坏而未被破坏时为止。

2. 望远镜的调焦

望远镜调焦的目的是将目镜分划板上的十字线调整到物镜的焦平面上，也就是望远镜对无穷远调焦。其方法如下：

(1) 接上灯源把望远镜光轴位置的调节螺钉调到适中的位置。

(2) 在载物台的中央放上附件光学平行平板，其反射面对着望远镜物镜，且与望远镜光轴大致垂直。

(3) 通过调节载物台的调平螺钉和转动载物台，使望远镜的反射像和望远镜在一直线上。

(4) 从目镜中观察，此时可以看到一亮十字线，前后移动目镜，对望远镜进行调焦，使亮十字线成清晰像，然后利用载物台的调平螺钉和载物台微调机构，把这个亮十字线调节到与分划板上方的十字线重合，往复移动目镜，使亮十字线和十字线无视差地重合。

3. 调整望远镜的光轴垂直旋转主轴

(1) 调整望远镜光轴上下位置调节螺钉，使反射回来的亮十字线精确地成像在十字线上。

(2) 把游标盘连同载物台平行平板旋转 180°时，观察到亮十字线可能与十字丝有一个垂直方向的位移，也就是说，亮十字线可能偏高或偏低。

(3) 调节载物台调平螺钉，使位移减少一半。

(4) 调整望远镜光轴上下位置调节螺钉，使垂直方向的位移完全消除。

(5) 把游标盘连同载物台、平行平板再转过 180°检查其重合程序。重复(3)和(4)使偏差得到完全校正。

4. 将分划板十字线调成水平和垂直

当载物台连同光学平行平板相对于望远镜旋转时，观察亮十字线是否水平地移动，如果分划板的水平刻线与亮十字线的移动方向不平行，就要转动目镜，使亮十字线的移动方向与分划板的水平刻线平行，注意不要破坏望远镜的调焦，然后将目镜锁紧螺钉旋紧。

平行光管的调焦，目的是把狭缝调整到物镜的焦平面上，也就是平行光管对无穷远调焦。方法如下：

(1) 去掉目镜照明器上的光源，打开狭缝，用漫射光照明狭缝。

(2) 在平行光管物镜前放一张白纸，检查在纸上形成的光斑，调节光源的位置，使得在整个物镜孔径上照明均匀。

(3) 除去白纸，把平行光管光轴左右位置调节螺钉调到适中的位置，将望远镜筒正对平行光管，从望远镜目镜中观察，调节望远镜微调机构和平行光管上下位置调节螺钉，使狭缝位于视场中心。

(4) 前后移动狭缝机构，使狭缝清晰地成像在望远镜分划板平面上。

5. 调整平行光管的光轴垂直于旋转主轴

调整平行光管光轴上下位置调节螺钉，升高或降低狭缝像的位置，使得狭缝对目镜视场的中心对称。将平行狭缝调成垂直，旋转狭缝机构，使狭缝与目镜分划板的垂直刻线平行，注意不要破坏平行光管的调焦，然后将狭缝装置锁紧螺钉旋紧。

**【实验内容】**

1. 用最小偏向角的方法，求棱镜材料的折射率

原理：如图 4.2.3 所示，$ABC$ 表示一块三棱镜，$AB$ 和 $AC$ 面经过仔细抛光，光线沿 $P$ 在 $AB$ 面上入射，经过棱镜在 $AC$ 面上沿 $P'$方向出射，$P$ 和 $P'$之间的夹角 $\delta$ 称为偏向角。当 $\alpha$ 一定时，偏向角 $\delta$ 的大小是随角 $i_1$ 的改变而改变的。而当 $i_1 = i_2'$时，$\delta$ 为最小(证明略)，这

个时候的偏向角称为最小偏向角，记作 $\delta_{\min}$。

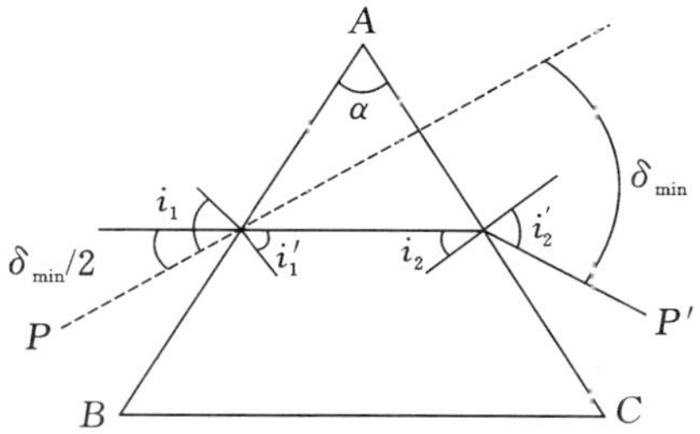

图 4.2.3　测最小偏向角光路

由图中可以看出，这时 $i_1'=\frac{\alpha}{2}$，则有：

$$\frac{\delta_{\min}}{2}=i_1-i_1'=i_1-\frac{\alpha}{2} \tag{4.2.1}$$

即：

$$i_1=\frac{1}{2}(\delta_{\min}+\alpha) \tag{4.2.2}$$

设棱镜材料折射率为 $n$，则：

$$\sin i_1=n\sin i_1'=n\sin\frac{\alpha}{2} \tag{4.2.3}$$

即：

$$n=\frac{\sin i_1}{\sin\frac{\alpha}{2}}=\frac{\sin\frac{\alpha+\delta_{\min}}{2}}{\sin\frac{\alpha}{2}} \tag{4.2.4}$$

由此可知，要求材料的折射率 $n$，必须：

① 测出顶角 $\alpha$；

② 测出最小偏向角 $\delta_{\min}$。

测量前，将仪器完全按照“仪器的调整”中所述的方法调整好。

（1）测量顶角

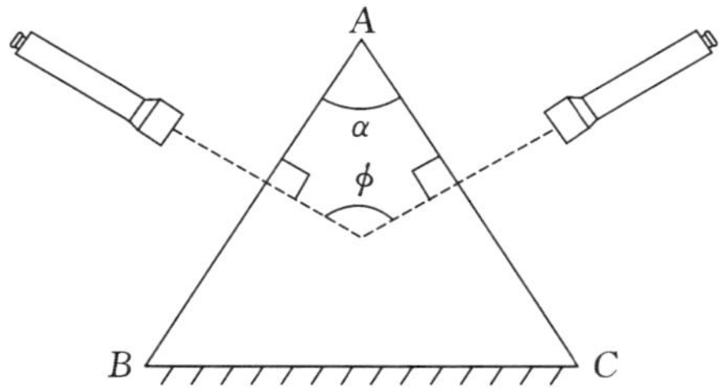

图 4.2.4　顶角测量原理图

顶角测量原理如图 4.2.4 所示。

① 取下平行平板，放上被测棱镜，适当调整工作台高度，用自准直法观察，使 $AB$ 面和 $AC$ 面都垂直于望远镜光轴。

② 调好游标盘的位置，使游标在测量过程中不被平行光管或望远镜挡住，锁紧制动架（二）和游标盘，以及载物台和游标盘的止动螺钉。

③ 使望远镜对准 $AB$ 面，锁紧转座与度盘、制动架（一）和底座的止动螺钉。

④ 旋转制动架（一）末端上的调节螺钉，对望远镜进行微调（旋转），使亮十字线与十字线完全重合。

⑤ 记下对径方向上游标所指示的度盘的两个读数，取其平均值 $A_m$。

⑥ 放松制动架（一）与底座上的止动螺钉，旋转望远镜，使其对准 $AC$ 面，锁紧制动架（一）与底座上的止动螺钉。

⑦ 重复④、⑤得到平均值 $B_m$。

⑧ 计算顶角：$\alpha=180°-(B_m-A_m)$

最好重复测量三次，求得平均值。

(2) 测量最小偏向角

① 用所要求谱线的单色光(如钠灯)照明平行光管的狭缝，从平行光管发出的平行光束经过棱镜的折射而偏折一个角度。

② 放松制动架(一)和底座的止动螺钉，转动望远镜，找到平行光管的狭缝像，放松制动架(二)和游标盘的止动螺钉，慢慢转动载物台，开始从望远镜看到的狭缝像沿某一方向移动，当转到这样一个位置，即看到的狭缝像刚刚开始要反身移动，此时的棱镜位置就是平行光束以最小偏向角射出的位置。

③ 锁紧制动架(二)与游标盘止动螺钉。

④ 利用微调机构精确调整，使分划板的十字线精确地对准狭缝(在狭缝中央)。

⑤ 记下对径方向上游标所指示的度盘的读数，取其平均值 $c_m$。

⑥ 取下棱镜，放松制动架(一)与底座止动螺钉。转动望远镜，使望远镜直接对准平行光管，然后旋紧制动架(一)与底座上止动螺钉，对望远镜进行微调，使分划板十字线精确地对准狭缝。

⑦ 记下对径方向上游标所指示的度盘的两个读数，取平均值 $d_m$。

⑧ 计算最小偏向角 $\delta_{min}=(d_m-c_m)$

⑨ 最好重复测量三次，求得平均值。

(3) 利用公式 $n=\dfrac{\sin\dfrac{\alpha+\delta_{min}}{2}}{\sin\dfrac{\alpha}{2}}$ 求出折射率。

2. 光栅常数测量

(1) 调整分光计。

(2) 调整望远镜的目镜，看清晰望远镜叉丝。

(3) 调整望远镜使之聚焦到无穷远，即可接收平行光，看清晰平面镜反射回来的亮的小十字叉丝像。

(4) 调整望远镜光轴与载物台平面，使之均与分光计中心转轴垂直。

(5) 调整平行光管，获得平行光、线光源，并与望远镜光轴同轴。

(6) 将光栅放置于载物台上，使之与入射光垂直。

(7) 观察复色光(低压汞灯光)或单色光(低压钠灯光)的谱线，了解光栅光谱特征。

(8) 测量汞灯黄色双谱线、绿色谱线和紫色谱线的波长。只有钠灯光源的，测量钠双黄线波长。

**【注意事项】**

1. 在调节好望远镜光轴与仪器中心轴垂直后，不能再拧望远镜下方调倾螺钉。

2. 测量角度时，同一游标两次读数的差值为望远镜筒转过的角度，不要将两游标读数弄混。

3. 测量角度时，注意转动望远镜(游标盘)时刻度盘(游标盘)是否经过游标盘(刻度盘)的零点。

## 思考题

1. 调节光学仪器的要领是一般先粗调后细调，本实验是如何体现这一点的？

2. 用双面镜调节望远镜光轴与仪器中心轴垂直时，为什么要转动载物台使双面镜两个面反射的叉丝像都要与调整用叉丝重合？

3. 若分光计测量角度的精度为 $1'$，试导出测量顶角、最小偏向角及折射率 $n$ 的不确定度公式，并估算 $n$ 的不确定度。

附：读数装置如图 4.2.5 所示。读数装置由刻度圆盘和沿圆盘边相隔 $180°$对称安置的两个游标组成。刻度圆盘分成 $360°$，最小分度为 $0.5°(30')$，小于 $0.5°$的利用游标读出。游标上有 30 格读数单位为 $1'$。两个游标对称放置，是为了消除刻度盘中心与分光计中心轴线之间的偏心差，测量时要同时记下两游标所示的读数。

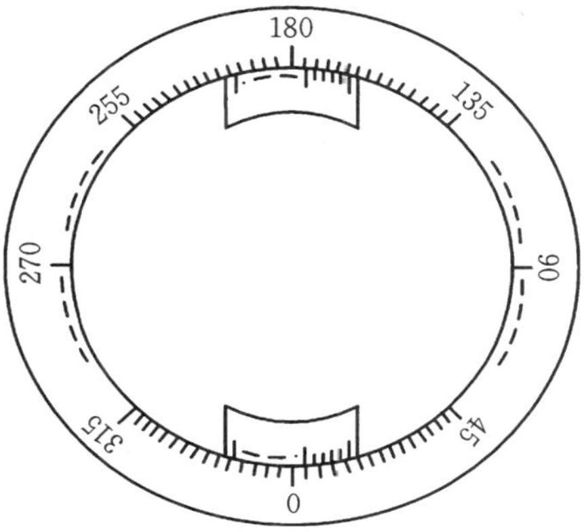


**图 4.2.5　分光计读数刻度盘**

# 4.3　电表的改装与校准

电表在电测量中有着广泛的应用,因此了解电表和使用电表就显得十分重要。电流计(表头)由于构造的原因,一般只能测量较小的电流或电压,如果要用它来测量较大的电流或电压,就必须进行改装,扩大其量程。万用表就是将微安表头进行多量程改装而制成的,其在电路的测量和故障检测中有着广泛的应用。

**【实验目的】**

1. 学习测量表头内阻、量程的方法。
2. 掌握将微电流表头改成较大量程电流表和电压表的方法。
3. 掌握校准电流表和电压表的方法。
4. 改装欧姆表及标定表面刻度。

**【实验仪器】**

ZC1508 型电表改装与校准实验仪(面板如图 4.3.1 所示)、专用连接线等。

图 4.3.1　ZC1508 型电表改装与校准实验仪面板

**【实验原理】**

常见的磁电式电流计主要由放在永久磁场中的用细漆包线绕制的可转动的线圈、用来产生机械反力矩的游丝、指针和永久磁铁组成。当电流通过线圈时,载流线圈在磁场中会产生一个磁力矩 $M_{磁}$ 使线圈转动,从而带动指针偏转。线圈偏转角的大小和通过的电流大小成正比,所以可由指针的偏转直接指示出电流值。

1. 测量量程 $I_g$、内阻 $R_g$

电流计允许通过的最大电流称为电流计的量程,用 $I_g$ 表示;电流计的线圈有一定内阻,用 $R_g$ 表示。$I_g$ 与 $R_g$ 是两个表示电流计特性的重要参数。

测量内阻 $R_g$ 的常用方法有:

(1) 半电流法(也称中值法)。测量原理见图 4.3.2 所示。当被测电流计接在电路中时,使其满偏，再用十进位电阻箱与被测电流计并联作为分流电阻。可通过调电源电压和 $R_W$ 改变分流电阻的电阻值，即改变分流程度。当电流计指针指示到中间值，且标准表读数（总电流大小）保持不变，显然这时的分流电阻值等于电流计的内阻。

(2) 替代法。测量原理图见图 4.3.3。当被测电流计接在电路中时，可用十进位电阻箱替代它。改变电阻值，当电路中的电压不变，且电路中的电流（标准表读数）也保持不变时，电阻箱的电阻值即为被测电流计的内阻。

替代法是一种运用很广的测量方法，具有较高的测量准确度。

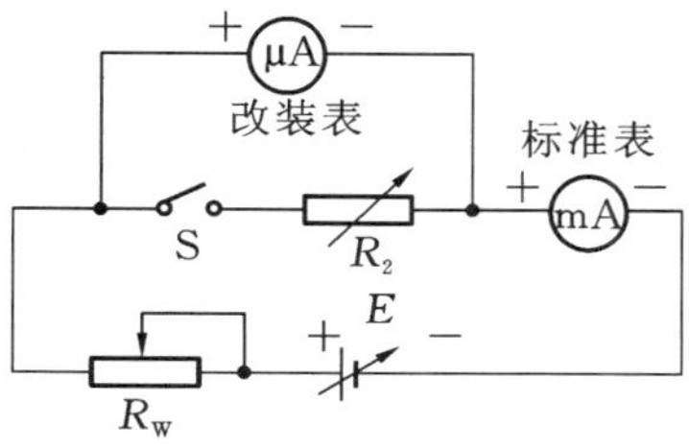


**图 4.3.2　中值法的测量原理**

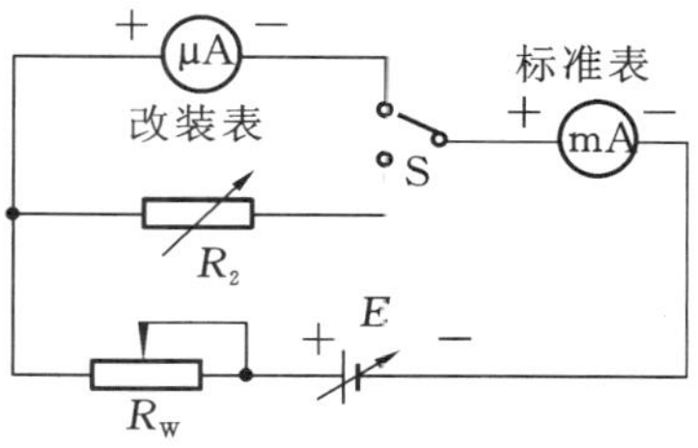


**图 4.3.3　替代法的测量原理**

2. 改装为大量程电流表

根据电阻并联规律可知，如果在表头两端并联上一个阻值适当的电阻 $R_2$，如图 4.3.4 所示，可使表头不能承受的那部分电流从 $R_2$ 上分流通过。这种由表头和并联电阻 $R_2$ 组成的整体（图 4.3.4 中虚线框内的部分）就是改装后的电流表。如需将量程扩大 $n$ 倍，则不难得出：

$$R_2=\frac{R_g}{n-1} \tag{4.3.1}$$

图 4.3.4 所示为扩流后的电流表原理图。用电流表测量电流时，电流表应串联在被测电路中，所以要求电流表应有较小的内阻。另外，在表头上并联阻值不同的分流电阻，便可制成多量程的电流表。

3. 改装为大量程电压表

一般表头能承受的电压很小，不能用来测量较大的电压。为了测量较大的电压，可以给表头串联一个阻值适当的电阻 $R_M$，如图 4.3.5 所示，使表头上不能承受的那部分电压降落在电阻 $R_M$ 上。这种由表头和串联电阻 $R_M$ 组成的整体就是电压表，串联的电阻 $R_M$ 叫作扩程电阻。选取不同大小的 $R_M$，就可以得到不同量程的电压表。由图 4.3.5 可求得扩程电阻值为：

$$R_M=\frac{U}{I_g}-R_g \tag{4.3.2}$$

用电压表测电压时，电压表总是并联在被测电路上。为了不因为并联电压表而改变电路中的工作状态，要求电压表应有较高的内阻。

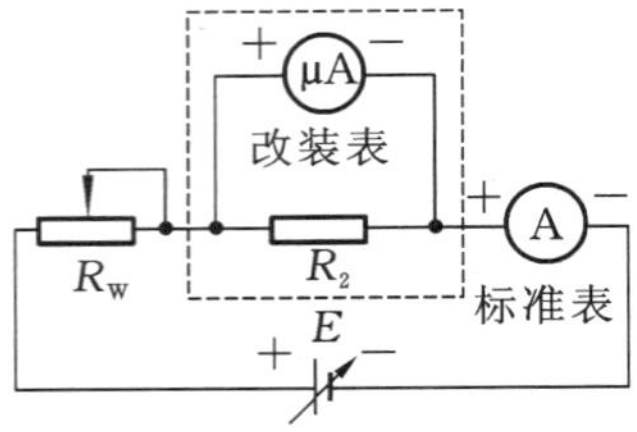


图 4.3.4　扩展量程后的电流表原理

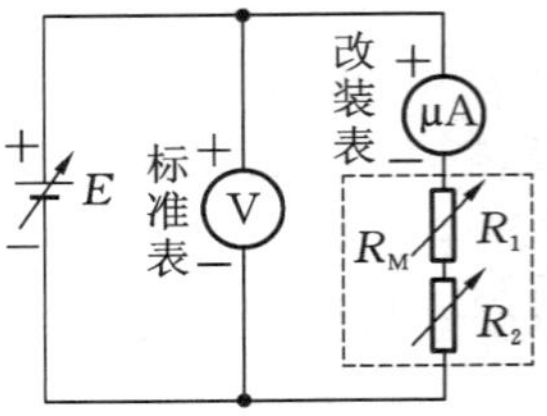


图 4.3.5　扩展量程后的电压表原理

4. 改装为大量程电阻表

用来测量电阻大小的电表称为电阻表。根据调零方式的不同,电阻表可分为串联分压式和并联分流式两种,其原理电路如图 4.3.6 所示。图中 $E$ 为电源,$R_3$ 为限流电阻,$R_W$ 为调“零”电位器,$R_X$ 为被测电阻,$R_g$ 为等效表头内阻。图 4.3.6(b)中,$R_G$ 与 $R_W$ 一起组成分流电阻。

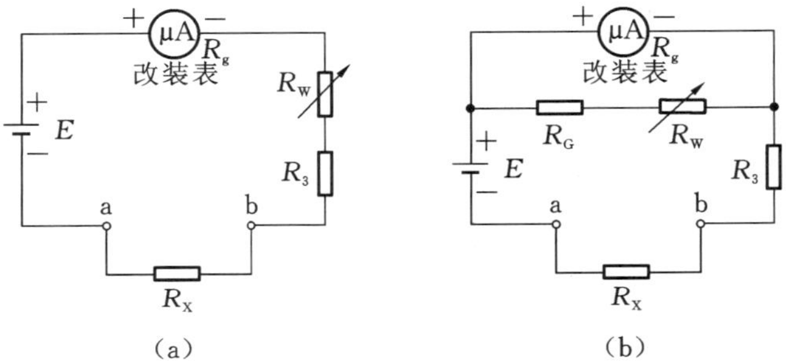


图 4.3.6　欧姆表的原理电路

(a)串联分压式;(b)并联分流式

电阻表使用前先要调“零”点,即 a、b 两点短路(相当于 $R_X=0$),调节 $R_W$ 的阻值,使表头指针正好偏转到满度。可见,电阻表的零点就在表头标度尺的满刻度(即量限)处,与电流表和电压表的零点正好相反。

在图 4.3.6(a)中,当 a、b 端接入被测电阻 $R_X$ 后,电路中的电流为:

$$I=\frac{E}{R_g+R_W+R_3+R_X} \tag{4.3.3}$$

对于给定的表头和线路来说,$R_g$、$R_W$、$R_3$都是常量。由此可见,当电源端电压 $E$ 保持不变时,被测电阻和电流值有一一对应的关系。即接入不同的电阻,表头就会有不同的偏转读数,$R_X$ 越大,电流 $I$ 越小。短路 a、b 两端,即 $R_X=0$ 时:

$$I=\frac{E}{R_g+R_W+R_3}=I_g \tag{4.3.4}$$

这时指针满偏。

当 $R_X=R_g+R_W+R_3$ 时:

$$I=\frac{E}{R_g+R_W+R_3-R_X}=\frac{1}{2}I_g \tag{4.3.5}$$

这时指针在表头的中间位置，对应的阻值为中值电阻，显然 $R_中=R_g+R_W+R_3$。

当 $R_X=\infty$（相当于 a、b 开路）时，$I=0$，即指针在表头的机械零位。

所以电阻表的标度尺为反向刻度，且刻度是不均匀的，电阻越大，刻度间距越密。如果表头的标度尺预先按已知电阻值刻度，就可以用电流表来直接测量电阻。

并联分流式电阻表是利用对表头分流来进行调零的，具体参数可自行设计。

在使用过程中，电阻表电池的端电压会有所改变，而表头的内阻 $R_g$ 及限流电阻 $R_3$ 为常量，故要求 $R_W$ 跟着 $E$ 的变化而改变，以满足调“零”的要求，设计时用可调电源模拟电池电压的变化，范围取 1.35～1.6 V 即可。

**【实验内容】**

仪器在进行实验前应对毫安表进行机械调零，并进行以下检查：打开仪器后部电源开关，接通交流电源，标准电压表、标准电流表应正常显示；标准电压表在空载时因内阻较高会出现跳字，属正常现象；调节稳压电源，应正常输出。

1. 用中值法测出表头的内阻

(1) 把 $E$、$R_W$、表头（μA）、标准表（A）按图 4.3.2 所示电路接线。注意：先不要接电阻箱 $R$，接线之前务必将电源电压 $E$ 调至 0 V。

(2) 调节 $E$ 或 $R_W$，使表头满偏，此电流即为改装表头的满度电流，记录标准表的读数，$I_g=$__________μA。

(3) 将电阻箱 $R_2$ 并联在表头两端（如图 4.3.2 中开关 S 闭合），调节 $E$ 或 $R_W$，使标准表读数保持不变。调节 $R_2$，使表头的指针指示到中间值，循环几次，直至上述两条件同时满足，则表头内阻 $R_g=R_2$。记录表头内阻 $R_g$ 的数值，$R_g=$_________Ω。

2. 将一个量程为 100 μA 的表头改装成 1 mA 量程的电流表

(1) 计算出并联电阻值 $R_2$：

$$R_2=\frac{R_g}{n-1}=\frac{R_g}{10-1}=$$

(2) 关闭电源，电路连接按图 4.3.4 所示，将标准表转换到 2 mA 的量程。

(3) 调节 $R_2$，使 $R_2$ 等于计算值。

(4) 开启电源，调节电源电压 $E$ 和滑动变阻器 $R_W$，使改装表的读数按表 4.3.1 所示的要求先减小后增大（指针从刻度盘的示数“100”减小到“0”再增加到“100”），并记录标准表相应的读数，完成表 4.3.1（注意：$R_W$ 作为限流电阻，阻值不要调至最小值）。

3. 将一个量程为 100 μA 的表头改装成 1.5 V 量程的电压表

(1) 计算所需分压电阻 $R_M$：

$$R_M=\frac{U}{I_g}-R_g=$$

(2) 关闭电源，把电阻箱中 $R_1+R_2$ 的电阻值调节至等于 $R_M$。

(3) 按图 4.3.5 所示的原理进行电路线连接。

(4) 开启电源，调节电源电压 $E$ 的数值，使改装表的读数按表 4.3.2 所示的要求先减小后增大（指针从刻度盘的示数“100”减小到“0”再增加到“100”），并记录标准表相应的数值，完成表 4.3.2。

4. 改装欧姆表及标定表面刻度

(1) 根据表头参数 $I_g$ 和 $R_g$ 以及电源电压 $E$，选择 $R_W$ 为 4.7 kΩ，$R_3$ 为 10 kΩ，也可自行设计确定。

(2) 按图 4.3.6(a)所示的原理进行连线，接线后应检查是否正确。调节电源 $E=1.5$ V，短路 a、b 两接点，调节 $R_W$ 使表头指示为零。如此，欧姆表的调零工作即告完成。

(3) 测量改装成的欧姆表的中值电阻。按图 4.3.6(a)所示的原理接线，将电阻箱 $R$ 作为 $R_X$ 接于欧姆表的 a、b 测量端，调节 $R$，使表头指示到正中，这时电阻箱 $R$ 的数值即为中值电阻，测量并记录：$R_{中}=$ ________ Ω。

(4) 取电阻箱的电阻为一组特定的数值 $R_{X_i}$，读出相应的偏转格数。利用所得读数 $R_{X_i}$、div 绘制出改装欧姆表的标度盘，将数据记录于表 4.3.3 中。

(5) 确定改装欧姆表的电源使用范围。短接 a、b 两测量端，将工作电源放在 0～2 V 一挡，调节 $E=1$ V 左右，先将 $R_W$ 逆时针调低，调节 $E$ 直至表头满偏，记录 $E_1$ 值；接着将 $R_W$ 顺时针调低，再调节 $E$ 直至表头满偏，记录 $E_2$ 值。$E_1\sim E_2$ 值就是欧姆表的电源使用范围。

(6) 按图 4.3.6(b)所示的原理进行连线，设计一个并联分流式欧姆表并进行连线、测量。试与串联分压式欧姆表比较，有何异同(可选做)。

**【数据处理】**

1. 表头满度时标准表读数 $I_g=$ ________ μA，表头内阻 $R_g=$ ________ Ω。

2. 将一个量程为 100 μA 的表头改装成 1 mA 量程的电流表，数据记入表 4.3.1 中。

**表 4.3.1　标准表读数(一)**

| 改装表读数 $I_{改}$/mA | 表头指针所指位置 /μA | 标准表读数/mA | | | 误差 $\Delta I=I_{改}-\overline{I}_{标}$ /mA |
|---|---|---|---|---|---|
| | | 减小时 | 增大时 | 平均值 $\overline{I}_{标}$ | |
| 0.2 | 20 | | | | |
| 0.4 | 40 | | | | |
| 0.6 | 60 | | | | |
| 0.8 | 80 | | | | |
| 1.0 | 100 | | | | |

以改装表读数为横坐标，误差 $\Delta I$ 为纵坐标，在坐标纸上作出电流表的校正曲线，并根据两表最大误差的数值定出改装表的准确度等级。

3. 将一个量程为 100 μA 的表头改装成 1.5 V 量程的电压表，数据记入表 4.3.2 中。

表 4.3.2　标准表读数(二)

| 改装表读数 $U_{改}$/V | 表头指针所指位置 /μA | 标准表读数/V | | | 误差 $\Delta U=U_{改}-\overline{U}_{标}$ /V |
|---|---|---|---|---|---|
| | | 减小时 | 增大时 | 平均值 $\overline{U}_{标}$ | |
| 0.3 | 20 | | | | |
| 0.6 | 40 | | | | |
| 0.9 | 60 | | | | |
| 1.2 | 80 | | | | |
| 1.5 | 100 | | | | |

以改装表读数为横坐标，误差 $\Delta U$ 为纵坐标，在坐标纸上作出电压表的校正曲线，并根据两表最大误差的数值定出改装表的准确度等级。

4. 将表头改装为电阻表，数据记入表 4.3.3 中。

表 4.3.3　电阻箱的电阻与偏转格数　　$E=$______V，$R_{中}=$______Ω

| $R_{x_i}$/Ω | $\frac{1}{5}R_{中}$ | $\frac{1}{4}R_{中}$ | $\frac{1}{3}R_{中}$ | $\frac{1}{2}R_{中}$ | $R_{中}$ | $2R_{中}$ | $3R_{中}$ | $4R_{中}$ | $5R_{中}$ |
|---|---|---|---|---|---|---|---|---|---|
| 偏转格数(div) | | | | | | | | | |

**【注意事项】**

1. 仪器内部有限流保护措施，但工作时尽可能避免工作电源短路(或近似短路)，以免造成仪器元器件等不必要的损坏。

2. 实验时应注意电压源的输出量程选择是否正确，0～10 V 量程一般只用于电压表改装，其余电流表及欧姆表改装都选用 0～2 V 量程。

3. 仪器采用开放式设计，在连接插线时要注意：虽然设计有保护电路，但这不是盲目使用的理由！被改装表头只允许通过 100 μA 的小电流，应尽量避免过载！要仔细检查线路和电路参数无误后才能将改装表头接入使用。

4. 仪器采用高可靠性能的专用连接线，正常的使用寿命很长，但使用时注意不要用力过猛，插线时要对准插孔，避免使插头的使用寿命降低。

## 思考题

1. 测量电流计内阻应注意什么？是否还有别的办法来测定电流计内阻？能否用欧姆定律来进行测定？能否用电桥来进行测定？

2. 中值法测量内阻的准确度受哪些因素影响？为什么替代法能相对准确一些？

3. 若设计一块 $R_{中}=10$ kΩ 的欧姆表，现有两块量程 100 μA 的电流表，其内阻分别为 2500 Ω 和 1000 Ω，你认为选哪块较好？

4. 若要求制作一个线性量程的欧姆表，有什么方法可以实现？

# 4.4 电学黑盒子

电学黑盒子能培养学生分析问题、逻辑推理以及运用所学知识解决实际问题的能力。本实验提供的电学黑盒子上有十八个接线柱，编号标在盒子上。盒内装有九个元件，可能是电池、电阻、电容、半导体二极管等按照一定方式连接。每两个接线柱之间连一个元件或者没有连接元件(断路或短路)。要求设计实验方案和检测步骤，判定盒内元件。通过实验，学会依据不同类型电学元件的特性对元件进行判别，并进一步熟悉数字万用表等电学仪表的使用方法。

根据实验室提供的仪器自行设计方案，检测黑盒子内元器件类型和位置，再进一步确定元件的物理量数值。

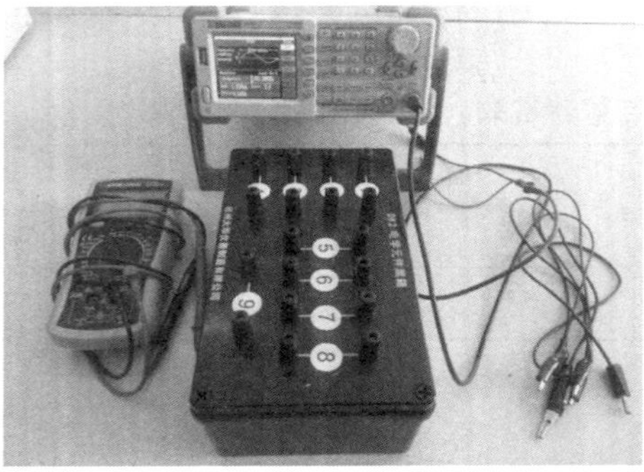

图 4.4.1 实验仪器

**【实验目的】**

1. 学会判断黑盒子内元件组成。
2. 掌握万用表的使用方法。
3. 学习电池、电阻、电容、二极管等元件的特性与基本辨别方法。

**【实验仪器】**

任意波形信号发生器、数字式万用表、$DK_2$ 电学元件黑箱、导线，如图 4.4.1 所示。

**【实验原理】**

所谓“黑盒子”，指的是使用者并不关心黑盒子的内部构造和原理，而只关心它的功能及如何使用这些功能。下面就黑盒子内部常见的电学元件及其特性作简要介绍。

1. 电阻

电阻表示导体对电流阻碍能力的大小。电阻的主要物理特征是将电能转化为热能，电阻在电路中通常起分压和分流作用。电阻的常用符号如图 4.4.2 所示。

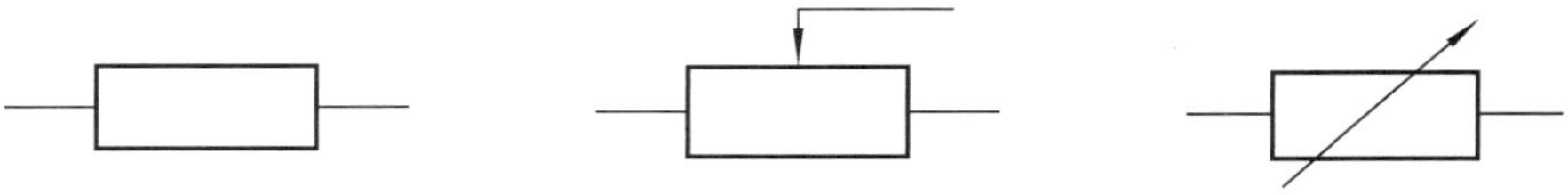

(a)　　(b)　　(c)

图 4.4.2 电阻

(a)定值电阻；(b)滑动变阻器；(c)可调电阻

2. 电容

电容是一种能储存电荷的容器，一般是由两片靠得较近的金属片、中间再隔以介质(绝缘物质)组成的。电容对直流电的阻力为无穷大，即电容具有阻隔直流电的作用。按介质不同，可将电容分为云母电容、陶瓷电容、纸介电容、电解电容等。电容的常用符号如图 4.4.3 所示。

**图 4.4.3　电容**

(a)一般电容；(b)可调电容

电容与其他元件并联时很难被检测出来，需谨慎注意有无类似情况发生。

3. 二极管

二极管的特性是单方向导电，即在电路中，电流只能从二极管的正极流入，负极流出。

二极管根据所用的半导体材料不同可分为锗二极管(锗管)和硅二极管(硅管)。按用途不同可分为检波二极管、整流二极管、稳压二极管、开关二极管、发光二极管等。二极管的常用符号如图 4.4.4 所示。

二极管的伏安特性曲线如图 4.4.5 所示。

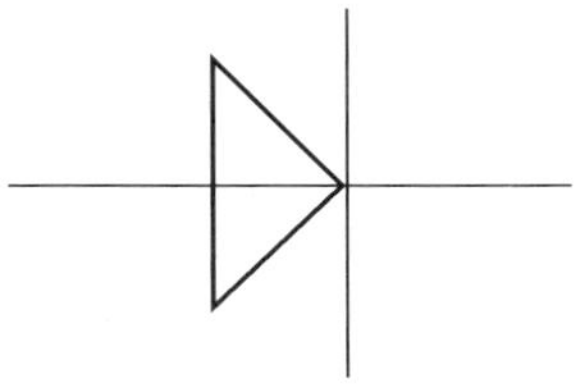

**图 4.4.4　二极管**

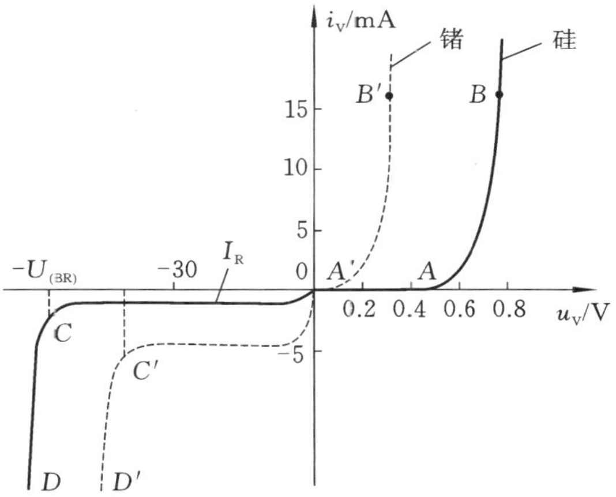


**图 4.4.5　二极管的伏安特性曲线**

**【实验内容】**

1. 判断黑盒子中是否有电源

用万用表电压挡位测量两个接线柱间的电压，若有一定电压且交换红黑表笔后电压值相反，可确定为干电池，如当电压表接通时指针稍有摆动而又回到零位，则是电池与电容串联。

2. 判断有无电阻

用万用表电阻挡位测量两个接线柱间的阻值，并将测量表笔互换位置测其正反向电阻，若电阻相同，表明是电阻元件。

3. 判断二极管

（1）判断方法

用万用表电阻挡位测量两个接线柱间的阻值，将两表笔互换位置测其正反向电阻的阻值，相差大的为二极管。用万用表二极管挡位测量两个接线柱间的数值，观察电流表读数，若两次读数，一次几乎为0，一次有一定的读数，可确定为二极管。

（2）判断极性

测量时，如果测得两接线柱间的电阻为小阻值时，此时万用表的黑表笔接的便是二极管正极，红表笔接的则是二极管负极。

（3）判断质量

测量二极管正、反向电阻。其正向电阻的阻值小，良好的二极管一般在几百欧姆至几千欧姆；反向电阻的阻值大，一般在几十兆到几百兆欧姆。正、反向电阻值相差越大越好，若两次测得的阻值一样大，说明二极管已损坏。

4. 判断有无电容

（1）用万用表电阻挡位测量，表笔连接元件的两个接线柱，若出现断路而且有充放电现象，即黑盒子连接到电路中时，两测量端口与电源提供的电压相同，在断掉电路之后万用表示数由电源电压逐渐降低直至为零，就可确定该元件是电容。

实验表明，用万用表电阻挡位测量电容时，电容越大，则万用表的示数增加得越快，电容越小，则万用表的示数增加得越慢。

（2）当黑盒子同一序号两侧端钮之间有电容 $C$ 存在时，可用直流电源串联直流电压表或直流电流表接到两端钮。如电表指针摆动一下后又回到原位，以此可判断端钮之间有电容存在。但电容 $C$ 值较小或电表灵敏度不够高时可能会看不到摆动现象，这时可用图4.4.6所示电路来判别端钮 ab 之间是电阻 $R$ 还是电容 $C$。逐步增大信号源的频率 $f$，并始终保持信号源输出电压$U_0$不变，测量$U_{ab}$。当 $f$ 增大时，若$U_{ab}$不变，则端钮 ab 之间为 $R$；若$U_{ab}$也增大，则为电感；若$U_{ab}$减小，则为 $C$。这是因为电阻 $R$ 值与频率 $f$ 无关，而电容 $C$ 的容抗随 $f$ 上升而减小。

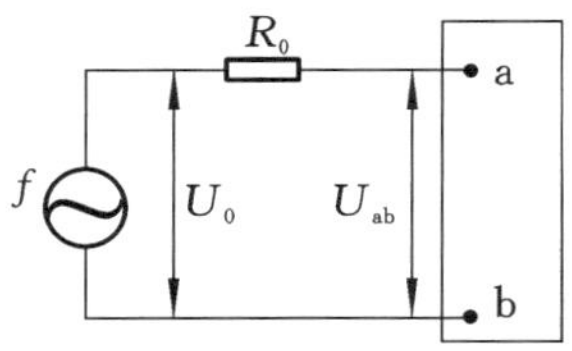

**图 4.4.6　实验电路**

判定盒中元件类型，并写出测试记录和作出判定的依据。对于电池，要判定其正负极，并测出其电动势；对于二极管，要判定其正负极，并测出二极管的正向导通压降；如果判断元件为电容和电阻，要求测出其数值。已知电阻$R_0$与频率 $f$，则可通过测量电压$U_{ab}$与$U_{R_0}$，利用串联电路电压比等于阻抗比关系求出元件数值。

若元件为电阻 $R$，有：

$$\frac{U_{ab}}{U_{R_0}}=\frac{R}{R_0} \tag{4.4.1}$$

若元件为电容 $C$，有：

$$\frac{U_{ab}}{U_{R_0}}=\frac{1}{2\pi fcR_0} \tag{4.4.2}$$

5. 其他说明和要求

(1) 若不能由上述方法测量元件并做出判断，可选取疑似元件进行单独测量，并与待测元件进行比较，判断种类。

(2) 因有外部条件的影响，所以可多做几项实验进行比较验证。

(3) 因有电路设置不合理的可能性，例如有电容与电阻并联时，应想出其他方法进行测量。

(4) 猜测各元件间的连接顺序及连接方式，并验证。

(5) 判断盒子内部是否导通及盒子上各对接线柱分别是什么元件，记录它们的特性，画出电路图，并记录下盒子的编号。

(6) 记录各步骤的实验数据。

**【数据处理】**

自行设计合理而又简捷的程序，对给出的黑盒子进行测试，判定盒中元件类型，并写出测试记录和做出判定的依据。对于电池，要判定其正负极，并测出其电动势；对于二极管，要判定其正负极，并测出二极管的正向导通压降；如果判断元件为电容和电阻，要求测出其数值(实验过程不得自行打开盒子)。

要求：

(1) 根据判断，在图 4.4.7 中虚线处画出该处的电学元件；

(2) 在干电池、二极管元件上标出“+”“−”号；

(3) 通过设计方案，测出电学元件的值，记录于表 4.4.1 中。

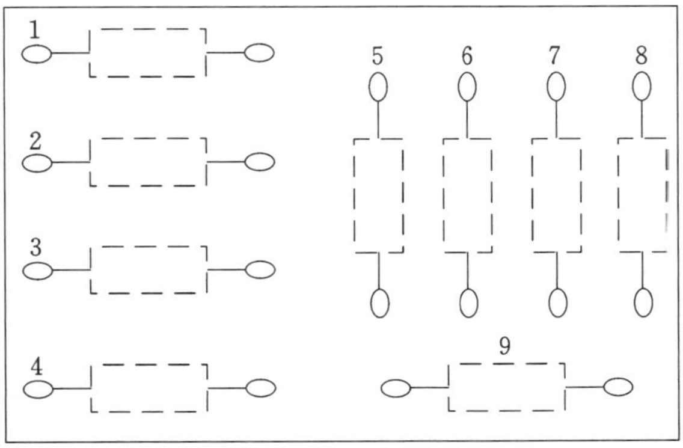


图 4.4.7　测试电路

表 4.4.1 元件判断记录

| 元件编码测量 | 1 | 2 | 3 | 4 | 5 | 6 | 7 | 8 | 9 |
| --- | --- | --- | --- | --- | --- | --- | --- | --- | --- |
| 一 | | | | | | | | | |
| 二 | | | | | | | | | |
| 三 | | | | | | | | | |
| 平均值(单位) | | | | | | | | | |
| 仪器及挡位 | | | | | | | | | |

第二种方法测量电容数值：

电容的测量方法较多，根据所给仪器不同可采用不同方法。只给信号源与万用表时，把电阻与电容串联并接通信号发生器，信号发生器用正弦波，频率分别为 1000 Hz 和 2000 Hz，用万用表交流电压挡位，测出电阻和电容上的电压值计算电容值，记录于表 4.4.2 中。

表 4.4.2 电容测量记录(请画出设计的实验电路图)

| 频率 $f$/Hz | 1000 | 2000 |
| --- | --- | --- |
| 电容电压$U_C$/V | | |
| 电阻电压$U_R$/V | | |

**【注意事项】**

1. 尽可能多地进行测量并记录实验现象。例如电流、电压、电阻的大小，两端口是否导通(使用万用表蜂鸣挡位测量是否导通时，需注意有可能因接入电阻大小的不同而显示不同的现象)。
2. 在用万用表电流挡位测量时，直接接到待测元件的两端即可测量流过元件的电流。
3. 准确记录实验中有用的数据以便处理和分析。
4. 测量时应注意正确选择万用表的挡位。
5. 注意表笔与元件接触是否良好。
6. 实验结束后应关闭电源。
7. 注意操作规范，勿损坏黑盒子。

## 思考题

1. 用万用表电阻挡位怎样判断二极管？如何判断其正负极？
2. 电容元件在万用表电压挡位也可以测出数值，怎样和干电池做区分？

# 4.5 超声波实验

## 4.5.1 超声探伤及特性综合实验

超声波是频率在 $2\times10^4\sim10^{12}$ Hz 的声波。超声广泛存在于自然界和日常生活中，如老鼠、海豚的叫声中含有超声成分，蝙蝠利用超声导航和觅食；金属片撞击和小孔漏气也能发出超声。

人们研究超声始于 1830 年，F. Savart 曾用一个多齿轮第一次人工产生了频率为 $2.4\times10^4$ Hz 的超声；1912 年 Titanic 客轮事件后，科学家提出利用超声预测冰山；1916 年第一次世界大战期间 P.Langevin 领导的研究小组开展了水下潜艇超声侦察的研究，为声呐技术奠定了基础；1927 年，R.W.Wood 和 A.E.Loomis 发表了超声能量作用实验报告，奠定了功率超声基础；1929 年，俄国学者 Sokolov 提出利用超声波的良好穿透性来检测不透明体内部缺陷，之后美国科学家 Firestone 使超声波无损检测成为一种实用技术。

超声波检测是把超声波作为一种信息载体，已在海洋探查与开发、无损检测与评价、医学诊断等领域发挥着不可取代的独特作用。例如，在海洋应用中，超声波可以用来探测鱼群或冰山、潜艇导航或传送信息、地形地貌测绘和地质勘探等；在无损检测中，利用超声波检验固体材料内部的缺陷、材料尺寸测量、物理参数测量等；在医学中，可以利用超声波进行人体内部器官的组织结构扫描（B 超诊断）和血流速度的测量（彩超诊断）等。

本实验简单介绍超声波的产生方法、传播规律和测试原理，通过对固体弹性常数的测量了解超声波在测试方面应用的特点，通过对试块尺寸的测量和人工反射体定位了解超声波在检验和探测方面的应用。

实验所用的仪器设备和主要器材包括：CCC-CSTS-A 型超声波探伤及特性综合实验仪、GOS-620 型示波器（20 MHz）、CSK-IB 型铝试块、钢板尺、耦合剂（水）等。

能够产生超声波的方法很多，常用的有压电效应法、磁致伸缩效应法、静电效应法和电磁效应法等。通常把能够实现超声能量与其他形式能量相互转换的器件称为超声波换能器。一般情况下，超声波换能器既能用于发射又能用于接收。

在本专题实验中，采用压电效应实现超声波信号与电信号的转换，即采用压电换能器进行实验，它是利用压电材料的压电效应实现超声波的发射和接收。

**【实验目的】**

1. 了解超声波产生和接收的方法。
2. 认识超声脉冲波及其特点。
3. 理解超声波的反射、折射和波形转换。

**【实验原理】**

1. 压电效应

某些固体物质在压力（或拉力）作用下产生变形，从而使物质本身极化，在物体相对的表面出现正、负束缚电荷，这一效应称为压电效应。

物质的压电效应与其内部的结构有关。如石英晶体的化学成分是 $SiO_2$，它可以看成由 +4 价的 Si 离子和 −2 价的 O 离子组成。晶体内，两种离子形成有规律的六角形排列，如图 4.5.1 所示。其中三个正原子组成一个向右的正三角形，正电中心在三角形的重心处。类似地，三个负原子对（六个负原子）组成一个向左的三角形，其负电中心也在这个三角形的重心处。晶体不受力时，两个三角形重心重合，六角形单元是电中性的。整个晶体由许多这样的六角形构成，也是电中性的。

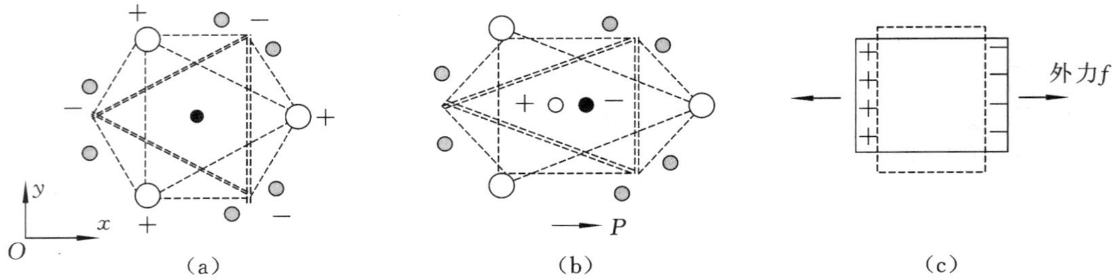


**图 4.5.1　石英晶体的压电效应**

(a)石英晶体结构；(b)拉力作用下的极化；(c)晶体的宏观极化

当晶体沿 $x$ 方向受一拉力，或沿 $y$ 方向受一压力，上述六角形沿 $x$ 方向拉长，使得正、负电中心不重合。尽管这时六角形单元仍然是电中性的，但是正负电中心不重合，产生电偶极矩 $P$。整个晶体中有许多这样的电偶极矩排列，使得晶体极化，左右表面出现束缚电荷。当外力去掉，晶体恢复原来的形状，极化也消失。

由于同样的原因，当晶体沿 $y$ 方向受拉力，或沿 $x$ 方向受压力，正原子三角形和负原子三角形都被压扁，也造成正、负电中心不重合。但是这时电偶极矩的方向与 $x$ 方向受拉力时相反，晶体的极化方向也相反。这就是压电效应产生的原因。

当外力沿 $z$ 轴方向（垂直于图 4.5.1 中的纸面方向）时，由于不造成正负电中心的相对位移，所以不产生压电效应。由此可见，石英晶体的压电效应是有方向性的。

当一个不受外力的石英晶体受电场作用时，其正负离子向相反的方向移动，于是产生了晶体的变形，这一效应是逆压电效应。

还有一类晶体，如钛酸钡（$BaTiCO_3$），在室温下即使不受外力作用，正负电中心也不重合，具有自发极化现象。这类晶体也具有压电效应和逆压电效应，它们多是由人工制成的陶瓷材料，又叫压电陶瓷。本实验中超声波换能器采用的压电材料即为压电陶瓷。

### 2. 脉冲超声波的产生及其特点

用作超声波换能器的压电陶瓷被加工成平面状，并在正反两面分别镀上银层作为电极，这样被称为压电晶片。当给压电晶片两极施加一个电压短脉冲时，由于逆压效应，晶片将发生弹性形变而产生弹性振荡，而振荡频率与晶片的声速和厚度有关，因此，适当选择晶片的厚度可以得到超声频率范围的弹性波，即超声波。在晶片的振动过程中，由于能量的减少，其振幅也逐渐减小，因此它发射出的是一个超声波波包，通常称为脉冲波，如图 4.5.2 所示。

超声波在材料内部传播时，与被检对象相互作用发生散射，散射波被同一压电换能器接收，由于正压效应，振荡的晶片在两极产生振荡的电压，电压被放大后可以用示波器显示。

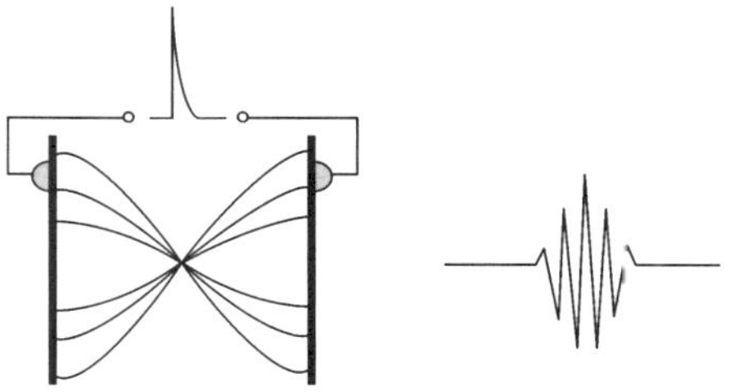

图 4.5.2　脉冲波的产生

图 4.5.3(a)所示为超声波在试块中传播的示意图，图 4.5.3(b)所示为示波器接收得到的超声波信号。图中，$t_0$ 为电脉冲施加在压电晶片的时刻，$t_1$ 是超声波传播到试块底面又反射回来，被同一个探头接收的时刻。因此，超声波在试块中传播到底面的时间为：

$$t=\frac{(t_1-t_0)}{2} \tag{4.5.1}$$

如果试块材质均匀，超声波声速 $c$ 一定，则超声波在试块中的传播距离为：

$$S=c\times t \tag{4.5.2}$$

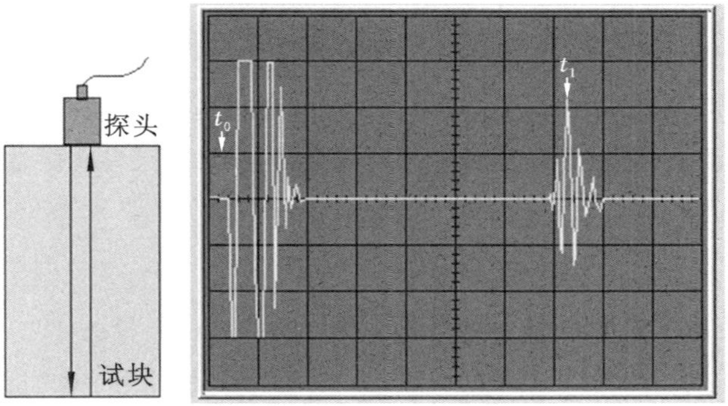

(a)　　　(b)

图 4.5.3　脉冲超声波在试块中的传播及示波器的接收信号

3. 超声波波形及换能器种类

如果晶片内部质点的振动方向垂直于晶片平面，那么晶片向外发射的就是超声纵波。超声波在介质中传播可以有不同的波形，它取决于介质可以承受何种作用力以及如何对介质激发超声波。通常有如下三种：

(1) 纵波波形：当介质中质点振动方向与超声波的传播方向一致时，此超声波为纵波波形。任何固体介质当其体积发生交替变化时均能产生纵波。

(2) 横波波形：当介质中质点的振动方向与超声波的传播方向相垂直时，此种超声波为横波波形。由于固体介质除了能承受体积变形外，还能承受切变变形，因此，当其有剪切力交替作用于固体介质时均能产生横波。横波只能在固体介质中传播。

(3) 表面波波形：是指沿着固体表面传播的具有纵波和横波的双重性质的波。表面波可以看成是由平行于表面的纵波和垂直于表面的横波合成，振动质点的轨迹为一椭圆，在距表面 1/4 波长深处振幅最强，随着深度的增加很快衰减，实际上离表面一个波长以上的地方，质点振动的振幅就已经很微弱了。

在实际应用中，经常把超声波换能器称为超声波探头。实验中，常用的超声波探头有直探头和斜探头两种，其结构如图 4.5.4 所示。其中，探头通过保护膜或斜楔向外发射超声波；吸收背衬的作用是吸收晶片向背面发射的声波，以减少杂波；匹配电感的作用是调整脉冲波的形状。

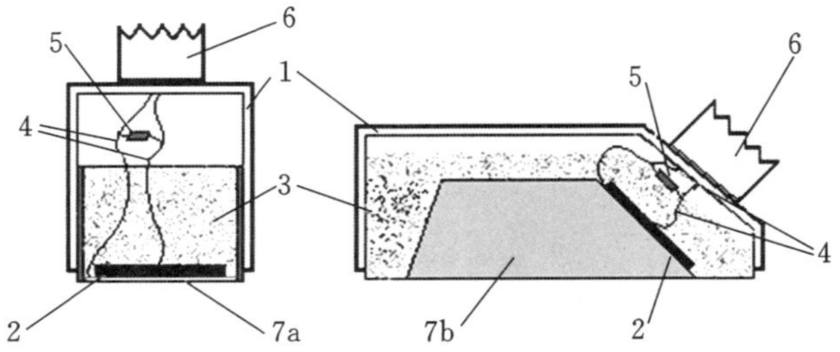


**图 4.5.4 直探头和斜探头的基本结构**

(a)直探头；(b)斜探头

1—外壳；2—晶片；3—吸收背衬；4—电极接线；5—匹配电感；6—接插头；7a—保护膜；7b—斜楔

一般情况下，采用直探头产生纵波，斜探头产生横波或表面波。对于斜探头，晶片受激发产生超声波后，声波首先在探头内部传播一段时间后，才到达试块的表面，这段时间我们称为探头的延迟。对于直探头，一般延迟较小，在测量精度要求不高的情况下，可以忽略不计。

4. 超声波的反射、折射与波形转换

在斜探头中，从晶片产生的超声波为纵波，它通过斜楔使超声波折射到试块内部，同时可以使纵波转换为横波。实际上，超声波在两种固体界面上发生折射和反射时，纵波可以折射和反射为横波，横波也可以折射和反射为纵波。超声波的这种现象称为波形转换，其图解如图 4.5.5 所示。

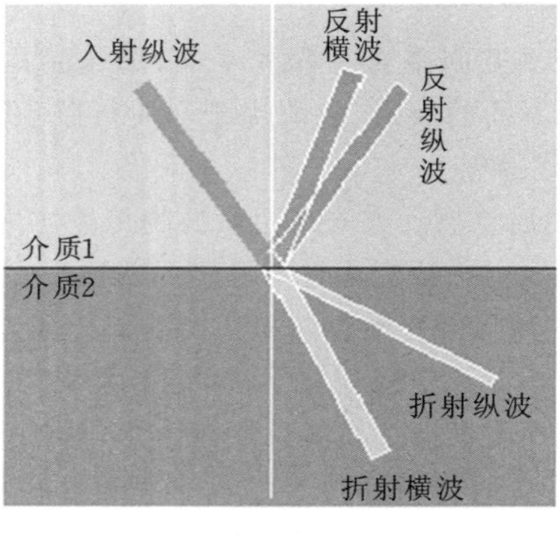


**图 4.5.5 超声波的反射、折射和波形转换**

超声波在界面上的反射、折射和波形转换满足如下斯特令折射定律：
反射：

$$\frac{\sin\alpha}{C}=\frac{\sin\alpha_L}{C_{1L}}=\frac{\sin\alpha_S}{C_{1S}} \tag{4.5.3a}$$

折射：

$$\frac{\sin\alpha}{C}=\frac{\sin\beta_L}{C_{2L}}=\frac{\sin\beta_S}{C_{2S}} \tag{4.5.3b}$$

其中，$\alpha_L$ 和 $\alpha_S$ 分别是纵波反射角和横波反射角；$\beta_L$ 和 $\beta_S$ 分别是纵波折射角和横波折射角；$C_{1L}$ 和 $C_{1S}$ 分别是第 1 种介质的纵波声速和横波声速；$C_{2L}$ 和 $C_{2S}$ 分别是第 2 种介质的纵波声速和横波声速。

在本实验中，还使用了一种可变角探头，如图 4.5.6 所示。其中探头芯可以旋转，通过改变探头的入射角 $\theta$ 可得到不同折射角的斜探头（当 $\theta=0$ 时成为直探头），可以利用该探头观察波形转换的过程。

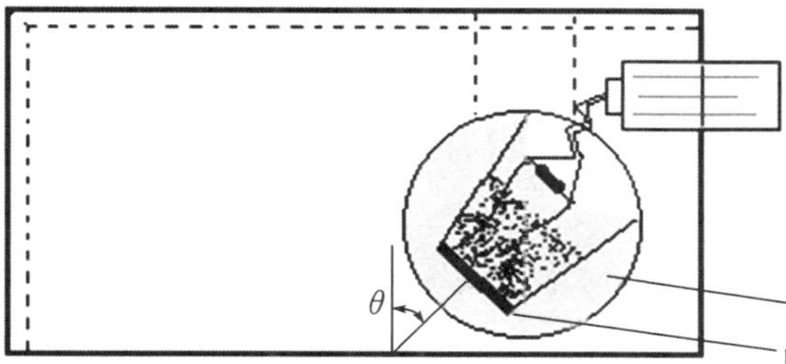


图 4.5.6　可变角探头示意图

在斜探头或可变角探头中，有机玻璃斜块或有机玻璃探头芯的声速 $C$ 小于铝中横波声速 $C_S$，而横波声速 $C_S$ 又小于纵波声速 $C_L$。因此，根据公式，当 $\alpha$ 大于 $\alpha_1=\sin^{-1}\left(\frac{C}{C_L}\right)$ 时，铝介质中只有折射横波；而当 $\alpha$ 大于 $\alpha_2=\sin^{-1}\left(\frac{C}{C_S}\right)$ 时，铝介质中既无纵波折射，又无横波折射。通常把 $\alpha_1$ 称为有机玻璃入射到有机玻璃-铝界面上的第一临界角，$\alpha_2$ 称为第二临界角。

**【实验内容】**

1. 直探头延迟和试块纵波声速的测量

连接 COC-CSTS-A 型超声波探伤及特性综合实验仪和示波器。超声波实验仪接上直探头，并把探头放在 CSK-IB 试块的正面，仪器的射频输出与示波器第 1 通道相连，触发与示波器外触发相连，示波器采用外触发方式，适当设置超声波实验仪衰减器的数值和示波器的电压范围与时间范围，使示波器上看到的波形如图 4.5.7 所示。

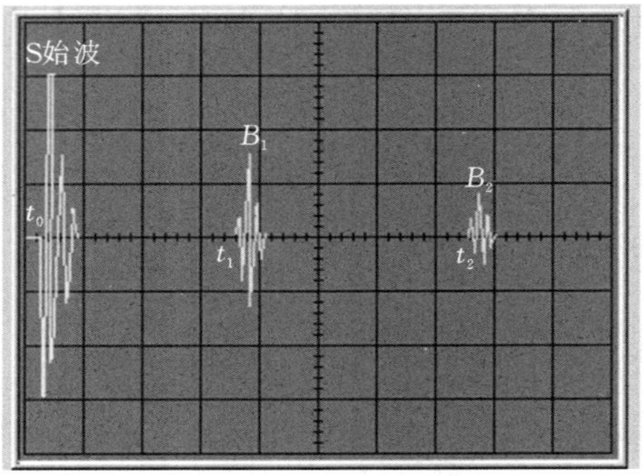


图 4.5.7　直探头延迟的测量

在图 4.5.7 中，S 称为始波，$t_0$ 对应于发射超声波的初始时刻；$B_1$ 称为试块的 1 次底面回波，$t_1$ 对应于超声波传播到试块底面，并被发射回来后，被超声波探头接收到的时刻，因此 $t_1$ 对应于超声波在试块内往复传播的时间；$B_2$ 称为试块的 2 次底面回波，它对应于超声波在试块内往复传播到试块的上表面后，部分超声波被上表面反射，并被试块底面再次反射，即在试块内部往复传播两次后被接收到的超声波。依此类推，有 3 次、4 次和多次底面反射回波。

从示波器上读出传播 $t_1$ 和 $t_2$，则直探头的延迟为：

$$t=2t_1-t_2 \tag{4.5.4}$$

试块纵波声速为：

$$c_L=\frac{2L}{t_2-t_1} \tag{4.5.5}$$

2. 斜探头延迟和试块横波声速的测量

超声波实验仪接上斜探头，把探头放在 CSK-IB 试块的上方靠近试块前面，对准圆弧面，使探头的斜射声束能够同时入射在 $R_1$ 和 $R_2$ 圆弧面上，斜探头放置位置如图 4.5.8 所示。

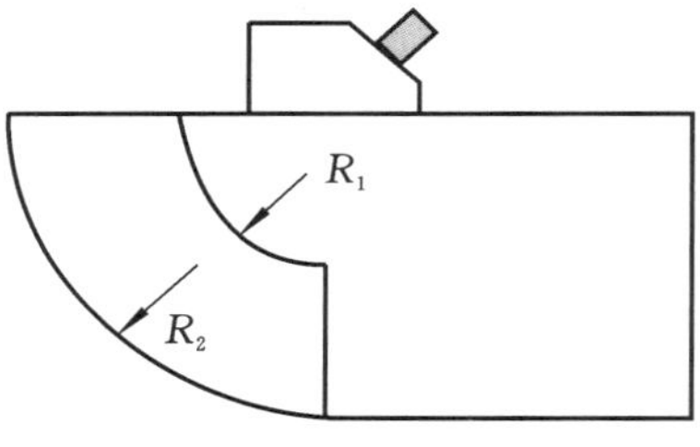


图 4.5.8　斜探头延迟的测量

适当设置超声波实验仪衰减器的数值和示波器的电压范围与时间范围，在示波器上可同时观测到两个弧面的回波 $B_1$ 和 $B_2$，测量它们对应的时间 $t_1$ 和 $t_2$。回波波形和图 4.5.7 类似，其中 $B_1$ 对应于圆弧 $R_1$ 的一次回波，$B_2$ 对应于圆弧 $R_2$ 的一次回波。由于 $R_2=2R_1$，因此斜探头的延迟为：

$$t=2t_1-t_2 \tag{4.5.6}$$

试块横波声速为：

$$c_S=\frac{2(R_2-R_1)}{t_2-t_1} \tag{4.5.7}$$

3. 声速的直接测量和相对测量方法

当利用单个反射体(界面或人工反射体)测量声速时,只需要测量该反射体的回波时间就可以计算得到声速。对于单个的反射体,得到的反射波如图 4.5.9 所示,直接测量的时间包含了超声波在探头内部的传播时间 $t_0$,即探头的延迟。对于任何一种探头,其延迟只与探头本身有关,而与被测的材料无关。因此,首先需要测量探头的延迟,然后才能利用该探头直接测量反射体回波时间。以上是声速的直接测量方法。纵波和横波计算方法参见式(4.5.5)和式(4.5.7)。

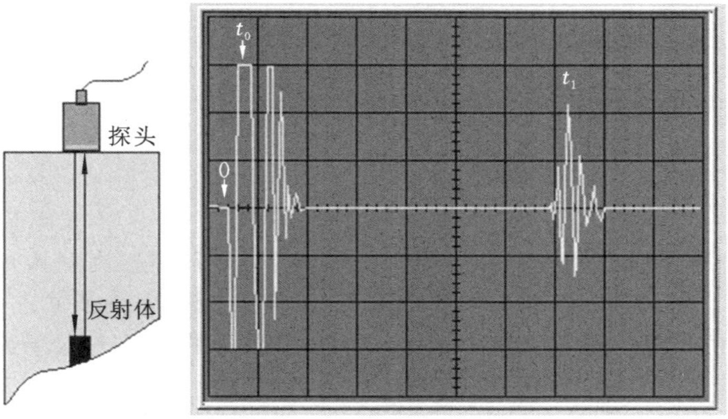


(a)　　　　　　　　(b)

**图 4.5.9　单反射体纵波声速测量**

如果被测试块有两个确定的反射体,那么通过测量两个反射体回波对应的时间差,再计算出试块的声速,这种方法称为声速的相对测量方法。

对于直探头,可以利用均匀厚度底面的多次反射回波中的任意两个回波进行测量。

对于斜探头,则利用 CSK-IB 试块的两个圆弧面的回波进行测量。

4. 声速的直接测量和相对测量方法

对直探头和斜探头,分别调节示波器时间位置,使试块的一次底面回波出现在示波屏的中央,幅度为满屏的 80%上下,此时按下示波器上【×10 MAG】按钮,测量两个振动波峰之间的时间间隔,得到一个脉冲周期的振动时间。实验时为了读数准确,要求测量四个周期的时间间隔 $t$,此时脉冲波的频率为 $f=4/t$;然后用实验得到的纵横波声速,计算脉冲波在铝试块中的波长 $\lambda=c/f$。

**【实验内容及要求】**

1. 利用底面回波,测量直探头的延迟和试块纵波声速

利用 CSK-IB 试块 45 mm 的厚度进行测量,测量 3 次,求平均值,数据记录于表 4.5.1 中。

表 4.5.1　直探头延迟测量

| | 次数 | 1 | 2 | 3 | 平均值 |
|---|---|---|---|---|---|
| 直探头 | $t_1/\mu s$ | | | | |
| | $t_2/\mu s$ | | | | |

2. 利用 $R_1$ 和 $R_2$ 圆弧面，测量斜探头的延迟和试块横波声速

利用 CSK-IB 试块 $R_1$ 和 $R_2$ 圆弧面进行测量，测量 3 次，求平均值，记录于表 4.5.2 中。

表 4.5.2　斜探头延迟测量

| | 次数 | 1 | 2 | 3 | 平均值 |
|---|---|---|---|---|---|
| 斜探头 | $t_1/\mu s$ | | | | |
| | $t_2/\mu s$ | | | | |

3. 测量脉冲超声波纵波和横波的频率和波长

直探头利用 CSK-IB 试块 45 mm 厚度的一次回波进行测量，测量脉冲波 4 个振动周期的时间 $t$，求其频率和波长。斜探头利用 CSK-IB 试块 $R_1$ 或 $R_2$ 圆弧面进行测量，测量脉冲波 4 个振动周期的时间 $t$，求其频率和波长。测量 3 次，求平均值，记录于表 4.5.3 中。

表 4.5.3　脉冲超声波纵波和横波的频率和波长

| 次数 | 1 | 2 | 3 | 平均值 |
|---|---|---|---|---|
| 直探头$/\mu s$ | | | | |
| 斜探头$/\mu s$ | | | | |

## 4.5.2　超声波探测

光波只能穿过透明介质，电磁波只能穿过非导电介质，而超声波是一种弹性波，能够在弹性介质中传播，生活中所有物质都可视为弹性介质，因此超声波对所有介质都是“透明”的。一般情况下，超声波在液体和固体中传播的距离比在气体中的传播距离要远得多。例如在海洋探测中，可以用超声波来探测数千米外的目标，这也是超声被广泛应用于探测的主要原因之一。

利用超声波进行探测的另一个原因是超声探头发射的能量具有较强的指向性。指向性是指超声波探头发射声束扩散角的大小。扩散角越小，则指向性越好，对目标定位的准确性越高。在固体材料的尺寸测量、无损检测、超声诊断、潜艇导航等超声应用中，都利用了超声波的这一特点。

本实验在了解超声波探头指向性的基础上，学习超声波用于探测的基本方法。

**【实验目的】**

1. 理解超声波探头的指向性；

2. 掌握超声波的探测原理和定位方法。

**【实验原理】**

超声波探头发射能量的指向性与探头的几何尺寸和波长有直接的关系。

一般来讲，波长越小，频率越高，指向性越好；尺寸越大，指向性越好。可以用公式表示如下：

$$\theta=2\sin^{-1}\left(1.22\frac{\lambda}{D}\right) \tag{4.5.8}$$

图 4.5.10 所示是超声波探头的指向性与其尺寸和波长关系的示意图。对具有一定指向性要求的超声波探头，采用较高的频率可以使探头的尺寸变小。

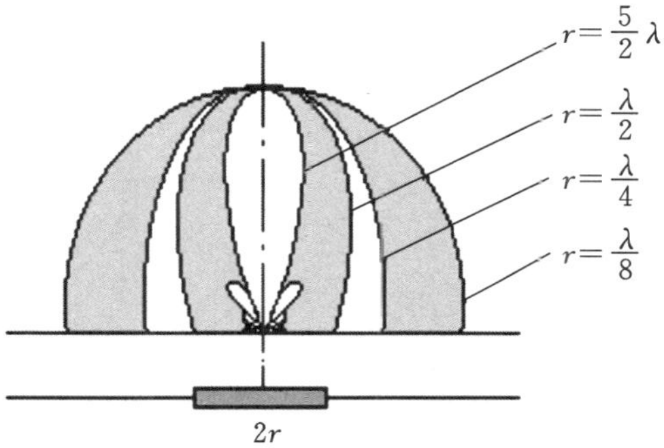


**图 4.5.10　超声波探头的指向性**

在实际应用中，通常用偏离中心轴线后振幅减小一半的位置表示声束的边界。如图 4.5.11 所示，在同一深度位置，中心轴线上的能量最大，当偏离中线到位置 $A$、$A'$时，能量减小到最大值的一半。将 $\theta$ 角定义为探头的扩散角，$\theta$ 越小，探头方向性越好，定位精度越高。

在进行缺陷定位时，必须找到缺陷反射回波最大的位置，使得被测缺陷处于探头的中心轴线上，然后测量缺陷反射回波对应的时间，根据工件的声速可以计算出缺陷到探头入射点的垂直深度或水平距离。

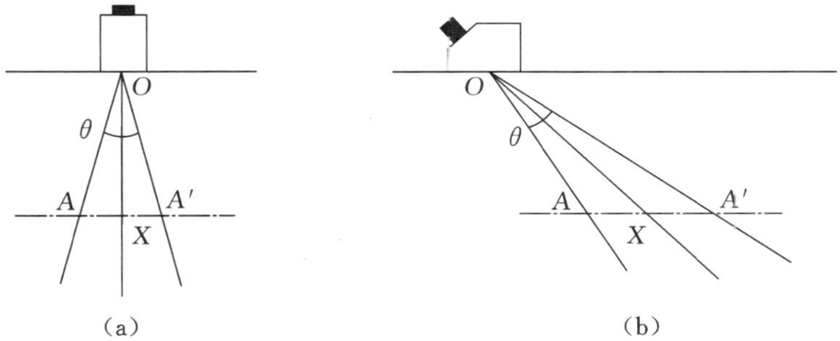


**图 4.5.11　超声波探头的指向性**

**【实验内容】**

1. 声束扩散角的测量

如图 4.5.12 所示，利用直探头分别找到 $B$ 通孔对应的回波，移动探头使回波幅度最大，

并记录该点的位置 $x_0$ 及对应回波的幅度；然后向左边移动探头使回波幅度减小到最大振幅的一半，并记录该点的位置 $x_1$；同样的方法记录下探头右移时回波幅度下降到最大振幅一半对应点的位置 $x_2$；则直探头扩散角为：

$$\theta=2\tan^{-1}\frac{|x_2-x_1|}{2L} \tag{4.5.9}$$

式中 $L$——缺陷的水平距离。

对于斜探头，首先必须测量出探头的折射角 $\beta$，然后利用测量直探头同样的方法，按下式计算斜探头的扩散角近似为：

$$\theta=2\tan^{-1}\left[\frac{|x_2-x_1|}{2L}\cos^2\beta\right] \tag{4.5.10}$$

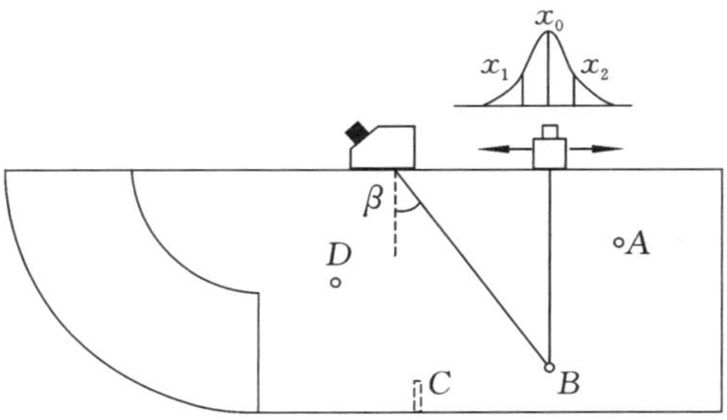


图 4.5.12 探头扩散角的测量

2. 直探头探测缺陷深度

在超声波探测中，可以利用直探头来探测较厚工件内部缺陷的位置和当量大小。把探头按图 4.5.13 所示位置放置，观察其波形。其中底波是工件底面的反射回波。

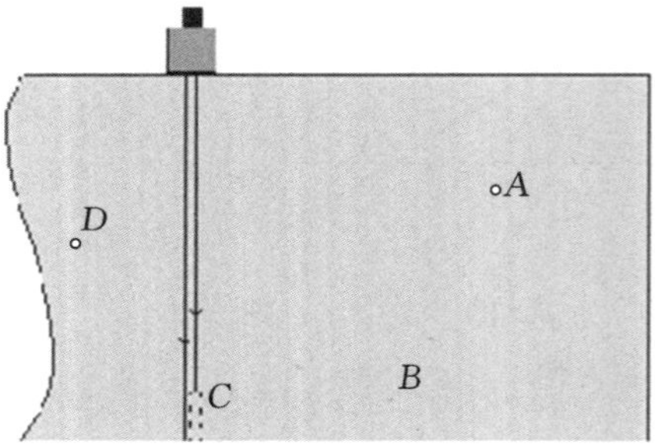


(a)

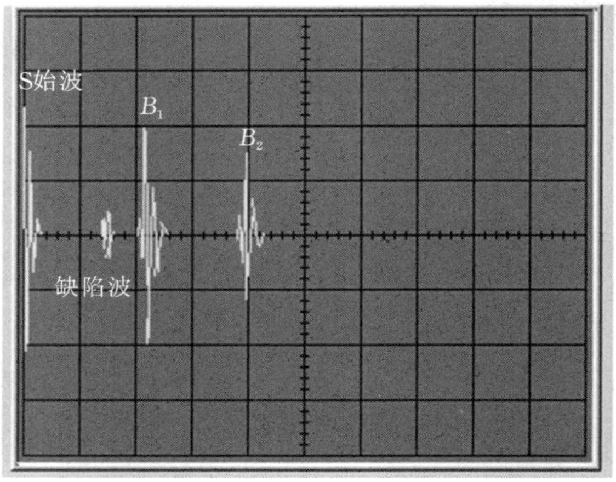


(b)

图 4.5.13 直探头探测缺陷深度

对底面回波和缺陷波对应时间(深度)的测量,可以采用绝对测量方法,也可以采用相对测量方法。利用绝对测量方法时,必须首先测量(或已知)探头的延迟和被测材料的声速,具体方法可参看直探头延迟和声速的绝对测量方法。利用相对测量方法时,必须有与被测材料同材质的试块,并已知该试块的厚度,具体方法可参看直探头延迟和声速的相对测量方法。

3. 斜探头测量缺陷的深度和水平距离

利用斜探头进行探测时,如果测量得到超声波在材料中传播的距离为 $S$,则其深度 $H$ 和水平距离 $L$ 为:

$$H=S\cdot\tan\beta \tag{4.5.11}$$

$$L=S\cdot \mathrm{ctan}\beta \tag{4.5.12}$$

其中 $\beta$ 是斜探头在被测材料中的折射角。

要实现对缺陷进行定位,除了必须测量(或已知)探头的延迟、入射点外,还必须测量(或已知)探头在该材质中的折射角和声速。通常利用与被测材料同材质的试块中两个不同深度的横孔对斜探头的延迟、入射点、折射角和声速进行测量。

参看图 4.5.14,$A$、$B$ 为试块中的两个横孔,距试块边沿分别为 $L_A$、$L_B$,为了直观显示,将 $B$ 孔水平位置平移至 $A$ 孔正下方,故公式实际计算时须计及 $AB$ 孔间水平距离 $L_{AB}$。让斜探头先后对正 $A$ 和 $B$,找到最大回波,测量得到它们的回波时间 $t_A$、$t_B$,已知它们的深度为 $H_A$、$H_B$,则有:

$$S=x_B-x_A-L_{AB} \tag{4.5.13}$$

$$H=H_B-H_A \tag{4.5.14}$$

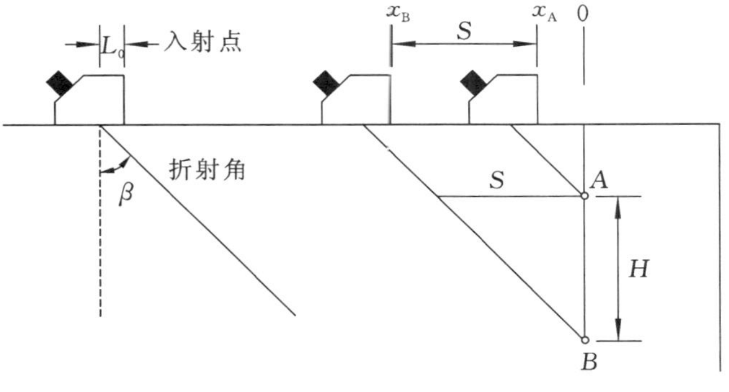


**图 4.5.14　斜探头参数测量**

折射角:

$$\beta=\tan^{-1}\left(\frac{S}{H}\right) \tag{4.5.15}$$

声速:

$$c=\frac{2H}{(t_B-t_A)\cos\beta} \tag{4.5.16}$$

延迟：

$$t_0=t_B-\frac{2H_B}{c\cdot\cos\beta} \tag{4.5.17}$$

前沿距离：

$$L_0=H_B\cdot\tan\beta-(x_B-L_B) \tag{4.5.18}$$

接着把探头对准 D 孔，找到最大反射回波，测量 $x_D$、$t_D$，则有：

D 孔深度：

$$H_D=\frac{C(t_D-t_0)\cos\beta}{2} \tag{4.5.19}$$

D 孔离试块边沿的水平距离：

$$L_D=x_D+L_0-H_D\tan\beta \tag{4.5.20}$$

## 【数据测量】

### 1. 测量直探头的扩散角

利用直探头对 CSK-IB 试块横孔 A 和 B 分别进行测量，测量三次，计算扩散角，记录于表 4.5.4 中。

**表 4.5.4　利用直探头对 CSK-IB 试块横孔 A 和 B 分别进行测量**

| 次数 | 1 | 2 | 3 | 平均值 |
|---|---|---|---|---|
| $x_1$/mm | | | | |
| $x_2$/mm | | | | |

### 2. 测量斜探头的扩散角

利用斜探头对 CSK-IB 试块横孔 A 和 B 分别进行测量，测量三次，计算扩散角，记录于表 4.5.5 中。

**表 4.5.5　利用斜探头对 CSK-IB 试块横孔 A 和 B 分别进行测量**

| 次数 | 1 | 2 | 3 | 平均值 |
|---|---|---|---|---|
| $x_1$/mm | | | | |
| $x_2$/mm | | | | |

### 3. 探测 CSK-IB 试块中缺陷 C 的深度

利用直探头，采用绝对测量方法测量，测量三次，求平均值，记录于表 4.5.6 中。

表 4.5.6　采用绝对测量方法测量 CSK-IB 试块中缺陷 C 的深度

| 次数 | 1 | 2 | 3 | 平均值 |
| --- | --- | --- | --- | --- |
| $t_1/\mu s$ | | | | |
| $t_2/\mu s$ | | | | |
| $t_c/\mu s$ | | | | |

### 4. 探测 CSK-IB 试块中缺陷 D 的深度和距试块右边沿的水平距离

测量斜探头的延迟、入射点、折射角和声速，再探测缺陷 D 的深度和离试块右边沿的水平距离，记录于表 4.5.7 中。

表 4.5.7　测量 CSK-IB 试块中缺陷 D 的深度和距试块右边沿的水平距离

| 次数 | 1 | 2 | 3 | 平均值 |
| --- | --- | --- | --- | --- |
| $x_A/mm$ | | | | |
| $x_B/mm$ | | | | |
| $x_D/mm$ | | | | |
| $H_A/mm$ | | | | |
| $H_B/mm$ | | | | |
| $t_A/\mu s$ | | | | |
| $t_B/\mu s$ | | | | |
| $t_D/\mu s$ | | | | |

## 思考题

1. 激发脉冲超声波的电脉冲一般是一个上升沿小于 20 ns 的很尖很窄的脉冲，而从超声脉冲波的波形看，其幅度是由小变大，然后又白大变小，而不是直接从大变小，并且振动可以持续 1～10 μs，请说明这种现象的原因。

2. 试通过计算说明，当可变角探头逐步靠近试块正面时，为什么横波在 $R_1$ 圆弧面的反射回波能够与 $B_1$ 重合？

3. 在利用斜探头探测时，如果能够得到与被测材料同材质的试块，并且已知该试块中两个不同深度的横孔的深度，那么不必测量斜探头的延迟、入射点、折射角和声速就可以确定缺陷的深度。试说明该方法的具体探测过程。

4. 试利用表面波测量 CSK-IB 试块中 $R_2$ 圆弧的长度。

# 4.6 声速的测量

声波在媒质中的传播速度与媒质的特性及状态等因素有关，因而通过对媒质中声速的测量，可以了解媒质的特性及状态变化。例如，测量氯气、蔗糖等气体或溶液的浓度，氯丁橡胶乳液的相对密度以及输油管中不同油品的分界面等，这些问题都可以通过测试这些物质中的声速来解决。可见，声速测试在工业生产上具有一定的实用意义。

**【实验目的】**

1. 了解声波在空气中传播的特性。
2. 了解压电换能器的功能。
3. 了解声波的产生、发射和接收方法。
4. 进一步掌握示波器、信号发生器的使用方法。
5. 加深对波的传播、干涉、驻波、振动合成等理论知识的理解。
6. 学习用驻波法和相位比较法测试超声波在空气中的传播速度。

**【实验仪器】**

SV-DH-7 型声速测试仪（图 4.6.1），综合声速测定仪信号源（图 4.6.2），示波器。

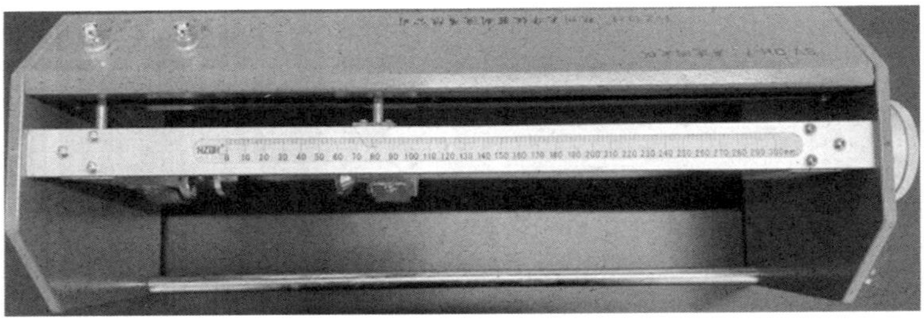

图 4.6.1　SV-DH-7 型声速测试仪

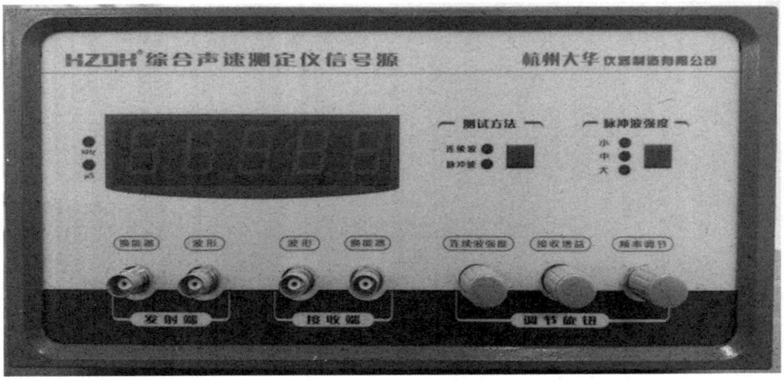


图 4.6.2　综合声速测定仪信号源

**【实验原理】**

1. 声波

声波是一种在弹性介质中传播的机械波，它是纵波，其振动方向与传播方向一致。在弹性媒质中，频率低于 20 Hz 的声波称为次声波；频率在 20 Hz～20 kHz 的振动所激起的机械波称为声波，可以被人听到，也称为可闻声波；频率在 20 kHz 以上的声波称为超声波，一般超声波的频率范围为 $2\times10^{4}\sim5\times10^{8}$ Hz。超声波的传播速度就是声波的传播速度，超声波具有波长短、易于定向发射等优点，在超声波段进行声速测试比较方便。

2. 超声波的发射和接收——压电换能器

压电陶瓷超声换能器作波源具有平面性、单色性好以及方向性强等特点。同时，由于频率在超声波范围内，一般的音频对它没有干扰。频率 $f$ 提高，波长 $\lambda$ 就短，在不长的距离内可测到许多个 $\lambda$，取其平均值，$\lambda$ 的测定就较准确。在压电陶瓷片的头尾两端胶粘两块金属，组成夹心型振子。头部用轻金属做成喇叭形，尾部用重金属做成锥形或柱形，中部为压电陶瓷圆环，紧固螺钉穿过环中心。这种结构增大了辐射面积，增强了振子与介质的耦合作用，由于振子是以纵向长度的伸缩直接影响头部轻金属作同样的纵向长度伸缩(对尾部重金属作用小)，这样所发射的波方向性强、平面性好。

3.SV-DH-7 型声速测试仪

超声波声速测试仪原理如图 4.6.3 所示。

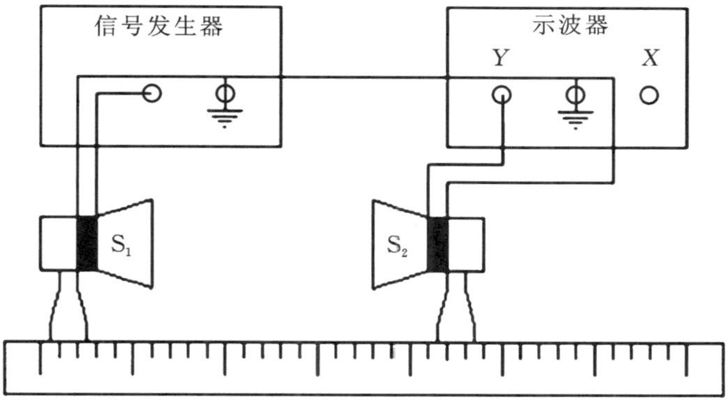


**图 4.6.3**　SV-DH-7 **超声波声速测试仪示意图**

4. 驻波法(共振干涉法)测波速

由声源发出的平面波沿 $x$ 方向传播，经前方平面反射后，入射波和反射波叠加。这两列波具有相同的振动方向、振幅 $A$、频率 $f$ 和波长 $\lambda$，是一对相干波，在 $x$ 轴上以相反的方向传播。设这两列波在原点的相位相同，则它们的波动方程分别是：

$$y_1=A\cos2\pi\left(ft-\frac{x}{\lambda}\right) \tag{4.6.1}$$

$$y_2=A\cos2\pi\left(ft+\frac{x}{\lambda}\right) \tag{4.6.2}$$

叠加后合成波为：

$$y=y_1+y_2=A\cos2\pi\left(ft-\frac{x}{\lambda}\right)+A\cos2\pi\left(ft+\frac{x}{\lambda}\right)=2A\cos2\pi\left(\frac{x}{\lambda}\right)\cos2\pi ft \quad (4.6.3)$$

由上式可以看出，当 $x$ 一定时，即考察平衡位置位于 $x$ 处的质点时，后面的时间因子表示这个质点作简谐振动；考察不同 $x$ 处的所有质点时，可知两波合成后介质中各点都在作同频率的简谐振动。各点的振幅为 $2A\cos2\pi\left(\frac{x}{\lambda}\right)$，与时间 $t$ 无关，是位置 $x$ 的余弦函数。对应于 $\left|\cos2\pi\left(\frac{x}{\lambda}\right)\right|=1$ 的各点振幅最大，称为波腹；对应于 $\left|\cos2\pi\left(\frac{x}{\lambda}\right)\right|=0$ 的各点振幅最小，称为波节。要使 $\left|\cos2\pi\left(\frac{x}{\lambda}\right)\right|=1$，应有：

$$2\pi\left(\frac{x}{\lambda}\right)=\pm n\pi,\quad n=0,1,2,3,\cdots \quad (4.6.4)$$

因此在 $x=\pm n\left(\frac{\lambda}{2}\right)(n=0,1,2,3,\cdots)$ 处就是波腹的位置，相邻两波腹间的距离为 $\frac{\lambda}{2}$（半波长）。

同理，可求出波节的位置是：

$$x=\pm(2n+1)\left(\frac{\lambda}{4}\right),\quad n=0,1,2,3,\cdots \quad (4.6.5)$$

相邻两波节间的距离也是 $\frac{\lambda}{2}$，所以，只要测得相邻两波腹（或波节）的位置 $x_n$、$x_{n+1}$，即可得 $\lambda=|x_{n+1}-x_n|$。

如果把超声波发射换能器 $S_1$ 与接收换能器 $S_2$“面对面”放置，两者之间距离是 $L$，低频信号发生器提供正弦交流电信号，激励发射换能器引起振动，把电能转换为声能，发出一平面超声波。接收换能器接收空气的振动，把声能转换为电能，并将转换的电信号输入示波器，同时还反射一部分超声波，此时在示波器上可以看到一组由声压信号产生的正弦波形。这时每个换能器都相当于一个不完全的反射器，发射的声波、反射的声波振幅虽有差异，但二者周期相同且在同一条直线上沿相反方向传播，于是发射换能器 $S_1$ 发射的超声波和接收换能器 $S_2$ 反射的超声波在两换能器之间的区域干涉而形成驻波。在示波器上观测到的实际上是两个相干波合成后在接收换能器处的振动情况。移动接收换能器 $S_2$ 的位置（即改变 $S_1$ 到 $S_2$ 之间的距离），可以发现当 $S_2$ 在某些位置时示波器上正弦波形振幅有最大值，在另外某些位置时振幅有最小值。由上面理论推导可知，任何两个相邻的振幅最大（或最小）的位置之间的距离为 $\frac{\lambda}{2}$。为了测试声波的波长，可以一边观测示波器上波形振幅，一边缓慢摇动手柄改变 $S_1$、$S_2$ 之间距离，可以看到示波器上波形振幅不断地由最大变到最小再变到最大，而每一次周期性的变化都相当于 $S_1$、$S_2$ 之间距离改变了 $\frac{\lambda}{2}$。当两者的距离 $L$ 是半波长的整数倍时，每个换能器都靠近波腹，驻波的振幅最大，此时有：

$$L = n \times \frac{\lambda}{2} = \frac{n}{2} \times \frac{v}{f} \tag{4.6.6}$$

式(4.6.6)中 $n$ 是整数。通过改变距离观测振幅的周期变化，用逐差法处理测量数据，可求出声速：

$$v = 2f \times \frac{\Delta L}{\Delta n} \tag{4.6.7}$$

其中

$$\Delta L = \frac{(x_7 - x_1) + (x_8 - x_2) + (x_9 - x_3) + (x_{10} - x_4) + (x_{11} - x_5) + (x_{12} - x_6)}{6}$$

$$\Delta n = 6$$

5. 相位比较法测波速

如果把输入发射换能器的正弦波信号与示波器的垂直($Y$ 轴)输入端连接，同时把接收换能器检测到的声-电转换信号与示波器的水平($X$ 轴)输入端连接，即将这两个信号分别送至示波器内示波管相互垂直的偏转板合成，就可以利用李萨如图形的相位比较法，观测示波器上 $S_1$、$S_2$ 之间距离改变时合成信号的相位变化。在同一时刻，这两个信号的相位差 $\varphi$ 和角速度 $\omega$ ($\omega = 2\pi f$)、传播时间 $t$、声速 $v$、距离 $L$、波长 $\lambda$ 之间有下列关系：

$$\varphi = \omega t = 2\pi f\left(\frac{L}{v}\right) = 2\pi\left(\frac{L}{\lambda}\right) \tag{4.6.8}$$

可见相位差 $\varphi$ 正比于两个换能器之间的距离 $L$，$S_1$、$S_2$ 之间距离每改变一个波长 $\lambda$，相位差 $\varphi$ 就改变 $2\pi$。如果调整接收换能器的位置，恰好使两个信号同相位，然后移远(或移近)接收换能器，直到两个信号再度同相位，则接收换能器移过的距离正好是一个波长 $\lambda$。根据波长与波速的关系有：

$$v = \lambda f \tag{4.6.9}$$

两个相互垂直的简谐振动的叠加可以得到李萨如图形。如果这两个简谐振动的频率相同，则可得到最简单的李萨如图形。当两个同频率的简谐振动的相位差从 $0 \to \pi$ 变化时，图形会由斜率为正的直线变为椭圆继而再变为斜率为负的直线。

6. 理论计算

当 $p_0 = 160$ mmHg、温度 $t = 0$ ℃时，根据公式求得：

$$v_{理} = \sqrt{\frac{r p_0}{\rho_0}} = \sqrt{\frac{1.40 \times 0.1013}{1.2932}} = 331.2 \text{ m/s} \tag{4.6.10}$$

在温度为 $t$ 时的声速：

$$v_t = v_{理}\sqrt{1 + \frac{t}{273.15}} \text{ m/s} \tag{4.6.11}$$

## 【实验步骤】

### 1. 寻找系统的谐振频率 $f_0$

按图 4.6.3 接线，转动丝杆使两换能器有合适的距离，调节正弦信号发生器的频率和幅度，同时调整信号接收端的示波器，使示波器屏幕上有适当的信号幅度。然后转动丝杆寻找信号幅度最强的位置，找到后调节信号发生器的频率，使示波器上的信号幅度最大，再用微调旋钮调节信号发生器的频率，使示波器上的信号幅度更大，此时信号发生器输出的频率值即为本系统的谐振频率 $f_0$。可以重复上述过程数次，以寻找本系统准确的谐振频率 $f_0$，下面的测量将在谐振频率 $f_0$ 下进行。

### 2. 驻波法测波长和声速

按图 4.6.3 接线，转动丝杆将接收换能器从一端缓慢移向另一端，并来回几次，观察示波器上信号幅度变化，了解波的干涉现象。测量时，$S_1$ 与 $S_2$ 之间的距离从近到远或从远到近均可，选择一个示波器上的信号幅度最大处（驻波的波腹）为起点，记下 $S_2$ 的位置，缓慢移动 $S_2$，依此记下每次信号幅度最大时 $S_2$ 的位置（波腹的位置）$X_1$、$X_2$、…、$X_{12}$，共 12 个值，注意利用游标尺上的微动螺旋准确地确定这些 $X$ 的值，要求：

(1) 用逐差法处理数据，求出 $\lambda$，由谐振频率 $f_0$ 和测出的 $\lambda$ 代入式(4.6.9)算出声速 $v$。

(2) 记下实验室的室温 $t$(℃)，由式(4.6.11)算出理论值 $v_t$，与测量值比较，计算误差，并对结果进行讨论。

### 3. 相位比较法测波长和声速

按图 4.6.3 接线，将信号发生器输出的信号连接到发射换能器的同时连接到示波器的 $X$ 输入端，将示波器 $X$ 扫描旋钮旋至“外接”。调节示波器，使屏上出现李萨如图形，缓慢地增加（或减小）$S_1$ 和 $S_2$ 之间的距离（改变两输入波的相位差），屏上就会反复出现李萨如图形的变化，测量时，$S_2$ 从声源 $S_1$ 附近慢慢移开，依此测出屏上出现直线（每移动半个波长就会出现直线）时所对应的 $S_2$ 的位置 $X_1$、$X_2$、…、$X_{12}$，用逐差法处理数据，求出波长、声速。结果与式(4.6.11)理论计算值比较，计算误差，并对结果进行讨论。

## 【注意事项】

1. 两换能器的面应相互平行，移动过程中这种关系仍应保持不变。
2. 换能器接出线均应进行良好屏蔽。
3. 采用相位比较法测波长时，正弦信号发生器产生的正弦波失真应小。

## 【实验数据】

相关实验数据分别填入表 4.6.1 和表 4.6.2 中。

**表 4.6.1　系统的谐振频率 $f_0$**

| 次数 | 1 | 2 | 3 | 4 | 5 |
|---|---|---|---|---|---|
| 频率 | | | | | |

表 4.6.2　记录位置

| 谐振频率 | $f_0$ | | | | | |
|---|---|---|---|---|---|---|
| 位置 | $X_1$ | $X_2$ | $X_3$ | $X_4$ | $X_5$ | $X_6$ |
| 驻波法 | | | | | | |
| 相位法 | | | | | | |

**【数据处理】**

1. 根据测得数据计算出系统谐振频率。
2. 利用逐差法计算介质中超声波的波长。
3. 计算介质中的声速。
4. 计算标准气压下的声速理论值。
5. 计算相对误差。

## 思考题

1. 为什么需要在驻波系统共振状态下进行声速的测量？
2. 用“相位比较法”测声速时，为什么只有当李萨如图形为直线时才读数？
3. 为何本节所述两种方法均测半波长值而不直接测波长值？

# 4.7 非线性混沌现象的研究

**【实验目的】**

1. 研究蔡氏电路，分析其电路特性和产生周期与非周期振荡的条件。
2. 分析 RLC 电路中混沌现象的基本特性和混沌产生的方法。
3. 对所观察的奇异吸引子的各种图像进行探讨和说明。
4. 测量有源非线性电路的负阻特性。

**【实验仪器】**

非线性电路混沌实验仪（图 4.7.1）、双踪示波器。

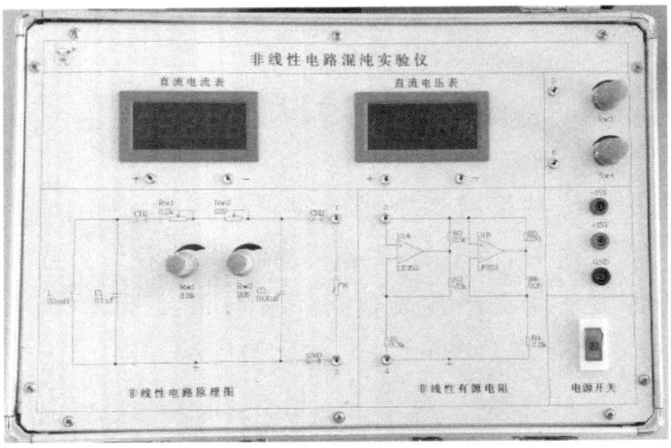


图 4.7.1　非线性电路混沌实验仪面板

**【实验原理】**

混沌现象是指在确定的非线性动态系统中出现的貌似随机的不能预测的运动。混沌现象具有以下特征：①对初值敏感；②存在奇异吸引子；③具有分形结构。

蔡氏电路（Chuas circuit）原理如图 4.7.2 所示，电路中的电感 $L$ 和电容$C_1$ 并联构成一个振荡电路。非线性元件电阻 $R$，其特性为分段线性，且呈现负阻特性，其伏安特性如图 4.7.3 所示。耦合电阻$R_0$（实际是电导）呈现正阻性，它将振荡电路与非线性电阻 $R$ 和$C_2$ 组成的电路耦合起来并且消耗能量，以防止由于非线性电路的负阻效应使电路中的电压、电流不断增大。

电路的状态方程式（即电路中节点的电流、电压关系式）为：

$$C_1 \frac{\mathrm{d}U_{C_1}}{\mathrm{d}t} = G(U_{C_2} - U_{C_1}) + i_L \tag{4.7.1}$$

$$C_2 \frac{\mathrm{d}U_{C_2}}{\mathrm{d}t} = G(U_{C_2} - U_{C_1}) - f(U_{C_2}) \tag{4.7.2}$$

$$L\frac{\mathrm{d}i_L}{\mathrm{d}t}=-U_{C_1} \tag{4.7.3}$$

其中 $G$ 是 $R_0$ 的电导，$U_{C_1}$、$U_{C_2}$ 分别是 $C_1$、$C_2$ 上的电压，函数 $f(U_{C_2})$ 是非线性电阻 $R$ 的特性函数，它的分段表达式为：

$$f(U_{C_2})=\begin{cases}m_0U_{C_1}+(m_1-m_0)B_P & U_{C_1}\geqslant B_P\\ m_1U_{C_1} & |U_{C_1}|\leqslant B_P\\ m_0U_{C_1}-(m_1-m_0)B_P & U_{C_1}\leqslant -B_P\end{cases} \tag{4.7.4}$$

上式中 $m_0$、$m_1$ 为常数，量纲与电导相同。

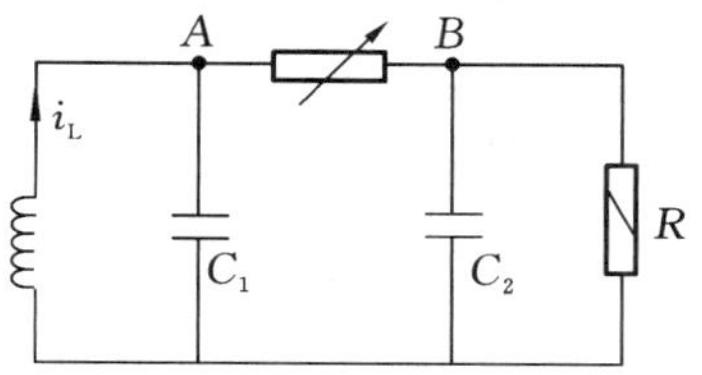


图 4.7.2　蔡氏电路

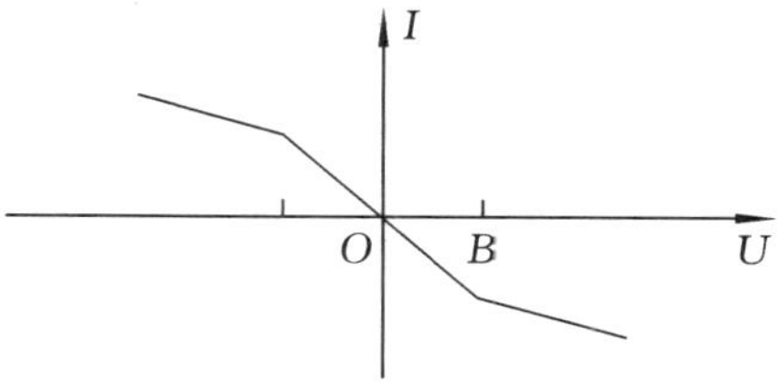


图 4.7.3　负阻 $R$ 的伏安特性曲线

非线性元件 $R$ 是产生混沌现象的必要条件，实验中用于产生非线性負阻的方法很多，如单结晶体管、变容二极管以及运算放大电路等。为了使选用的非线性元件特性接近图 4.7.3的形状，实验中选用图 4.7.4 所示的一个运算放大电路作为产生非线性元件的电路，其伏安特性曲线见图 4.7.5 所示。比较图 4.7.3 和图 4.7.5，可以认为这个电路在分段线性方面与图4.7.3要求的理论特性相近，而当 $U_R$ 过大或过小时都出现了负阻向正阻的转折，这是由于外加电压超过了运算放大器工作在线性区要求的电压值(接近电源电压)后的非线性现象。这个特性导致在电路中产生附加的周期轨道，但对混沌电路产生奇异吸引子和鞍形周期轨道没有影响。

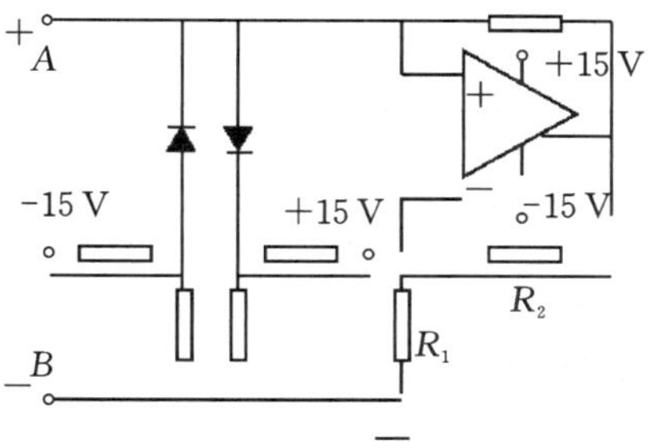


图 4.7.4　运算放大电路

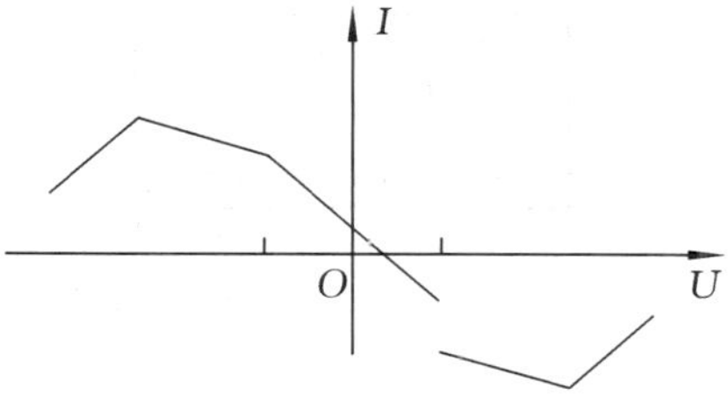


图 4.7.5　运算放大电路的伏安特性由线

电路中 $L$、$C_1$ 并联构成振荡电路，$C_2$ 的作用是分相，使 $A$、$B$ 两处输入示波器的信号产生相位差，可得到 $X$、$Y$ 两个信号的合成图形。运放 OP07 的前级和后级正负反馈同时存在，正反馈的强弱与比值$R_3/R_0$有关，负反馈的强弱与比值$R_2/R_1$有关，当正反馈大于负反馈时，$LC_1$振荡电路才能维持振荡。若调节$R_0$，正反馈就发生变化。因为运放 OP07 处于振荡状态，所以这是一种非线性应用。

图 4.7.6 所示为非线性负阻$R_n$伏安特性测量电路，由于$R_n$是负电阻，为了保证运放的负载为正电阻，与$R_n$并联了一个电阻值比它小的正电阻$R_w$，实验时调节电位器$R_w$的大小，使得运放输出从－15 V 变化到＋15 V，即以上述电压加到待测非线性负载网络。测量$R_n$两端的电压和电流时要注意方向，记录测量并绘制图 4.7.5 所示的负阻非线性特性。

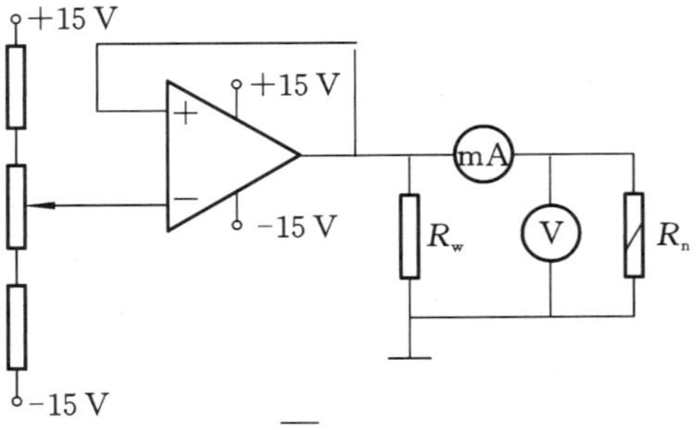


**图 4.7.6 非线性负阻伏安特性测量电路**

**【实验内容】**

1. 测量非线性电阻的伏安特性曲线

(1) 按图 4.7.7 连接电路。

(2) 将$R_{w_3}$、$R_{w_4}$逆时针转到底，检查无误后打开开关。

(3) 调节$R_{w_4}$，逐渐增大电阻，记录数据，填入表 4.7.1 中。

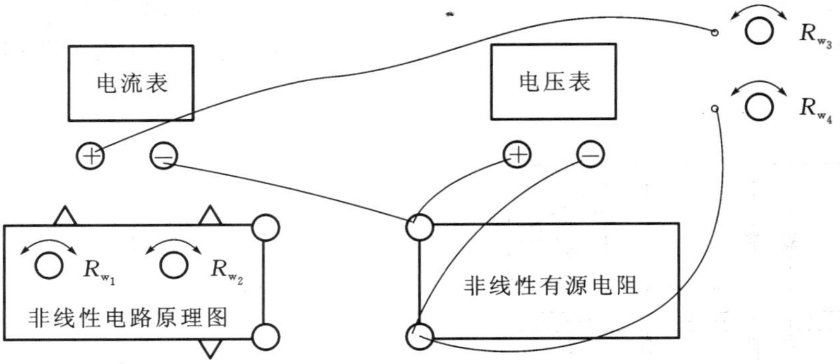


**图 4.7.7 测量非线性电阻的伏安特性曲线连线图**

2. 观察混沌现象

(1) 如图 4.7.8 所示，连接好电路。

(2) 将$R_{w_1}$逆时针转到底，$R_{w_2}$顺时针转到底，检查无误后打开开关。

(3) 调节$R_{w_1}$，在示波器上观察周期图像（1、2、3、4 倍周期，单吸引子和双吸引子）。

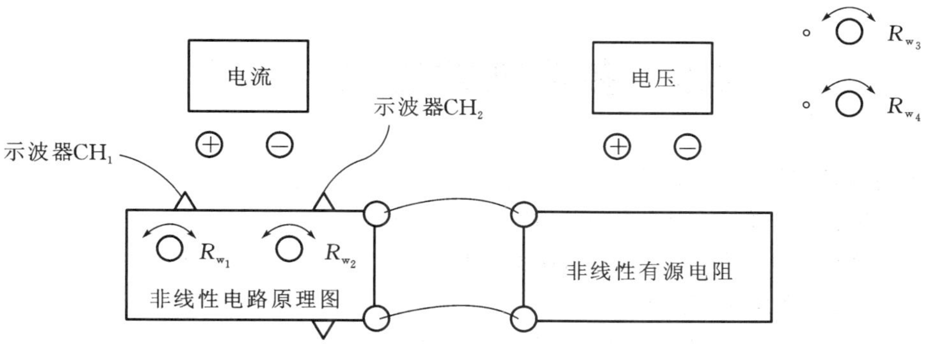


**图 4.7.8　观察混沌现象连线图**

**【实验数据】**

1. 测量非线性电阻的伏安特性曲线

相关数据记录于表 4.7.1 中。

**表 4.7.1　测量数据表**

| 电压 $U_{AB}$/V | 0.080 | 0.200 | 0.500 | 1.000 | 1.500 | 2.500 | 3.500 | 4.500 | 5.500 | 6.000 | 6.500 |
|---|---|---|---|---|---|---|---|---|---|---|---|
| 电流 $i_{AB}$/A | | | | | | | | | | | |
| 电压 $U_{AB}$/V | 7.000 | 7.500 | 8.000 | 8.500 | 9.000 | 9.500 | 10.000 | 10.500 | 11.000 | 11.500 | 12.000 |
| 电流 $i_{AB}$/A | | | | | | | | | | | |

2. 混沌相图

1P　　2P　　3P　　单吸引子　　双吸引子

**【数据处理】**

1. 根据表 4.7.1 中的数据，在坐标纸上画出伏安特性曲线。
2. 记录混沌相图。

## 思考题

1. 产生混沌现象的根源是什么？
2. 是否所有的非线性系统都会存在混沌现象？

# 4.8 多普勒效应综合实验

在无色散情况下，波在介质中的传播速度是恒定的，不会因波源运动而改变，也不会因观察者运动而改变。但当波源（或观察者）相对介质运动时，观察者接收到的波的频率和波源发出的频率将不再相同。当波源和观察者相对静止时，单位时间通过观察者的波峰的数目是一定的，观察者所观察到的频率等于波源振动的频率；当波源和观察者相向运动时，单位时间通过观察者的波峰的数目增加，观察到的频率增加；反之，当波源和观察者互相远离时，观察到的频率变小。这种由于波源或观察者（或两者）相对介质运动而使观察者接收到的频率与波源发出的频率不同的现象，称为多普勒效应。它是奥地利物理学家多普勒（J.C. Doppler，1803—1853 年）于 1842 年首先发现的。

**【实验目的】**

1. 通过该实验进一步了解多普勒效应原理及其应用。
2. 熟悉 DPL-F 反射式多普勒超声综合实验仪的使用。
3. 使用反射式多普勒（超声综合实验仪）测量声速，验证多普勒定律。
4. 使用反射式多普勒（超声综合实验仪）测量未知速度物体的运动，测量匀速直线运动与匀加速直线运动。
5. 使用反射式多普勒（超声综合实验仪）测量简谐振动。

**【实验仪器】**

COC-DPL-F 反射式多普勒超声综合实验仪、导轨、小车、超车头、光电门、弹簧、砝码、托盘。

**【实验原理】**

1. 多普勒效应测速原理

根据声波的多普勒效应公式，当声源与接收器之间有相对运动时，接收器接收到的频率 $f$ 为：

$$f=\frac{u+v_1\cos\alpha_1}{u-v_2\cos\alpha_2}f_0 \tag{4.8.1}$$

式中 $f_0$——声源发射频率；

$u$——声速；

$v_1$——接收器运动速率；

$\alpha_1$——声源和接收器连线与接收器运动方向之间的夹角；

$v_2$——声源运动速率；

$\alpha_2$——声源和接收器连线与声源运动方向之间的夹角。

为简单起见，设波源或观察者的运动方向与两者的连线一致，此时式（4.8.1）简化为：

$$f=\frac{u+v_1}{u-v_2}f_0 \tag{4.8.2}$$

式中，$v_1$、$v_2$ 的符号规则为：声源和观察者相向运动时为正，背离运动时为负。

本实验装置如图 4.8.1 所示，电机与超声头固定于导轨上面，小车可以由电机牵引沿导轨左右运动，超声发射头与接收头固定于导轨右端，超声波通过小车上的铝板反射回来被接收器接收，小车运动速度为 $v$(向右为正)，因此声源速度也为 $v$。

**图 4.8.1　实验装置图**

依据多普勒频移公式，不难推导出回波频率、多普勒频移和小车运动的速度分别为：

$$f=\frac{u+v}{u-v}f_0,\quad \Delta f=\frac{f+f_0}{u}v,\quad v=\frac{f-f_0}{f+f_0}u \tag{4.8.3}$$

由于电路中不能表征负频移(即不论靠近还是远离超声头，$\Delta f$ 恒为正)，所以在该系统中采用了标量表示($\Delta f$ 不区分正负，$v$ 以靠近或远离超声头进行标识)。

小车靠近超声头时，速度公式为：

$$v=\frac{\Delta f}{2f_0+\Delta f}u \tag{4.8.4}$$

小车远离超声头时，速度公式为：

$$v=\frac{\Delta f}{2f_0-\Delta f}u \tag{4.8.5}$$

上面两个公式是进行声速测量的依据。在实验中，可从示波器上相应的波形读出 $f_0$ 与 $\Delta f$，通过光电门测得小车的运行速度后，即可计算出声速。

通过环境温度可以计算得出当前的理论声速：

$$u=331.45\sqrt{1+\frac{t}{273.15}}\ (\text{m/s}) \tag{4.8.6}$$

其中 $t$ 为当前环境的热力学温度，331.45 为 0 ℃时的声速值，单位为 m/s。可将实验测得的声速与通过环境温度得出的理论声速进行对比，得出实验误差。

2. 光电门测速原理

作为多普勒效应测速的参考，在本实验中还采用了光电门测速方式以利于比较。光电门测速是一种比较通用的测速方法，图 4.8.2 所示为光电门的典型应用电路。发光二极管经过 $R_1$ 与 $V_{cc}$ 相连，导通并发出红外光。光电三极管在光照条件下可以导通。如果在发光二极管与光电三极管之间没有障碍物，则发光二极管所发出的光能够使光电三极管导通，"output"输出端被拉至 0 电平，输出为低；如果中间有障碍物，则光电三极管截止，"output"输出端被拉至 1 电平，输出为高。因此可以通过电平的高低变化来判断是否被挡光。

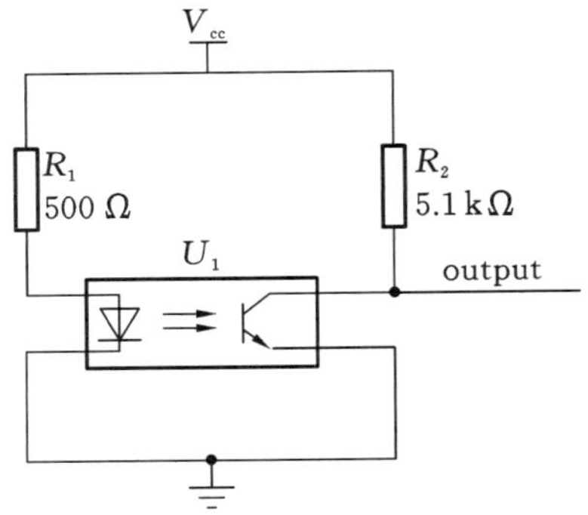


图 4.8.2　光电门的典型应用电路

本实验中将挡光片安置在小车上，当作为运动物体的小车通过光电门时，将产生挡光。根据光电门输出端产生的脉冲上升沿和下降沿之间的时差和挡光片的相应长度(5 cm)，可以计算出小车的运动速度。

**【实验内容】**

1. 利用多普勒超声综合实验仪测量运动小车的速度和频差，计算声速，验证多普勒效应

(1) 将超声探头安装于轨道一头，调整其俯仰，使探头发射方向基本水平，确认轨道皮带及小车运动区域无障碍物。

(2) 连接多普勒超声综合实验仪与实验轨道，打开实验仪主机电源，系统启动并初始化，小车自动或手动(按下"复位"按钮)复位至起始位置(导轨左侧限位处)。

(3) 从主菜单选择"声速测量/多普勒效应验证"，在操作面板上按下"OK"按钮进入参数设置页面。

(4) 通过上下方向按钮选择"电机转速设置"，按下"OK"按钮，再通过方向按钮移动光标，对电机转速进行设置(设置范围为 20%～80%，如果超出该范围，可能导致电机无法启动或发生异常)，设置成指定转速后，再按下"OK"按钮进行确定，使用上下方向键移动至"确认"。

(5) 按下"OK"按钮，确认轨道和小车状态正常后，选择"是"进行测量。小车朝靠近探头的方向移动，到达右侧限位后，记录下通过光电门得出的小车速度和频差。

(6) 重复第(4)步操作，测量并记录小车朝远离探头方向移动时的速度和频差。

(7) 保持电机转速不变，重复第(4)、(5)步操作，多次测量后，求出小车在靠近和远离探头时速度和频差的平均值，发射频率 40 kHz，代入式(4.8.4)和式(4.8.5)，求得此时的声速。

(8) 更改电机转速，重复以上步骤，通过不同转速和小车运动状态下(靠近或远离)取得的小车速度和频差求得声速，并取平均值。

(9) 通过温度计读取环境温度，使用式(4.8.6)计算当前温度下的理论声速，并与实验值

对比，计算相对误差。

2. 测量匀加速运动中小车的速度和加速度

（1）在“超声测速（轨道）”界面中选择“匀加速直线运动”，按下“OK”，确认小车和轨道状态后选择“是”进行测量。

（2）小车进行匀加速运动，完成采集后，观察运动曲线，确认加速运动发生的时间段。

（3）选择“查看”，观察各个时刻的频差，确认加速段，并从中选取 7 组数据，利用之前求得的环境声速，本实验利用 EXCEL 表格计算各时间点时频差所对应的速度，并计算求出其加速度（时间-速度曲线的斜率）。

（4）可以分别对靠近和远离的运动进行多次计算，取平均值。

3. 测量简谐振动

（1）简谐振动装置图如图 4.8.3 所示。将重物回收桶移开，并将重物释放装置与超声探头下移至支架底端附近。

（2）取出弹簧，将弹簧带红色指针一头朝下，悬挂至实验支架顶端的挂钩上，将待测重物的小球取下，更换为挂钩头，并悬挂至弹簧下方。

（3）取出刻度尺，测量此时红色指针位置记为 $L_0$；再取一个砝码（10 g）放到反射盘上，测量此时红色指针位置 $L_1$；依次在载物盘上挂上砝码，分别记录下不同砝码个数下红色指针的位置，记为 $L_2$、$L_3$、…。

（4）使用逐差法（或线性拟合），根据胡克定律 $F=mg=K\cdot\Delta L$ 测得弹簧劲度系数 $K$。

（5）取下砝码，将超声探头的探头面朝上，并上移至弹簧挂钩正下方，使反射面正对超声探头，调节探头高度，使探头距反射盘底部约 15 cm。

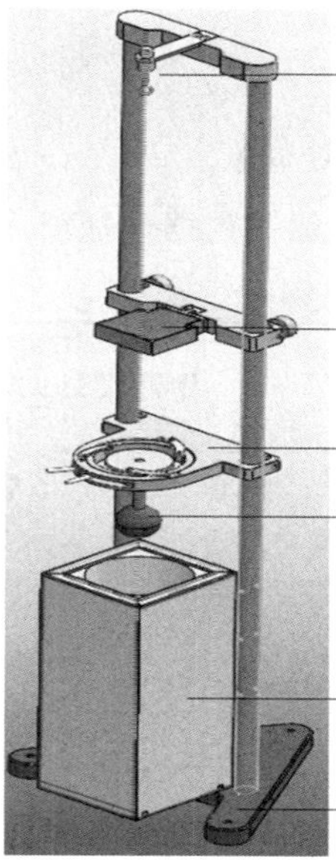

图 4.8.3　简谐振动装置图

（6）探头与实验主机相连，在主机主界面中选择“超声测速（自定义）”选项，按下“OK”，选择“30（采样间隔 40 ms）”，进入测试界面。

（7）将重物竖直下拉约 10 cm，然后松开，观察重物是否基本沿上下振动，然后在主机测试界面选择“启动”，进入采集准备状态，倒计时 3 s 后，开始采集。

（8）完成 30 s 采集后，进入数据查看界面。

（9）因显示的数据为运动物体反射回来的频差，故读数均为正方向值。其中波形的每个峰值均为简谐振动时重物运动速度的最大点，也就是重物每次回到平衡位置时的瞬时速度。相邻的两个峰值为一个向上运动，一个向下运动。间隔选取两个波形，则取到的波形的峰值均为重物朝同个方向运动到平衡位置时的瞬时速度，其时间间隔即为一个运动周期。可选取其中十个完整连续波形，间隔读到五个波峰的时刻，观察单个周期时长差异。

（10）取第一个峰与第九个峰的时间间隔 $\Delta t$，因第一个峰与第九个峰间隔为 4 个周期，即当前简谐振动的周期 $T=\frac{\Delta t}{4}$。根据弹簧简谐振动公式：

$$T=2\pi\sqrt{\frac{M+PM_0}{K'}} \tag{4.8.7}$$

其中，$P$ 为待定系数，其值约为 1/3，可由实验测得；$M_0$ 是弹簧本身的质量，而 $PM_0$ 被称为弹簧的有效质量，对同一弹簧而言，$PM_0$ 为定值。$M$ 为挂钩、载物盘与砝码的总质量。分别测量弹簧、载物盘和砝码的质量，即可根据测得的周期 $T$ 计算出弹簧的劲度系数 $K'$（$M_0$ 约为 9 g，挂钩及砝码盘合计 90 g，单个砝码为 10 g）。

（11）对比用胡克定律测得的弹簧劲度系数 $K$ 与用简谐振动测得的劲度系数 $K'$，分析计算误差：

$$E=\left|\frac{K'-K}{K}\right|\times 100\% \tag{4.8.8}$$

## 【数据处理】

各实验相关数据分别填入表 4.8.1 至表 4.8.3 中。

**表 4.8.1　测量声速数据**

<table>
<tr><td rowspan="3">电机转速</td><td colspan="3">靠近探头 $u=\frac{v(2f_0+\Delta f)}{\Delta f}$</td><td colspan="3">远离探头 $u=\frac{v(2f_0-\Delta f)}{\Delta f}$</td></tr>
<tr><td>频差/Hz</td><td>小车速度/(m/s)</td><td>声速/(m/s)</td><td>频差/Hz</td><td>小车速度/(m/s)</td><td>声速/(m/s)</td></tr>
<tr><td colspan="6">$f_0=40$ kHz=40000 Hz</td></tr>
<tr><td>20%</td><td>$\Delta f_1=$</td><td>$v_1=$</td><td>$u_1=$</td><td>$\Delta f_2=$</td><td>$v_2=$</td><td>$u_2=$</td></tr>
<tr><td>40%</td><td>$\Delta f_3=$</td><td>$v_3=$</td><td>$u_3=$</td><td>$\Delta f_4=$</td><td>$v_4=$</td><td>$u_4=$</td></tr>
<tr><td>60%</td><td>$\Delta f_5=$</td><td>$v_5=$</td><td>$u_5=$</td><td>$\Delta f_6=$</td><td>$v_6=$</td><td>$u_6=$</td></tr>
<tr><td>80%</td><td>$\Delta f_7=$</td><td>$v_7=$</td><td>$u_7=$</td><td>$\Delta f_8=$</td><td>$v_8=$</td><td>$u_8=$</td></tr>
</table>

其中：$\bar{u}_{测}=\frac{u_1+u_2+u_3+u_4+u_5+u_6+u_7+u_8}{8}=$

$u_{理}=331.45\sqrt{1+\frac{t}{273.15}}=$

相对误差：$\delta=\frac{|\bar{u}_{测}-u_{理}|}{u_{理}}\times 100\%=$

**表 4.8.2　测量匀加速运动小车的速度和加速度**

| 靠近探头 $v=\frac{\bar{u}_{测}\ \Delta f}{2f_0+\Delta f}$ | | | 远离探头 $v=\frac{\bar{u}_{测}\ \Delta f}{2f_0-\Delta f}$ | | |
|---|---|---|---|---|---|
| 时间/t | 频差/Hz | 小车速度/(m/s) | 时间/t | 频差/Hz | 小车速度/(m/s) |
| $t_1=$ | $\Delta f_1=$ | $v_1=$ | $t_1=$ | $\Delta f_1'=$ | $v_1'=$ |
| $t_2=$ | $\Delta f_2=$ | $v_2=$ | $t_2=$ | $\Delta f_2'=$ | $v_2'=$ |
| $t_3=$ | $\Delta f_3=$ | $v_3=$ | $t_3=$ | $\Delta f_3'=$ | $v_3'=$ |
| $t_4=$ | $\Delta f_4=$ | $v_4=$ | $t_4=$ | $\Delta f_4'=$ | $v_4'=$ |
| $t_5=$ | $\Delta f_5=$ | $v_5=$ | $t_5=$ | $\Delta f_5'=$ | $v_5'=$ |
| $t_6=$ | $\Delta f_6=$ | $v_6=$ | $t_6=$ | $\Delta f_6'=$ | $v_6'=$ |
| $t_7=$ | $\Delta f_7=$ | $v_7=$ | $t_7=$ | $\Delta f_7'=$ | $v_7'=$ |
| $a_1=$　　　m/s² | | | $a_2=$　　　m/s² | | |

其中，$a=\frac{a_1+a_2}{2}=$　　　　；$f_0=40\ \text{kHz}=40000\ \text{Hz}$。

**表 4.8.3　简谐振动数据**

<table>
<tr><td colspan="3">(弹簧质量)$M_0=$</td><td colspan="2">(载物盘与砝码总质量)$M=$</td></tr>
<tr><td colspan="2">长度/cm</td><td>质量/mg</td><td colspan="2">进度系数/(N/m)</td></tr>
<tr><td>$L_0=$</td><td></td><td></td><td>$F=mg=K\cdot\Delta L$</td><td></td></tr>
<tr><td>$L_1=$</td><td>$\Delta L_1=|L_1-L_0|=$</td><td>$m_1=$</td><td>$K_1=$</td><td rowspan="3">$K=\frac{K_1+K_2+K_3}{3}=$</td></tr>
<tr><td>$L_2=$</td><td>$\Delta L_2=|L_2-L_0|=$</td><td>$m_2=$</td><td>$K_2=$</td></tr>
<tr><td>$L_3=$</td><td>$\Delta L_3=|L_3-L_0|=$</td><td>$m_3=$</td><td>$K_3=$</td></tr>
</table>

其中，$T=$

$$K'=\frac{4\pi^2(M+PM_0)}{T^2}=$$

$$E=\left|\frac{K'-K}{K}\right|\times100\%=$$

**【注意事项】**

1. 电机轨道和皮带不要随意乱动。
2. 实验前应将小车拉到两限位光电门中间。
3. 启动轨道小车前应注意周围是否有阻挡物，以免影响实验顺利进行。

## 思考题

1. 本实验中，发射和接收换能器均位于导轨的一端，小车运动反射的回波与发出的 40 kHz 信号产生差频(即频移)，其频率变化 $\Delta f$ 与运动速度 $v$ 的关系已给出。若发射和接收换能器分别位于不同的位置，如发射端在导轨边固定，而接收端在小车上，随小车以速度 $v$ 进行运动，$\Delta f$ 与 $v$ 的关系如何？若发射端随小车以速度 $v$ 移动，接收端固定，$\Delta f$ 与 $v$ 的关系又如何？

2. 本实验的理想模型中，发射端和接收端是位于同一位置，声波的发射和接收方向无夹角，但实际实验装置中，发射端和接收端中心有约 2 cm 间距。请问这会导致测量结果产生什么样的误差？

3. 使用本仪器测弹簧简谐振动时，所得的频差曲线($\Delta f$-$t$)与弹簧振子运动速度($v$-$t$ 图)和位置($s$-$t$ 图)的关系如何？试作图进行对比。

# 附　　录

## 附录1　中华人民共和国法定计量单位

中华人民共和国法定计量单位(以下简称法定单位)包括：

(1) SI基本单位；

(2) 包括SI辅助单位在内的具有专门名称的SI导出单位；

(3) 国家选定的非国际单位制单位；

(4) 由以上单位构成的组合形式的单位；

(5) 由词头和以上单位构成的十进倍数和分数单位。

**附表1.1　SI基本单位**

| 量的名称 | 单位名称 | 单位符号 |
|---|---|---|
| 长度 | 米 | m |
| 质量 | 千克(公斤) | kg |
| 时间 | 秒 | s |
| 电流 | 安[培] | A |
| 热力学温度 | 开[尔文] | K |
| 物质的量 | 摩[尔] | mol |
| 发光强度 | 坎[德拉] | cd |

**附表1.2　包括SI辅助单位在内的具有专门名称的SI导出单位**

| 量的名称 | 单位名称 | 单位符号 | 其他表示形式 |
|---|---|---|---|
| [平面]角 | 弧度 | rad | 1 |
| 立体角 | 球面度 | sr | 1 |
| 频率 | 赫[兹] | Hz | $s^{-1}$ |
| 力 | 牛[顿] | N | $kg \cdot m/s^2$ |
| 压力，压强；应力 | 帕[斯卡] | Pa | $N/m^2$ |

续附表1.2

| 量的名称 | 单位名称 | 单位符号 | 其他表示形式 |
|---|---|---|---|
| 能[量],功,热量 | 焦[耳] | J | N·m |
| 功率,辐[射能]通量 | 瓦[特] | W | J/s |
| 电荷[量] | 库[仑] | C | A·s |
| 电压,电动势,电位,(电势) | 伏[特] | V | W/A |
| 电容 | 法[拉] | F | C/V |
| 电阻 | 欧[姆] | Ω | V/A |
| 电导 | 西[门子] | S | $\Omega^{-1}$ |
| 磁通[量] | 韦[伯] | Wb | V·s |
| 磁通[量]密度、磁感应强度 | 特[斯拉] | T | $Wb/m^2$ |
| 电感 | 亨[利] | H | Wb/A |
| 摄氏温度 | 摄氏度 | ℃ | |
| 光通量 | 流[明] | lm | cd·sr |
| [光]照度 | 勒[克斯] | lx | $lm/m^2$ |
| [放射性]活度 | 贝可[勒尔] | Bq | $s^{-1}$ |
| 吸收剂量,比授[予]能,比释动能 | 戈[瑞] | Gy | J/kg |
| 剂量当量 | 希[沃特] | Sv | J/kg |

**附表 1.3 国际单位制以外的我国法定计量单位**

| 量的名称 | 单位名称 | 单位符号 | 换算关系和说明 |
|---|---|---|---|
| 时间 | 分[小]时日,(天) | min<br>h<br>d | 1 min=60 s<br>1 h=60 min=3 600 s<br>1 d=24 h = 86 400 s |
| [平面]角 | 度<br>[角]分<br>[角]秒 | °<br>′<br>″ | $1°=60'=(\pi/180)$rad<br>$1'=60''=(\pi/10\ 800)$rad<br>$1''=(\pi/648\ 000)$rad<br>(π 为圆周率) |
| 体积 | 升 | L,(l) | $1\ L=1\ dm^3=10^{-3}\ m^3$ |
| 质量 | 吨<br>原子质量单位 | t<br>u | $1\ t=10^3$ kg<br>$1\ u\approx1.660\ 540\times10^{-27}$ kg |
| 转速 | 转每分 | r/min | $1\ r/min=(1/60)\ s^{-1}$ |
| 长度 | 海里 | n mile | 1 n mile=1 852 m(只用于航程) |

**续附表1.3**

| 量的名称 | 单位名称 | 单位符号 | 换算关系和说明 |
|---|---|---|---|
| 速度 | 节 | kn | 1 kn=1 n mile/h=(1852/3600) m/s<br>(只用于航程) |
| 能 | 电子伏 | eV | 1 eV≈1.602 18×$10^{-19}$ J |
| 级差 | 分贝 | dB | |
| 线密度 | 特[克斯] | tex | 1 tex=$10^{-6}$ kg/m |
| 面积 | 公顷 | $hm^2$ | 1 $hm^2$=$10^4$ $m^2$ |

# 附录 2　大学物理实验常用数据

附表 2.1　在 20 ℃时某些物质的密度

| 物质 | $\rho/(\mathrm{kg\cdot m^{-3}})$ | 物质 | $\rho/(\mathrm{kg\cdot m^{-3}})$ |
| --- | --- | --- | --- |
| 铝 | 2 698.9 | 石英 | 2 500～2 800 |
| 铜 | 8 960 | 水晶玻璃 | 2 900～3 000 |
| 铁 | 7 874 | 冰(0℃) | 880～920 |
| 银 | 10 500 | 乙醇 | 789.4 |
| 金 | 19 320 | 乙醚 | 714 |
| 钨 | 19 300 | 汽油 | 710～720 |
| 铂 | 21 450 | 氟利昂-12 | 1 329 |
| 铅 | 11 350 | (氟氯烷-12) | |
| 锡 | 7 298 | 变压器油 | 840～890 |
| 水银 | 13 546.2 | 甘油 | 1 260 |
| 钢 | 7 600～7 900 | | |

附表 2.2　在标准大气压下不同温度时水的密度

| $t$/℃ | $\rho/(\mathrm{kg\cdot m^{-3}})$ | $t$/℃ | $\rho/(\mathrm{kg\cdot m^{-3}})$ | $t$/℃ | $\rho/(\mathrm{kg\cdot m^{-3}})$ |
| --- | --- | --- | --- | --- | --- |
| 0 | 999.841 | 16 | 998.943 | 32 | 995.025 |
| 1 | 999.900 | 17 | 998.774 | 33 | 994.702 |
| 2 | 999.941 | 18 | 998.595 | 34 | 994.371 |
| 3 | 999.965 | 19 | 998.430 | 35 | 994.031 |
| 4 | 999.973 | 20 | 998.203 | 36 | 993.68 |
| 5 | 999.965 | 21 | 997.992 | 37 | 993.33 |
| 6 | 999.941 | 22 | 997.770 | 38 | 992.96 |
| 7 | 999.902 | 23 | 997.538 | 39 | 992.66 |
| 8 | 999.849 | 24 | 997.296 | 40 | 992.22 |
| 9 | 999.781 | 25 | 997.044 | 50 | 988.04 |
| 10 | 999.700 | 26 | 996.783 | 60 | 983.21 |
| 11 | 999.605 | 27 | 996.512 | 70 | 977.78 |

续附表2.2

| $t$/℃ | $\rho$/(kg·m$^{-3}$) | $t$/℃ | $\rho$/(kg·m$^{-3}$) | $t$/℃ | $\rho$/(kg·m$^{-3}$) |
|---|---|---|---|---|---|
| 12 | 999.498 | 28 | 996.232 | 80 | 971.80 |
| 13 | 999.404 | 29 | 995.944 | 90 | 965.31 |
| 14 | 999.244 | 30 | 995.646 | 100 | 958.35 |
| 15 | 999.099 | 31 | 995.340 | | |

**附表 2.3　某些固体的线胀系数**

| 物质 | $t$/℃ | $\alpha$/(10$^{-6}$ ℃$^{-1}$) |
|---|---|---|
| 铝 | 0～100 | 23.8 |
| 铜 | 0～100 | 17.1 |
| 铁 | 0～100 | 12.2 |
| 金 | 0～100 | 14.3 |
| 银 | 0～100 | 19.6 |
| 钢(0.05%碳) | 0～100 | 12.0 |
| 康铜 | 0～100 | 15.2 |
| 铅 | 0～100 | 29.2 |
| 锌 | 0～100 | 32 |
| 铂 | 0～100 | 9.1 |
| 钨 | 0～100 | 4.5 |
| 石英玻璃 | 0～100 | 0.56 |
| 窗玻璃 | 0～100 | 9.5 |
| 花岗石 | 0～100 | 6～9 |
| 瓷器 | 0～100 | 3.4～4.1 |

**附表 2.4　在 20℃时某些金属的杨氏模量**

| 金属 | $E$/GPa |
|---|---|
| 铝 | 69～70 |
| 钨 | 407 |
| 铁 | 186～206 |
| 铜 | 103～127 |
| 金 | 77 |

**续附表2.4**

| 金属 | $E$/GPa |
|---|---|
| 银 | 69～80 |
| 锌 | 78 |
| 镍 | 203 |
| 铬 | 235～245 |
| 合金钢 | 206～216 |
| 碳钢 | 196～206 |
| 康铜 | 160 |

注：杨氏模量的值与材料的结构、化学成分及其加工制造方法有关。因此，在某些情况下，杨氏模量的值可能与表中所列的平均值不同。

**附表 2.5　在 20℃时与空气接触的某些液体的表面张力系数**

| 液体 | $\sigma/(10^{-3}\ \mathrm{N \cdot m^{-1}})$ | 液体 | $\sigma/(10^{-3}\ \mathrm{N \cdot m^{-1}})$ |
|---|---|---|---|
| 石油 | 30 | 甘油 | 63 |
| 煤油 | 24 | 水银 | 513 |
| 松节油 | 28.8 | 蓖麻油 | 36.4 |
| 水 | 72.75 | 乙醇 | 22.0 |
| 肥皂溶液 | 40 | 乙醇(在 60℃时) | 18.4 |
| 氟利昂-12 | 9.0 | 乙醇(在 0℃时) | 24.1 |

**附表 2.6　在不同温度下与空气接触的水的表面张力系数**

| $t$/℃ | $\sigma/(10^{-3}\ \mathrm{N \cdot m^{-1}})$ | $t$/℃ | $\sigma/(10^{-3}\ \mathrm{N \cdot m^{-1}})$ | $t$/℃ | $\sigma/(10^{-3}\ \mathrm{N \cdot m^{-1}})$ |
|---|---|---|---|---|---|
| 0 | 75.62 | 16 | 73.34 | 30 | 71.15 |
| 5 | 74.90 | 17 | 73.20 | 40 | 69.55 |
| 6 | 74.76 | 18 | 73.05 | 50 | 67.90 |
| 8 | 74.48 | 19 | 72.89 | 60 | 66.17 |
| 10 | 74.20 | 20 | 72.75 | 70 | 64.41 |
| 11 | 74.07 | 21 | 72.60 | 80 | 62.60 |
| 12 | 73.92 | 22 | 72.44 | 90 | 60.74 |
| 13 | 73.78 | 23 | 72.28 | 100 | 58.84 |
| 14 | 73.64 | 24 | 72.12 | | |
| 15 | 73.48 | 25 | 71.96 | | |

# 参 考 文 献

[1] 李学慧,刘军,部德才.大学物理实验[M].4 版.北京:高等教育出版社,2018.
[2] 王旗.大学物理实验[M].2 版.北京:高等教育出版社,2019.
[3] 魏丹,白明侠.大学物理实验[M].北京:北京邮电大学出版社,2023.
[4] 尹国盛,张忠锁,郭富强.大学物理实验教程[M].北京:高等教育出版社,2018.
[5] 胡伟,周清华,危子青.大学物理实验[M].上海:上海交通大学出版社,2017.
[6] 张凤,王旭丹.大学物理实验[M].长春:东北师范大学出版社,2016.